AF463565

VOYAGE

AUX

DEUX JÉRUSALEM

DIJON, IMPRIMERIE J.-E. RABUTOT.

N.-G. Magdelaine

Curé de Rochefort.

Rochefort le 19 Novembre 186[illegible]

Monseigneur,

Mon grand voyage est terminé, et je viens de rentrer dans ma petite paroisse le cœur plein des plus doux souvenirs.

La fatigue que j'ai éprouvée dep[uis] Marseille à Dijon ne m'ayant pas permis de m'arrêter pour vous présen[ter mes] hommages, je me propose [d']aller à Dijon aussitôt que je [serai] remis de cette légère indispositi[on] et encore avec ma barbe de pélerin j'aurai l'honneur de vous remettre une Croix en olivier de Gethsémani que le R. Père Custode m'a donnée pour vous, et des Reliques qu'un Père du Carmel m'a également chargé de vous offrir.

Agréez l'assurance du profond respect avec lequel je suis

Monseigneur,

De Votre Grandeur,

l'enfant très soumis, et très respectueux

G. Magdelaine
prêtre

VOYAGE

AUX DEUX

JÉRUSALEM

par M. l'abbé MAGDELAINE, curé de Rochefort

OU LES

CENT DERNIERS JOURS D'UN SAINT PRÊTRE

DU DIOCÈSE DE DIJON

†
P. C. M.
Pati, contemni, mori.
Souffrir, être méprisé et mourir.
(DEVISE DE L'ABBÉ MAGDELAINE.)

—

Avec portrait photographié et fac-simile.

A DIJON

CHEZ J.-E. RABUTOT, IMPRIMEUR-ÉDITEUR

Place Saint-Jean, 1 et 3,

ET CHEZ TOUS LES LIBRAIRES DU DIOCÈSE

1863

A Mgr FRANÇOIS-VICTOR RIVET

ÉVÊQUE DE DIJON

MONSEIGNEUR,

J'ai l'honneur de déposer aux pieds de Votre Grandeur une petite *Notice* sur notre cher et bon abbé Magdelaine, et les *Notes et impressions de voyage en Terre-Sainte* de ce trop regretté pèlerin.

C'est vous, Monseigneur, qui avez imposé les mains au jeune Magdelaine et avez reçu ses vœux. C'est vous qui lui avez confié une paroisse dans votre vaste diocèse. C'est vous qui, à la première nouvelle de sa mort, nous avez écrit ces bonnes paroles : « Qu'il fallait nous ré-« jouir avec lui de la bienheureuse réalité dont Notre-« Seigneur venait de le mettre en possession. » C'est vous qui, le premier, avez consolé ses pauvres parents

son Dieu !... Les plus petits détails ont de l'attrait lorsqu'ils se rapportent à la vie et à la mort d'un saint prêtre, et surtout lorsque l'admiration qu'il a inspirée par ses vertus est dominée par l'intérêt qu'on lui porte ! Oh ! si mon affection ne me fait pas illusion, *sa vie, ses lettres ascétiques, ses notes et impressions de voyage, ses poésies religieuses* seront utiles à plusieurs. Il y a, sans doute, témérité de ma part à parler d'une âme si pure, d'une existence si belle, même en quelques lignes; ce qui fait mon excuse, c'est qu'un père qui pleure son enfant, ose exhaler sa douleur, et qu'en présence d'un tombeau, on est nécessairement indulgent pour celui qui pleure.

Le 6 janvier 1835 naissait à Vanvey un enfant qui devait faire la joie de ses parents pendant sa vie, et leur désolation à sa mort par une fin prématurée. Cinq jours après sa naissance, cet enfant reçut le saint baptême et les noms de Nicolas-Gustave Magdelaine.

Dès ses premières années, il se fit aimer par sa douceur, sa docilité et la bonté de son cœur. Voici un trait de sa vie qui m'attacha à cet enfant. Il avait six ans à peine ; je sortais de l'église quand j'entendis des cris et des lamentations ; c'était le jeune Magdelaine qui venait de jeter une pierre à un petit oiseau ; cette pierre était retombée sur son jeune frère et lui avait fait une légère blessure ; mais ce n'était pas le blessé qui pleurait : « Maman ! maman ! disait-il, en fondant en larmes, c'est moi, c'est moi qui ai blessé mon frère, c'est moi, maman !.. » et il est resté inconsolable toute la soirée, malgré les caresses de sa mère et mes bonbons. (C'était ce frère qu'il a tant aimé, comme nous le verrons dans ses notes et dans ses lettres.)

Quelques jours après, je le vis courir à moi, me prendre par la main et me dire : « Venez voir, Monsieur le Curé, venez voir, nous aussi nous avons un curé ; » et il me conduisit dans sa petite chambre, où il me fit voir le portrait de M. l'abbé Perrin, aumônier des prisons de Lyon. Il avait acheté cette gravure avec ses petites épargnes. Et c'était devant cette image qu'il faisait de temps en temps une petite prière. Quelle était cette prière ? Dieu le sait !.. De ce jour je pris cet enfant en affection. Il me sembla voir en lui, sous ces formes si douces, si aimables, si innocentes, un ange descendu du ciel. Je me disais qu'un cœur si bon, qu'une âme si pieuse devaient être bien agréables à Dieu. Je pris la résolution de le demander à ses parents pour en faire l'offrande à notre Seigneur Jésus-Christ. Son père et sa mère acquiescèrent à mes désirs.

Bientôt il montra du goût pour l'étude; à une grande facilité, il joignait une grande application. Il y avait dans sa figure quelque chose de suave et de gracieux; son regard était vif, ardent et cependant timide. A sept ans, il était déjà pieux comme un ange; il servait la messe avec le recueillement d'une grande personne; il montra dès l'âge le plus tendre une délicatesse extrême pour l'observation des commandements de Dieu et de l'Eglise. Avec cette piété si tendre et cette délicatesse de conscience, il était gai et enjoué; il savait beaucoup de fables et de petites histoires, qu'il récitait ou racontait avec grâce et facilité; il montrait dès lors le goût et l'aptitude qu'il aurait pour les beaux-arts: il était né artiste; la piété, la poésie, la musique et la peinture faisaient sa vie et son bonheur.

Il se prépara à la première communion avec un grand soin. Dès l'âge de huit ans, il voulut suivre le grand catéchisme; il me fit demander par son père une place assez près de moi, afin de ne perdre aucune parole des explications qu'il recueillait avec soin dans des notes bien rédigées, et qu'il enrichissait d'observations et de résolutions bien senties. Je sais que, de cet instant, il n'a jamais cessé chaque jour d'offrir à Dieu une dizaine de son chapelet pour ses parents et pour moi. Le 1er janvier 1858, il m'écrivait : « Recevez, Monsieur le curé, de mon cœur tout ce que peut un cœur qui vous est sincèrement attaché ; c'est pour moi un bonheur d'offrir chaque jour pour vous au bon Dieu une petite heure de mon bréviaire ; ce sera aussi avec bonheur que je le prierai tout spécialement pour vous au commencement de cette nouvelle année. »

Il passa les quinze premières années de sa vie avec ses parents et avec moi dans la soumission, l'obéissance, la prière et le travail. La soumission qu'il avait pour ses parents, il la montra pour ses supérieurs pendant les huit années de son séminaire. C'est là qu'il a composé quatre-vingt-deux cantiques à Jésus et à sa sainte Mère ; ils portent pour titre : *Doux souvenir de mon séminaire.* Ils sont accompagnés de la musique. C'est aussi dès cette époque qu'il a commencé à écrire divers traités et lettres pour la direction d'un de ses parents, de son frère et d'une religieuse. J'espère publier prochainement ces divers ouvrages, où respirent une grande foi et une grande piété. Ces manuscrits diront mieux que moi avec quel fruit il travaillait. Quelle richesse d'idées ! quelle facilité d'élocution ! Son style est toujours simple, naturel et abondant.

Ces huit années de séminaire sont bien connues d'une partie du clergé du diocèse; à la douceur, à l'humilité, il joignait une grande piété et l'ardeur de la foi d'un apôtre. Ses bulletins ont toujours été extrêmement satisfaisants; j'ai en main des lettres de ses supérieurs et directeurs, toutes à sa louange la plus complète. Les vacances étaient pour lui une continuation de travail, d'études sérieuses et d'exercices de piété. Il avait formé *une association de prières en l'honneur des cinq plaies de notre Seigneur Jésus-Christ, pour obtenir la conversion des pécheurs;* à cette occasion il composa un petit office à l'usage des associés. Je possède ce recueil.

Il voyait beaucoup de ses condisciples, et cependant il sortait peu; il aimait à se trouver continuellement avec ses parents et avec moi pour se rendre utile. Pendant la malheureuse époque où le choléra sévit si cruellement sur ma chère paroisse, il fut constamment à mes côtés pour l'administration des malades; ce fut lui qui m'accompagna pour les dernières prières des cent personnes décédées. Dans ce moment, il composa trois cantiques pour demander à Dieu de suspendre le fléau dévastateur; il y prie Notre-Seigneur, par l'intercession puissante de Marie, de rappeler l'ange exterminateur et de ramener l'espérance dans les âmes affligées et repentantes.

Simple dans ses goûts, dans sa tenue, dans sa vie, dans ses manières, il était d'une propreté rare dans son travail et d'une grande exactitude en toutes choses. J'ai entre les mains tous les cahiers de ses études; ils sont sans taches, sans ratures, et aussi faciles à lire que des imprimés.

A vingt-un ans, il voulait partir pour les missions étrangères; M. le supérieur du séminaire de Dijon paraissait l'encourager dans ce projet; il m'a fallu briser des lances à ce sujet; enfin notre ardent lévite se rendit à l'ascendant de ma volonté et à l'autorité de son père. Il a composé trois pièces de poésies à cette occasion : *Le départ du missionnaire*, *Dieu m'appelle*, *Il faut souffrir*.

Je viens de découvrir les résolutions qu'il a prises le matin de son sous-diaconat, les voici :

MON SOUS-DIACONAT.

O mon doux Jésus, le voici donc enfin ce grand jour où mon cœur va pour l'éternité se consacrer à vous ! Il y a si longtemps que vous me le demandez, ô mon Dieu !.. Il y a si longtemps que vous m'invitez, que vous me pressez de me donner tout à vous!... Mon Dieu, c'en est fait, je vais me jeter à vos pieds, je cours me prosterner sur les dalles du sanctuaire, et pour toujours je jure de ne plus vivre que pour vous aimer, vous bénir et vous faire aimer de vos enfants! Je jure de ne plus chercher d'autre Maître que vous, d'autre partage que votre amour, votre Croix et votre divine volonté! Je jure d'employer toutes les forces de mon âme, toute l'énergie de ma volonté à étendre votre gloire, à vous faire connaître, et à vous gagner, s'il se peut, tous les cœurs!.. Je vous consacre sans retour, sans partage, sans restriction aucune, mon âme, mon corps, mes affections, ma volonté, mes désirs. Je renonce de nouveau à Satan, à ses œuvres, à ses pompes et à moi-même; je me soumets entièrement à tous les deseins de votre divine Providence sur moi, et, si en ce jour où je me consacre à vous pour l'éternité, il m'est permis de vous exprimer tous les désirs de mon cœur, faites, je vous en conjure, ô mon bien-aimé... faites que ce pauvre cœur vous aime... vous aime... vous aime toujours, et n'aime que vous; faites qu'il comprenne toujours la grandeur du bienfait que vous lui accordez en le recevant dans votre sanctuaire; rappelez-lui toujours le délicieux engagement qu'il va prendre avec vous..... et, si parfois il voulait oublier les promesses sacrées qu'il vous jure, ô mon Dieu, ayez alors pitié de lui; ne permettez pas qu'il s'égare; et quels que soient les moyens que votre divine Providence juge convenables pour le ramener à vous, frappez, Seigneur, frappez, et rendez-moi à votre amour!... Donnez-moi enfin, ô mon bien-aimé Jésus, la grâce d'arroser de mon sang la terre des infidèles!.. Vous savez que telle a toujours été mon ambition, mes rêves de bonheur... Si mes nombreuses fautes s'opposent à cette céleste faveur, mon Dieu, j'accepte, et je veux en tout, partout et toujours, bénir votre saint Nom et adorer votre divine volonté...

Et vous, Marie, ô ma bonne mère, pourrais-je vous oublier en ce beau jour? Pourrais-je me consacrer à Jésus sans me consacrer aussi à Marie!... Oh! non, ma bonne Mère! non; je viens déposer entre vos mains l'acte de mon éternel engagement; je vous fais pour toujours la Souveraine absolue de tout moi-même; je me regarde dès ce jour comme votre enfant, et vous serez, auprès de Jésus, mon avocate et mon secours! Vierge sainte, accompagnez-moi à l'autel du sacrifice; soyez près de moi surtout au moment où je ferai le grand pas, qui, pour l'éternité, m'attachera au service de votre divin Fils; prenez-moi pour toujours sous votre tutelle, et pour toujours gardez mon cœur dans celui de Jésus !...

O ma bonne Mère, ma souveraine, vous savez que je vous aime ! Oui, je vous aime, et je voudrais sentir mon cœur vous aimer mille fois davantage !... Faites donc que je vous aime toujours, que je ne vous oublie jamais, que chaque jour mon âme croisse dans la pratique de vos saintes vertus. Obtenez-moi du Seigneur Jésus, de correspondre constamment à la grâce, car vous savez combien je suis faible ! Obtenez-moi d'être un bon prêtre... et quand le jour viendra où mon Jésus m'appellera à lui, alors, ô Marie, montrez que vous êtes ma Mère !...

Bénissez-moi, ô ma Souveraine; protégez-moi, et daignez aussi bénir les résolutions que je vais prendre. Ainsi soit-il.

Au Grand-Séminaire de Dijon, le 7 mars 1857, jour de la fête de saint Thomas d'Aquin, sept heures du matin.

G. MAGDELAINE.

A vingt-trois ans et demi, il fut ordonné prêtre et envoyé vicaire à Pagny-la-Ville où il a laissé de doux et précieux souvenirs. Les fidèles de cette paroisse ont fait célébrer deux services solennels pour le repos de son âme. M. le curé de Pagny, en parlant de l'abbé Magdelaine, disait que c'était un agneau. Je viens de faire un voyage à Pagny ; le vénérable curé m'a fait une réception des plus honorables ; chaque fois que nous parlions du bon abbé Magdelaine, je voyais des larmes couler de ses yeux. M. Henry, ancien curé de Nolay, qui vit retiré à Pagny, m'a dit qu'il aimait beaucoup l'abbé Magdelaine ; qu'il avait admiré sa piété et sa douceur ; qu'il avait toujours été frappé de la facilité étonnante qu'il avait pour parler et pour écrire; qu'il lui connaissait de jolis cantiques.

J'ai vu avec une grande satisfaction une foule de personnes de cette paroisse et surtout des hommes me dire en pleurant : « Nous n'oublierons jamais M. Magdelaine. Ah ! comme il parlait bien ! comme nous aimions à l'entendre ! comme il était bon pour nos enfants ! »

Dans une lettre bien remarquable, M. le curé de Bure-les-Temples me dit : « L'abbé Magdelaine fut mon prédécesseur au vicariat de Pagny, et j'ai pu apprécier les exemples de vertu et de patience qu'il fit paraître pendant la longue année d'épreuves qu'il passa dans cette paroisse. »

Après un an de vicariat, il a été placé à

Rochefort, à deux lieues de sa famille, où il a passé trois années.

Les épreuves et les contradictions ne lui ont pas manqué !... Il se trouvait heureux de ressembler en quelque chose à son divin Maître ; à l'exemple de Notre-Seigneur, il ne voulut pas détruire.

« Je ne veux faire du mal à personne, disait-il ; j'aime mieux souffrir pour le bon Dieu, il saura bien me récompenser. » Aussi, il sut s'attirer l'estime et l'affection de toute la paroisse. Il y avait déjà fait beaucoup de bien.

Il était aimé, estimé, recherché des propriétaires du château de Rochefort, où il passait quelques instants, à la grande satisfaction de l'honorable famille Bazile qui ne le possédait jamais assez. Toute cette famille le regardait comme un ange de paix et de vertus ; elle le regrette comme un véritable ami, et le vénère comme un saint. Il y a quelques semaines, Mme Léon Bazile me disait avec un accent d'inspiration : « M. le Curé, maintenant nous avons dans le Ciel un saint Gustave ! »

« Je ne sais pas ce que le Ciel aura à récompenser en moi, disait-il souvent, je n'ai guère de mérites, je n'ai jamais de sérieuses tentations, et constamment je jouis de la présence du bon Dieu. Que de grâces j'ai à rendre à notre Seigneur Jésus-Christ de toutes les faveurs que j'ai obtenues par l'intercession de ma bonne Mère!»

La tendre et solide piété qu'il avait pour Notre-Seigneur et pour la sainte Vierge fit le bonheur de sa vie depuis sa première communion jusqu'à sa mort. Il a toujours désiré terminer le plus tôt possible son exil pour posséder Dieu et reposer éternellement sur le sein de sa bonne Mère. Il mettait ordinairement au revers de sa photographie : *heu mihi! quia incolatus meus prolongatus est!*... En tête des lettres qu'il écrivait aux personnes bien initiées à toutes ses pensées, il traçait une petite croix et ces initiales P. C. M. qu'il affectionnait et qui signifiaient *pati, contemni, mori : souffrir, être méprisé, mourir.*

Son désir était de ne compter pour rien, d'être le dernier en toutes choses. Il disait souvent qu'il ne faisait rien, qu'il occupait la place d'un autre qui ferait plus de bien que lui. Il recherchait toujours la privation et les souffrances: ces vertus ressortiront évidemment de ses écrits et de ces notes de voyage en Terre-Sainte, où nous le verrons soldat de Jésus-Christ, blessé à mort au service de sa foi et de sa piété, déposer sur le tombeau de son divin Maître tout ce qu'il avait d'amour et de bonne volonté.

Pendant son voyage en Terre-Sainte, il fut ce qu'il avait été partout ailleurs, bon, plein de charité, d'un zèle à toute épreuve, d'une humilité exemplaire, d'une piété angélique, d'une douceur, d'une aménité, d'une affabilité sans pareille.

C'est à Vanvey que l'abbé Magdelaine a terminé sa carrière si courte et si bien remplie; c'est au sein de sa famille, dans les bras de son curé, son ami, entouré des soins les plus affectueux, qu'il a rendu sa belle âme à Dieu, et qu'il s'est endormi du sommeil des justes, le 26 novembre 1862, à huit heures du matin, âgé de 27 ans. Il avait quatre ans et demi de prêtrise. On peut en vérité lui appliquer ces paroles de la Sagesse : « En peu de temps il a rempli une longue carrière, » car il était parvenu à un degré de perfection qu'on n'atteint généralement qu'après bien des années de pratiques religieuses.

Le révérend Père Manuel de Flavigny, apprenant la mort récente de l'abbé Magdelaine, s'écria avec l'accent de la plus intime persuasion : « Il est au Ciel ! Quand vous priez pour lui, n'oubliez pas de l'invoquer. » Et le révérend Père Marie-Chérubin d'Aiguebelle, qui lui avait donné un tire d'association de prières, m'écrivait dernièrement : « Cet ange était mûr « pour le Ciel, voilà le motif de sa mort;

« en priant pour lui, nous le supplierons de le « faire pour nous. »

Plusieurs de mes confrères m'ont dit qu'en disant la messe pour lui, ils avaient été involontairement portés à l'invoquer.

Les lettres que j'ai reçues à l'occasion de sa mort nous feront connaître ce qu'il fut, surtout pendant les trois derniers mois de sa vie.

Je commence par la lettre de Monseigneur de Dijon.

« Dijon, le 30 novembre 1863.

« Mon cher Curé,

« Quelle triste nouvelle vous venez de m'annoncer!... J'allais vous écrire pour vous prier de recommander de ma part à notre bon abbé Magdelaine de se laisser soigner, et de chasser tout souci et toute inquiétude. — Je voulais lui exprimer moi-même mes vœux paternels pour son prompt rétablissement... Et voici qu'il nous est enlevé!... Cette mort si prématurée, si subite, m'afflige profondément. — J'adore les desseins de Dieu, et je veux me résigner à cette nouvelle privation, qu'il juge à propos de m'infliger... Mais combien je plains les pauvres parents de M. Magdelaine ! dites-leur la condoléance affectueuse de leur Evêque, qui s'associe vraiment de cœur à leur trop légitime affliction.

« Je vous plains aussi, vous, mon cher Curé. Je sais combien vous aimiez cet excellent abbé. Vous l'aviez baptisé, instruit, élevé, et introduit dans la sainte carrière du sacerdoce, où ses débuts étaient si pleins d'espérance d'un bel avenir. Toutefois réjouissons-nous avec lui de la bienheureuse réalité dont il vient d'être mis en possession ; et bénissons le Seigneur, qui, en lui épargnant les longues épreuves de la vie apostolique, l'a récompensé de ses pieux projets de dévouement et de sacrifices.

Consummatus in brevi,
Explevit tempora multa.

« Agréez, mon cher Curé, avec l'assurance de ma bien affectueuse condoléance, celle de mon paternel dévouement en N. S. J.-C.

« † FRANÇOIS, *évêque de Dijon.*

« Inutile de vous dire que vous serez le bienvenu: nous parlerons de ce cher enfant...»

Dijon, le 22 décembre 1862.

Monsieur le Curé, vous ne pouvez avoir une idée du chagrin que j'ai éprouvé à ne pas vous entretenir de notre excellent ami, le saint curé Magdelaine, qu'en vous rappelant le regret que vous avez eu de ne pas m'en parler vous-même. Hélas ! j'étais à Paris et pour un motif du même genre. J'étais auprès d'un pauvre père affligé, qui venait de perdre son fils de 29 ans, officier de marine des plus distingués, un ange de piété, qui avait fait aussi, peu avant M. Magdelaine, le voyage de Palestine. Je vous prie de me transmettre par écrit tout ce que vous savez sur ce religieux voyage, les tristes suites pour nous autres qui restons seuls sur la terre ; le saint curé m'avait promis de dire une messe aux lieux saints pour la pauvre femme que j'ai perdue cette année ; il m'avait promis une lettre datée de Jérusalem. Pour cette dernière promesse, j'ai bien pensé aux nécessités imprévues d'un si lointain voyage ; il devait me rapporter des souvenirs, hélas ! ce seront doublement des reliques.

Je partage bien la douleur de son estimable famille : je vous prie de le leur faire savoir, et de leur dire, en mon nom, — comme un souvenir de l'ami que nous pleurons, — qu'ils doivent toujours glorifier Dieu, qui le leur avait donné avant de leur ôter ; qu'ils ont la gloire de compter un saint, un grand protecteur parmi ceux de leur sang, et qu'ils se réjouiront un jour, au Ciel, des pleurs qu'ils versent maintenant sur la terre. Dieu les bénira dans les épreuves. — Et leur intercesseur leur attirera des grâces qu'ils n'eussent jamais obtenues sans lui. Quant à vous, Monsieur le Curé, quoique je n'aie pas l'honneur de vous connaître, j'aurai toujours le désir de vous voir, et vous ne me serez jamais un étranger, liés que nous sommes par les mêmes souvenirs et les mêmes regrets. En attendant la satisfaction ou d'une lettre, ou d'une visite de votre part, croyez à mon sincère intérêt et à tout ce que peuvent m'inspirer et votre caractère et les témoignages que vous pouvez me fournir.

Je vous salue, Monsieur le Curé, avec la plus entière considération.

Votre tout dévoué,

A. DE JOUX (1).

Didenheim, près Mulhouse (Haut-Rhin),
ce 26 décembre 1862.

Monsieur le Curé, la nouvelle que vous venez de m'annoncer me cause la plus amère douleur. Voilà vingt-quatre heures que je tiens votre lettre, et je suis toujours sous la même impression. Comment, le bon, le loyal, le pieux abbé Magdelaine n'est plus! Cette perte, laissez-moi vous le répéter, cher monsieur, est pour moi bien cruelle.

M. Magdelaine était pour moi, pendant les trois mois que nous avons passés ensemble, un ami sincère et dévoué.

Depuis que nous nous sommes rencontrés, avant notre embarquement à Marseille, jusqu'à notre séparation dans le port de Messine, le 9 novembre, nous ne nous sommes presque jamais quittés.

M. l'abbé Magdelaine était une de ces natures fran-

(1) M. de la Folly de Joux passe une partie de l'année dans sa terre de la Bruyère, qui fait partie de la paroisse de Pagny, et dont il est le maire. Les rapports de M. de Joux avec l'abbé Magdelaine étaient des meilleurs comme le témoigne cette lettre si noble et si chrétienne.

ches, ouvertes et généreuses auxquelles on s'attache facilement et que l'on n'oublie plus. Il m'avait mis au courant de tout ce qui le concernait. Ses braves parents, sa famille, sa paroisse, rien ne m'était étranger. Il m'a rendu bien des services dans notre pénible voyage.

Il n'est pas besoin de vous dire qu'il m'a constamment édifié par ses solides vertus sacerdotales. C'est surtout sur les lieux saints que je fus à même d'admirer sa ferveur et sa piété tendre.

C'est au couvent du Mont-Carmel qu'il se plaignit pour la première fois. Dans notre passage à travers la Phénicie, nous fûmes malades tous les deux. A Beyrouth, nous nous remîmes. Sur les côtes de l'Asie mineure, à bord de l'Euphrate, faisant route pour Smyrne, il eut une rechute dont il guérit grâce à deux paquets de quinine et aux soins obligeants du médecin du vaisseau.

Lorsque je le vis la dernière fois à Messine, il me parut bien défait. J'attribuais son malaise aux bourasques que nous avons essuyées sur mer, dans les eaux de la Grèce. Et en m'embarquant pour Rome et Naples, je fus heureux de le voir prendre directement le chemin de la patrie, pensant qu'il s'y remettrait bien vite. Pendant le temps qu'il était indisposé ou malade, il n'a jamais cessé d'être résigné et patient.

Sa mort, monsieur, n'est pas seulement une perte pour sa famille et sa paroisse, mais encore pour votre diocèse. A une grande piété, il joignait des connaissances variées dont il fit souvent preuve dans les discussions que nous eûmes à bord, avec les officiers ou avec les passagers. Tout le monde l'aimait, les membres de la caravane, les officiers des vaisseaux, les moines des couvents, les passagers, etc... « Le bon abbé Magdelaine !!! » c'est ainsi que nous l'appelions le plus souvent.

Comme je n'ai pas l'adresse de ses parents, j'ose vous prier, cher monsieur, de vouloir bien être auprès d'eux l'interprète de ma vive douleur. Que les larmes que je répands sur la mort de leur digne fils, leur disent combien je l'ai aimé !

Je ne l'oublie pas dans mes prières. Hier, jour de Noël, j'ai demandé pour le repos de son âme, du haut de la chaire, les prières de toute ma paroisse. J'offrirai pour lui ma première messe libre.

L'abbé Magdelaine m'avait promis sa photographie. Maintenant qu'il n'est plus, j'y tiens plus que jamais. Voudriez-vous, cher monsieur, prier ses parents de me l'envoyer? Encore une fois cette mort me brise le cœur...

Agréez, Monsieur le Curé, l'expression de mes sentiments d'affectueux respect.

J.-B. SOCHNLIN,

curé de Didenheim, près Mulhouse.

ÉVÊCHÉ DE NEVERS.

BIEN CHER CONFRÈRE,

Que vous dire du cher abbé Magdelaine, si ce n'est que je l'aimais comme un frère. Son âme si pure, son caractère si doux et si candide m'avaient profondément attaché à lui.

Sa piété vive et sincère lui avait ménagé des moments très heureux; en Terre-Sainte, et pendant tout notre séjour à Jérusalem, il a eu constamment les plus douces jouissances. Au retour de différents sanctuaires que nous avions le bonheur de voir ensemble, il prenait toujours assidûment des notes abondantes; tâchez de les retrouver, car elles doivent contenir, j'en suis sûr, les choses les plus édifiantes.

Sa santé a été j'oserais dire florissante pendant tout le voyage, jusqu'à Nazareth, où nous arrivions le 10 octobre; il m'a souvent répété, lorsque je me plaignais de la fatigue : « Jamais je ne me suis mieux porté. »

Nous avions tous été un peu indisposés la nuit qui précéda notre arrivée à Nazareth; il s'en sentit un peu, mais il partit encore très gaîment pour le Thabor. Je fus obligé de passer trois jours à Nazareth pour prendre un peu de repos, et en nous rejoignant au Carmel, je le trouvai avec de la fièvre.

Je voulus le retenir avec moi, nous aurions pris un peu de repos, et nous aurions évité les quatre derniers jours de cheval pour arriver à Beyrouth, où nous nous serions rendus en douze heures par mer et sans fatigues. Je ne pus pas le déterminer et je le regrette bien vivement: ce repos lui aurait peut-être sauvé la vie.

Je sais par mes compagnons de voyage que la route fut pénible pour lui, et hier je vis un des pèlerins qui l'avait retrouvé à Constantinople, et j'apprenais par lui que notre si regrettable confrère se sentait tout souffrant.

Evidemment ce cher ami a fait plus qu'il ne pouvait. Le bon Dieu l'a sans doute permis parce qu'il le trouvait mûr pour le Ciel. Si vous pouvez m'envoyer quelques souvenirs de ce cher abbé, je vous en serai très reconnaissant, la plus petite gravure me sera précieuse.

Priez pour moi, cher confrère; dites aux parents du bon abbé Magdelaine qu'ils ont un fils au Ciel, et que je m'associe de tout cœur à leurs sentiments.

Votre tout dévoué en Notre-Seigneur.

CORTET,
vicaire-général.

Fourchambault, ce 31 décembre 1862.

MONSIEUR LE CURÉ,

C'est avec un profond regret et une véritable douleur que nous avons appris la triste nouvelle que vous nous annoncez. Je dis *nous*, parce que le jour même de Noël, au moment où le facteur arrivait, deux de mes chers compagnons de voyage, Messieurs Lair, étaient venus me surprendre, et s'étaient arrangés pour passer les fêtes avec moi. Le plaisir que nous éprouvions réciproquement de nous revoir a été troublé par votre lettre, dont je ne pouvais taire le contenu. Comme moi, ces bons Messieurs ont été peinés bien vivement de la mort du pauvre abbé Magdelaine, les autres Messieurs de Pignelin en ont aussi été très affectés; nous les avons vus le lendemain de Noël, et c'était à qui donnerait à notre cher défunt les éloges que semblaient réclamer sa douceur, sa piété, sa patience, sa charité. Il n'y avait qu'une voix pour lui; pas un de nous qui n'ait su apprécier ses bonnes qualités. Sa mort nous a étonnés; car bien qu'il ait eu à soufrir du voyage, il n'a jamais été arrêté complétement. Le cheval surtout paraissait le fatiguer plus que nous, mais une fois arrivé au campement, il était aussi gai que les autres. Peut-être a-t-il souffert sans se plaindre, pour ne pas être inquiété par la crainte de ne pas voir tout ce qui faisait l'objet de nos désirs? Aussi rien ne lui a échappé. Nous l'avons quitté à Beyrouth, et c'est de là qu'il est parti pour Constantinople. Messieurs Lair ont été les derniers qui l'aient vu ; ils vous donneront des détails plus positifs et plus récents. Seulement ils m'ont assuré l'avoir quitté sans aucune inquiétude sur sa santé.

Mais puisque Dieu a jugé à propos de l'appeler à lui, ce n'est, à n'en pas douter, que pour son bonheur. S'il désirait depuis longtemps faire le voyage que nous avons fait ensemble, il a été exaucé, et il ne lui restait plus, après avoir vu la Jérusalem terrestre, que de terminer son pèlerinage dans la Jérusalem céleste. Peut-être, dans sa piété si touchante et si solide, avait-il demandé cette grâce au Seigneur? Aussi, malgré la peine qu'il laisse au cœur de sa famille et de ses amis, son sort semble digne d'envie. Que reste-t-il, en effet, à un pèlerin des Saints-Lieux, lorsqu'il a eu le bonheur de les visiter, et de se raffermir dans la foi, que lui reste-t-il, sinon de redire le cantique de Siméon : *Nunc dimittis*... Cette pensée, sans doute, occupait le pauvre abbé Magdelaine, pendant les quelques jours qui ont terminé auprès de vous et de sa bonne famille, son pèlerinage sur la terre. Ah! dites bien, Monsieur le Curé, à cette pauvre famille désolée, combien nous partageons sa trop juste douleur, et combien nous regrettons pour notre compte ce bon abbé, qui a été pour tous les membres de la caravane, un modèle de bonté et de patience et qui nous a tous édifiés par sa piété. Nous ne saurions donc jamais l'oublier, et nos prières, quelque défectueuses qu'elles soient, ne lui feront pas défaut. Puisse-t-il reposer en paix dans le sein de Dieu, et prier là-haut pour ses amis encore exilés sur la terre, et qui seront si heureux de le revoir au Ciel.

Agréez, Monsieur le Curé, les hommages respectueux d evotre très humble et très obéissant serviteur.

C.-M. CROSNIER, *curé.*

P. S. Vous seriez bien bon, Monsieur le Curé, de nous envoyer quelques photographies du bon abbé Magdelaine. Ces Messieurs et moi nous serions bien contents d'avoir son portrait que nous lui aurions demandé à son retour, sans le triste accident qui nous l'a enlevé.

Longué (Maine-et-Loire), 31 décembre 1862.

MONSIEUR LE CURÉ,

Votre lettre est allée me chercher où je n'étais pas, mais où j'aurais dû être sans les fatigues de mon voyage qui m'ont forcé à prendre quelque repos dans ma famille. — C'est là qu'elle m'est parvenue, m'apportant une bien triste nouvelle. — Comment, ce bon M. Magdelaine n'est plus ! J'ai été d'autant plus sensible à cette mort que je m'y attendais moins. Rien, en le quittant à Beyrouth, ne m'avait fait supposer une mort si prématurée. — En lui serrant la main, je ne pensais pas que ce fût pour la dernière fois ; bien loin de là, je lui promettais d'aller le revoir, et me promettais à moi-même d'entretenir une amitié à laquelle je tenais infiniment. — Pendant deux mois et demi de vie commune, je dirai même d'une certaine intimité, j'avais pu apprécier ses heureuses qualités, son zèle, sa foi, sa charité. La dernière partie de notre pèlerinage me fournit l'occasion d'admirer sa résignation vraiment chrétienne. Arrivés à Nazareth, la plupart d'entre nous étaient très fatigués. Restait à entreprendre l'excursion au Thabor et à Tibériade, excursion non moins fatigante que celle de la mer Morte faite dans des conditions égales; mais bien plus, faite dans les conditions où nous nous trouvions : quatre journées de cheval de huit heures, en moyenne, quatre nuits passées sous la tente, un seul jour de repos passé à Nazareth. Cinq de ces Messieurs restèrent à Nazareth. — M. Magdelaine prit avec nous, quoique très fatigué, la route de Tibériade. — L'ascension du Thabor fut pénible, la route longue et fatigante, la chaleur sur les bords du lac était étouffante, nous eûmes tous à souffrir, M. Magdelaine surtout; — à partir de ce moment il eut presque toujours un violent mal de tête. — Pour se guérir il lui eût fallu du repos. Hélas! il nous restait encore huit jours de marche; — à peine arrivé à Nazareth, il lui fallut repartir pour le Carmel. Un jour de repos lui fit quelque bien. Malheureusement la caravane reprenait sa route le lendemain. — M. Magdelaine, au lieu de rester à Caïffa, comme le lui conseillait le docteur Maupoint, qui y restait d'ailleurs avec Monseigneur de Saint-Denis et le grand-vicaire de Nevers pour prendre le paquebot, préféra remonter à cheval et aller par terre à Beyrouth. — La première marche ne le fatigua pas trop. — Nous suivions le bord de la mer; — le trot du cheval était moins sensible, — la chaleur moins intense; — mais revinrent les mauvais chemins, — les nuits sous la tente, un air plus vif la nuit. — Il commença à ressentir de violentes douleurs dans les reins. — Il souffrait horriblement à chaque pas de son cheval, mais pas une plainte. — Il était vraiment admirable. — Il nous disait que c'était un rhumatisme qu'il avait déjà eu, et qui revenait le mettre à l'épreuve dans un moment bien inopportun; qu'il ne craignait qu'une chose, c'est que ce rhumatisme ne l'empêchât d'aller à Constantinople. — Quelques jours de repos à Beyrouth le remirent. Lorsque je le quittai, il était bien mieux, — et me paraissait de force à continuer son voyage jusque sur les bords de la mer Noire. L'un de mes compatriotes, M. Charles Lair, qui s'est embarqué avec lui à Beyrouth, pourrait vous dire maintenant, M. le curé, ce que souffrit sur mer M. l'abbé Magdelaine. Il est arrivé ces jours-ci. Il me tarde de le voir et de lui demander des détails que j'ignore complétement et que je serai heureux d'apprendre; — car, comme vous le dites fort bien, M. le curé, on aime à connaître tout ce qui rappelle les derniers instants d'un ami.

Je reverrai M. Magdelaine comme je le lui ai promis.— Quand? Dieu le sait. Peut-être dans un avenir qui n'est pas éloigné. Heureux si, comme lui, je prenais le chemin le plus direct de la Jérusalem céleste! La caravane de 1862 a maintenant au Ciel pour intercesseur un de ses membres les plus dignes. Dieu a voulu récompenser M. Magdelaine des souffrances et des fatigues qu'il avait supportées pour lui: il lui a fait achever son pèlerinage sur cette terre en même temps que son pèlerinage en Terre-Sainte.

Excusez, Monsieur le curé, ces lignes un peu longues pour un lecteur, pas assez pour la mémoire de celui qu'elles pleurent.

Veuillez exprimer à la famille de M. Magdelaine la part que je prends à sa douleur et à ses prières.

Votre tout dévoué,

J. SENIL.

Il me reste, Monsieur le Curé, à vous remercier de votre lettre. Si je ne craignais d'abuser de votre complaisance, je vous prierais de m'adresser un souvenir de M. Magdelaine, que je garderais avec mes reliques de Terre-Sainte, dont je ne le séparerais jamais. Sa photographie me ferait le plus grand plaisir. Je vous laisse juge de l'opportunité de ma demande. Soyez dans tous les cas assuré, Monsieur, de toute ma reconnaissance.

J. S.

Rennes, 21 février 1863.

MONSIEUR,

Je m'empresse de vous remercier du plaisir que m'a causé la réception de votre lettre ; ce n'est pas sans une certaine émotion tout à la fois de bonheur et de tristesse que j'ai contemplé la photographie de ce bon abbé Magdelaine : elle est si fidèle, si exacte ! Il y a trois jours j'ai reçu la visite du lieutenant du *Sinaï*, M. Phétu (c'est sur ce navire, vous le savez, que nous nous sommes embarqués à Marseille). Nous causions ensemble des pèlerins ; il fut le premier à me parler de M. Magdelaine, à me vanter la douceur de son caractère, l'aménité de ses mœurs. Il avait su l'apprécier. La triste nouvelle que je lui appris l'attrista beaucoup, d'autant plus qu'il était loin de s'y attendre. Son témoignage vient encore s'ajouter au nôtre. Je suis heureux, Monsieur le curé, de le constater encore une fois ici, M. Magdelaine comptait autant d'amis que de personnes avec qui il s'était mis en rapport.

Veuillez, Monsieur le Curé, agréer l'assurance de mon dévouement et de ma reconnaissance.

J. SENIL.

(Rennes, Champ-Jacquet, 19.)

Le Mans, le 5 janvier 1861.

MONSIEUR LE CURÉ,

Je vous remercie de m'avoir fait part de la mort de ce pauvre et cher abbé Magdelaine. Cette nouvelle, tout en venant me surprendre, n'est point demeurée pour moi tout à fait inexpliquée: la santé de ce bon abbé avait gravement souffert dans le voyage; personne mieux que moi n'a pu le savoir, puisque nous avons été en relations continuelles pendant toute la durée du pèlerinage. Volontiers je donne à sa mort un regret bien affectueux. Néanmoins je ne sais si nous devons le plaindre autant que ceux qu'il laisse dans l'affliction, je suis presque porté à le féliciter du sort que Dieu lui a réservé d'aller, au sortir de la Jérusalem terrestre, jouir de la réalité des choses dont l'image devait remplir son âme, après avoir réjoui ses yeux et son cœur. Oh ! oui, bienheureux est-il de s'être en allé recevoir de la main de J.-C.

la récompense des fatigues endurées pour venir vénérer avec nous tous les lieux sanctifiés par la vie du divin Rédempteur. *Beatus quem elegisti et assumpsisti, inhabitabit in atriis tuis.* Passer du Calvaire au Ciel, mort privilégiée et digne d'envie!

Il me semble encore le voir, ce cher abbé, alors encore inconnu et étranger pour moi, faire à Marseille ses préparatifs de départ avec tant de joie et d'enthousiasme. Ensemble nous allâmes à N.-D. de la Garde prier la bonne Mère de nous obtenir un heureux voyage; ensemble nous fîmes la traversée jusqu'à Jaffa, dans la même cabine, lui couchant au-dessous de moi, en compagnie des PP. Gagarim et Duthau. Il me fut donné d'apprécier là durant douze jours ses charmantes qualités, la douceur de son caractère et la bonté de son cœur. Il fut quelque peu éprouvé par la mer, non cependant au même degré que plusieurs autres, sans toutefois que l'état de sa santé fût compromis. En arrivant à Jérusalem il se trouvait dans les meilleures conditions possibles. Je vous dirai, Monsieur le curé, que je le choisis, par la sympathie que je lui avais bien sincèrement accordée, pour compagnon de chambre à la *Casa nuova*, où nous devions passer à peu-près trois semaines.

Il m'a été donné, plus qu'à tout autre, d'estimer son courage et sa piété ; j'aime à leur rendre ici un témoignage d'autant plus sincère et vrai qu'il est à ma confusion, son exemple m'encourageant moi-même dans les moments difficiles.

Tout le temps de notre séjour à Jérusalem, je n'ai pas remarqué que la fatigue ait sensiblement altéré sa santé. Il a souffert comme nous tous, et personne ne saurait dire la mesure du changement de climat et du régime, des courses dans la ville et dans les environs.

Dans le voyage de Saint-Jean, il lui arriva un petit accident ; son cheval s'abattit sous lui, dans un endroit où il pouvait courir un danger grave, sur un rocher au bord d'un ravin ; il se tira fort bien d'affaire, et sauf une légère émotion, il ne ressentit aucune indisposition de cette chute. Il fit même une seconde fois, après ce voyage, celui de Bethléem que nous avions déjà fait.

A la mer Morte et au Jourdain, il était encore un des plus dispos.

La fatigue n'a paru chez lui qu'après le départ de Jérusalem pour Nazareth et Beyrouth. C'était alors la vie sous la tente avec des journées de cheval de huit à neuf heures. Il arriva à Nazareth avec la fièvre qui ne le quitta pas jusqu'à Beyrouth. Je lui avais donné le conseil de prendre au Carmel la mer pour Beyrouth ; il ne voulut pas se séparer de nous. Il a beaucoup souffert dans ce trajet. Comme il ne pouvait aller vite, nous le mettions en tête de la caravane pour régler la marche ; il avait du reste quatre ou cinq compagnons d'infortune sans ceux que nous avions laissés au Carmel. Il fallut plusieurs fois s'arrêter dans la marche pour laisser reposer les malades. Enfin Beyrouth se montra à nous comme le terme de nos fatigues. En effet, quatre jours de repos remirent les malades sur les jambes ; l'abbé Magdelaine se promena avec nous dans la ville. En prenant le bateau il semblait être guéri : la mer était belle, il se sentait un très grand appétit. J'avoue que cela me parut de mauvais augure ; en effet, après trois jours, il sentit un peu de fièvre et cessa de manger. Le médecin du bord lui ordonna une purgation, après laquelle il se trouva bien. Nous arrivâmes à Smyrne, où nous avons passé trois jours. Là, il se promena comme les autres, semblant tout à fait remis; il était vraiment bien impossible de soupçonner une fin si prochaine.

C'est à Smyrne que je l'ai quitté, lui allant à Constantinople et moi à Rome. Nous devions néanmoins nous rencontrer encore à Messine. Hélas! c'était donc pour la dernière fois! Comme il revenait joyeux et empressé vers ses confrères leur apporter quelque souvenir de Terre-Sainte! En passant vers minuit à Dijon, je pensais à lui; je ne le croyais pas sur son lit de mort, il n'avait pourtant plus que quelques heures à vivre. Que ne l'ai-je su alors! je me serais détourné de mon chemin pour le revoir et parler encore une fois de Jérusalem; il voit maintenant la lumière dont nous n'avons vu que les ombres. Béni soit Dieu!

Je suis tout à vous, Monsieur le Curé, dans la charité de J.-C. notre Seigneur et maître.

POIRIER, *aumônier du Lycée.*

Blou, 9 janvier 1863.

Déjà depuis quelque temps, Monsieur le Curé, lorsque le dernier de tous, regagnant le foyer domestique, j'échangeais de nouveau, en passant, avec les bons pèlerins de Nevers et de Fourchambault, les témoignages de la mutuelle affection qui nous avait unis pendant notre voyage en Terre-Sainte, une de vos lettres était venue mêler d'une amère tristesse la joie de nous voir encore réunis.

Eut-il été possible, Monsieur, de ne pas partager votre vive et bien légitime affliction ? Pour moi en particulier, si le bon, si l'excellent abbé Magdelaine me regardait presque, comme il vous la dit, comme un père, le malheureux jeune homme était bien aussi comme un fils tendrement aimé.

Il était chéri de tous; personne mieux que moi n'avait pu lire dans son cœur, l'apprécier à toute sa valeur; admis dans ses confidences intimes, j'ai pu dans des excursions à pied, faites à nous deux, juger tout ce qu'il y avait de piété, de douceur, de bonté, de résignation, de modestie, je dirai même d'humilité, d'amour de ses devoirs dans cet excellent prêtre.

Le dernier de tous nos compagnons de voyage lorsqu'il nous quitta à Constantinople, sur l'offre que je lui faisais, si son petit budget était épuisé, de mettre ma bourse, encore bien fournie, à sa disposition, lui disant que cet argent destiné à mon plaisir et à celui de mon fils, ne pourrait mieux atteindre sa destination qu'en nous procurant le plaisir bien réel de l'avoir avec nous, il mettait toujours en avant sa paroisse et les intérêts de son ministère.

Sa santé dont il s'était plaint quelquefois, sans préciser aucun mal en particulier, semblait s'être améliorée; seulement il répétait : « J'ai besoin de revoir la France. »

Pauvre infortuné; c'était pour s'y aller reposer dans l'éternité; son âme était trop pure pour la terre.

Plaignons-nous seulement, Monsieur le curé, plaignons ceux qui l'ont perdu; car, qui pourrait jamais espérer la plus humble place dans le Ciel, si le pauvre ami, auquel je n'ai jamais pu reconnaître un défaut, malgré la vanité qu'aurait pu lui inspirer son mérite réel, n'y occupait une des plus belles.

Il est une prière que j'hésite à vous faire, Monsieur, mais si une photographie de notre pauvre ami pouvait m'être accordée, ce serait une douce satisfaction, pendant le temps qui pour moi s'avance, de pouvoir quelquefois contempler les traits d'un ami.

Si mon fils était là, il ne pourrait qu'ajouter encore à l'éloge des vertus et du mérite plein d'humilité du pauvre abbé, qu'il avait aussi été à même d'apprécier.

Puisse, Monsieur le Curé, cet hommage unanime, rendu à la mémoire de celui que vous, aussi, vous avez tant aimé, être un allégement à votre douleur et à celle de sa famille.

14 février 1863.

Je vous adresse ma photographie comme marque de souvenir; puisse-t-elle être pour ses parents désolés un témoignage de l'estime que, de toutes parts, les vertus et l'excellent cœur du pauvre abbé avaient su lui concilier.

Veuillez, Monsieur le Curé, recevoir l'assurance de ma considération la plus distinguée.

LAIR.

Biou, 15 février 1863.

MONSIEUR,

Je vous remercie beaucoup de la photographie de notre excellent abbé Magdelaine; elle m'a fait d'autant plus de plaisir, que pendant le voyage que nous avons fait ensemble, j'avais été à même d'apprécier son heureux caractère, qui était le meilleur que l'on pût voir, de l'avis de tous ceux qui l'ont accompagné ; jamais il n'a laissé échapper la moindre occasion de faire plaisir et de donner carrière à sa charité pour tous les pèlerins ; jamais il n'a manifesté la moindre impatience qui donnât à entendre qu'il souffrait; car Dieu seul sait ce qu'il a souffert tout le temps du voyage. Il avait un cheval détestable, dont la selle le blessait ; ce dont je me suis aperçu seulement à Naplouse, m'étant servi de son cheval pour une petite course aux environs.

J'ai été obligé de marcher une partie du temps à pied, tant j'y trouvais d'incommodité; de retour au campement j'ai dit au bon abbé : « Il est impossible « que vous continuiez le voyage de cette façon, vous « devez avoir les jambes écorchées, il faut que vous « demandiez un autre cheval à l'entrepreneur de la « caravane. » Il a constamment refusé et m'a empêché d'en parler moi-même ; il devait certainement, à la fin du voyage, avoir tout le dedans des jambes écorché. Après le Carmel, le voyant véritablement très souffrant, j'ai voulu changer, pour ainsi dire malgré lui, son cheval, mais il n'y a jamais voulu consentir. La fièvre ne l'a pas quitté, autant que je puis croire, du mont Carmel à Beyrouth, où il s'est plaint de fièvre et de douleurs très vives dans les reins. Il est venu avec mon père et moi jusqu'à Constantinople et, quelque temps avant d'arriver à Smyrne, il s'est trouvé tellement indisposé sur le bateau, qu'il a été obligé de garder le lit et de voir le docteur du bord ; à Constantinople nous l'avons quitté avec chagrin, et c'était pour ne plus le revoir; il est reparti le soir même de son arrivée, et n'est descendu à terre que quelques heures. J'espérais conserver des relations avec un jeune homme aussi aimable que lui, et c'est, je vous l'assure, avec beaucoup de chagrin que nous apprîmes sa mort, le jour de notre arrivée à Fourchambault. Je vous envoie ma photographie que j'ai fait faire à Constantinople avec le costume que j'ai apporté de Bethléem.

Recevez, Monsieur, l'assurance avec laquelle j'ai l'honneur d'être votre très humble serviteur.

Ch. LAIR fils.

Trèves (Maine-et-Loire), 4 mars 1863.

Monsieur et cher Curé,

J'ai reçu vos deux lettres : si je n'ai pas répondu à la première, c'est par une bonne raison. Depuis mon retour, il y aura quatre mois bientôt, j'ai été fort souffrant. J'ai toujours gardé le lit et la chambre. Mon docteur m'avait sévèrement interdit toute espèce d'écriture. J'ai dicté à mes secrétaires les lettres les plus pressées. Je voulais vous répondre de ma propre main. Voilà quatre ou cinq jours seulement que j'écris.

J'avais appris, lorsque j'ai reçu votre première lettre, la mort de M. l'abbé Magdelaine. Elle m'a beaucoup surpris. S'il devait y avoir une victime, je semblais désigné d'avance. On avait manqué me perdre à Nazareth; sans mon frère je serais mort. Sans doute que le bon abbé Magdelaine était beaucoup mieux préparé que moi; il était mûr pour le Ciel. C'est un fruit que le souverain dispensateur de la vie et de la mort a voulu recueillir dans les heureux greniers dont il est parlé dans l'Evangile. Je ne doute pas qu'il soit au ciel, où l'on est beaucoup mieux que dans cette triste vallée de larmes.

Il a constamment édifié la caravane par sa grande charité et son esprit de foi. Il se sentait attiré vers moi et nous avons souvent causé ensemble. Il m'a fallu, pour cela, dans les commencements, vaincre sa timidité; car il me paraissait fort timide. Sa conversation était toujours celle d'un prêtre fervent. Je trouvais des charmes dans sa conversation. Dans tous les lieux saints il a célébré la messe avec une grande piété. A Jérusalem, ce que vous ne savez peut-être pas, il s'était mis du tiers-ordre de saint François, il avait imité saint Louis en cela.

Mon frère, le trouvant fatigué au Carmel, l'engageait fortement à nous suivre directement à Alexandrie, et à ne pas retourner à Beyrouth. Il avait pour se rendre dans cette dernière ville, quatre énormes journées de cheval, par des chemins affreux; mais il voulait absolument faire le tour de la Méditerranée, et revenir par Constantinople et Rome. Il est arrivé à Beyrouth dans un triste état, et je crois qu'il est rentré de là en France sans pouvoir exécuter son projet. Il a bien eu tort de ne pas suivre le conseil de mon frère.

Une fois, c'était en nous rendant de Bethléem à Saint-Jean-du-Désert, il est tombé de cheval à mes côtés; c'était sur le bord d'un précipice qui avait plus de 200 pieds de profondeur, son cheval s'était abattu sous lui, je l'ai cru mort, très heureusement que nous en étions quittes pour la peur. Il n'a reçu aucune blessure, seulement il a pris son cheval par la bride, et a marché pendant assez longtemps. Je remarquais que ses pieds tremblaient sous lui. Je l'engageai à remonter à cheval.

Je regrette beaucoup, Monsieur et cher Curé, votre défunt paroissien. J'aurais eu un singulier plaisir à le revoir, le bon Dieu en a décidé autrement. Adorons ses impénétrables décrets, mais soyons sûrs que Dieu a fait miséricorde à son humble, charitable et très pieux serviteur.

Recevez, Monsieur et cher Curé, l'assurance de mes sentiments aussi affectueux que dévoués.

† ARMAND-RENÉ,

évêque de Saint-Denis.

Cette pièce clôt la liste des lettres que j'ai reçues des pèlerins de la caravane de l'automne 1862 ; mais je ne puis me défendre de citer encore des lettres qui m'ont été adressées par des personnes qui se sont trouvées en rapport avec l'abbé Magdelaine pendant son dernier voyage.

Voici celle des séminaristes de Grenoble qui ont fait le voyage de la Grande-Chartreuse avec lui :

Grand-Séminaire de Grenoble, 27 décembre 1862.

Monsieur le Curé,

Il n'est pas besoin de vous dire la surprise que nous a causée votre lettre en nous apprenant la nouvelle de la mort de M. Magdelaine.

Nous avons eu le bonheur de faire connaissance avec lui dans la voiture qui fait le service de Voiron à Saint-Laurent-du-Pont. — Ses manières simples, son air doux et affable nous firent bien vite engager conversation avec lui. — Il nous parla de ses voyages, de celui de Londres qu'il avait fait naguère, de celui de Terre-Sainte qu'il entreprenait. Puis quand nous fûmes à côté de nos belles montagnes, quand nous passâmes au pied de ces rochers à pic qui semblaient menacer nos têtes, il changea de sujet; il se mit à admirer; son admiration était vive, pieuse surtout : « Ici, c'est comme en pleine mer, disait-il, *mirabilis in altis Dominus.* »

Il était si attrayant, si bon, si gai, que nous arrivâmes à Saint-Laurent sans y penser.

Il était presque nuit : nous délibérâmes si nous poursuivrions notre route jusqu'à la Grande-Chartreuse, éloignée encore de deux grandes heures, ou si nous passerions la nuit à Saint-Laurent. « Si vous voulez, nous dit-il, nous irons jusqu'au bout; je veux m'habituer à devenir intrépide; en Terre-Sainte il me faudra bien l'être. Qui sait s'il ne faudra pas me battre avec les Arabes ou les Turcs? » — Quand on est jeune, on ne sait pas refuser une proposition quelque peu téméraire; nous partîmes. — La route de Saint-Laurent à la Chartreuse, presque partout taillée dans le roc, est bordée d'un côté par une longue chaîne de rochers à pic pour la plupart; de l'autre par un affreux précipice au fond duquel on entend gronder un torrent. — De plus, cette route était en état de réparation. — C'est dans ce chemin, ravissant pendant le jour à cause du spectacle magnifique, par les horreurs que la nature présente de tous côtés, que nous nous engageâmes de nuit. C'était plus que téméraire. — Les rochers et les sapins jetaient sur notre chemin des ombres épaisses; nous marchions à tâtons; — d'abord tout alla bien : nous marchions d'un bon pas, mais bientôt l'abbé Magdelaine, qui n'avait rien pris depuis neuf heures du matin, se sentit fatigué; je le déchargeai de son manteau, nous ralentîmes la marche, et peu à peu les forces lui revinrent. Il se mit même à nous encourager, et pour faire diversion à nos peines, il nous raconta divers épisodes de son voyage de Londres... Tout le temps il nous édifia. — Une fois le pied lui manqua; il enfonça une jambe dans un aqueduc profond qui communiquait avec le torrent, et qu'on avait ouvert pour y faire des réparations. — « *Estote parati*, il faut être prêt; si j'étais tombé là-dedans je ne sais trop si j'aurais pu m'en retirer. » Telle fut sa réflexion. — Arrivés sous des tunnels pratiqués dans la montagne, quoique épuisé par la faim et les fatigues du voyage, il nous proposa de chanter un cantique à la Vierge.

Autant que je puisse me souvenir, il entonna celui-ci :

Reine des cieux
Jette les yeux
Sur ce béni sanctuaire,
Et des pécheurs
Guéris les cœurs,
Et montre-toi notre mère.

Nous arrivâmes; il n'y avait plus que cinq minutes avant qu'on fermât le monastère. L'abbé Magdelaine répondit pour nous aux reproches qu'on nous fit de ce que nous arrivions trop tard. Après le souper, nous nous séparâmes. — Le lendemain nous revîmes notre ami de la veille, à la chapelle Saint-Bruno; il nous dit qu'il nous avait partout cherchés, que le temps lui avait beaucoup duré de nous dans ce désert où il ne connaissait ni les lieux, ni les personnes. — Il était alors avec un prêtre du diocèse du Mans; nous les laissâmes ensemble. Ce ne fut que le soir, après souper, que nous nous retrouvâmes tous trois de nouveau réunis. Nous nous promenâmes environ une heure dans la cour du monastère. C'est-là qu'il nous fit la promesse de prier pour nous d'une manière spéciale dans l'église du Saint-Sépulcre, de nous envoyer un joli souvenir de Terre-Sainte à son retour dans sa paroisse, pourvu que nous le fassions ressouvenir de sa promesse; enfin, de joindre à cet envoi sa photographie dans le costume qu'il allait prendre. — Nous nous engageâmes, de notre côté, sur la demande qu'il nous en fit, à prier Dieu pour lui.

Puis, avant de nous séparer, il nous mena dans sa cellule : nous y restâmes assez longtemps; il nous montra le carnet où il inscrivait chaque jour ses impressions de voyage, et nous en lut quelques pages, pages qui nous disaient éloquemment, sans qu'il s'en doutât, la beauté de son âme. — Puis il nous donna sa photographie après nous avoir montré celle de son frère et celle de sa sœur, après quoi nous le quittâmes, non sans l'avoir embrassé. Il nous dit au revoir : nous pensions, en effet, pouvoir passer encore ensemble une partie de la journée suivante; mais le lendemain il avait profité d'une occasion, il était parti. Nous ne devions le revoir qu'au ciel. — Souvent, depuis, nous avons parlé du pèlerin de la Terre-Sainte, souvent nous avons prié pour lui. Nous espérions pouvoir à son retour communiquer au moins par lettres avec lui. — L'homme propose et Dieu dispose. Nous le voulions pour nous, Dieu l'a trouvé digne de lui, il nous l'a pris.

Soyez assuré, Monsieur le Curé, que nous prenons part à vos regrets, et que nous mêlons nos larmes à vos larmes. Pardonnez-moi si j'ai insisté sur des détails. Je sais que lorsqu'on est entretenu d'une personne que l'on chérissait et que l'on a perdue, on aime les détails; les moindres choses nous font du bien; et puis, c'est pour moi une satisfaction de jeter quelques fleurs sur la tombe d'un homme qu'en si peu de temps j'avais appris à estimer et à aimer.

Oui, ayez la bonté de nous envoyer quelque chose de ce cher défunt; remplissez sa promesse envers nous.

Encore une grâce, s'il vous plaît, puisque vous voulez livrer à l'impression ses poésies et ses impressions de voyage, veuillez nous envoyer à chacun un exemplaire : Mort, il nous parlera encore, *defunctus adhuc loquitur*. — C'est au reste ce que nous avons éprouvé en lisant la charmante pièce qu'il composa en *adieux à sa cellule*.

En attendant de voir nos souhaits accomplis, nous vous assurons, Monsieur le Curé, de nos sentiments respectueux.

L'abbé RABILLOND.

L'abbé Magdelaine avait été remarqué dans les salons du patriarche et dans le séminaire de Bet-Djalla par un jeune prêtre arménien d'une grande famille de Constantinople. Cet ecclésiastique est économe au patriarchat latin de Jérusalem. Il s'était attaché à lui et l'avait comblé de riches souvenirs; la piété était le lien de leur amitié; aussi ils s'étaient promis de s'écrire souvent pour se communiquer leurs progrès dans la voie du salut : j'ai recueilli ceci de la bouche de mon cher abbé. Cette explication était nécessaire pour l'intelligence des deux lettres qu'on va lire.

Jérusalem, janvier 4, 1863.

MONSIEUR L'ABBÉ,

Quoique je n'aie eu le plaisir de recevoir aucune de vos lettres, je prends la liberté de m'adresser à vous pour satisfaire à un de mes plus ardents désirs, qui est celui de vous souhaiter, dans le renouvellement de cette année, toutes les prospérités tant spirituelles que temporelles, et tous les bonheurs que l'amitié dont vous daignez m'honorer exige que je vous souhaite. C'est avec cet objet que je m'adresse à vous en vous priant en même temps de bien vouloir être l'interprète de mes sentiments de respect et d'affection auprès de M. votre père, et de Mlle votre sœur; et j'espère que le Tout-Puissant daignera exaucer les vœux qu'avec tant de ferveur lui sont adressés de cette ville déicide pour votre félicité.

Je profite de cette opportunité pour vous prier, monsieur l'abbé, de ne pas m'oublier tout à fait, et de ne pas me laisser privé des nouvelles de votre santé ainsi que de vos respectables parents, auxquels je vous prie de présenter mes respects et mon amitié sincère et cordiale.

Veuillez bien agréer, Monsieur l'abbé, l'expression de mon sincère attachement avec lequel j'ai l'honneur de me déclarer,

Votre dévoué et affectionné serviteur,

SÉRAPHIN DAVIDIAN,

Econome du Patriarcat latin.

Jérusalem, le 18 mars 1863.

BIEN AIMÉ ET VÉNÉRÉ CURÉ,

Il m'est extrêmement difficile de pouvoir vous exprimer combien fut grande la douleur de mon cœur causée par la fâcheuse nouvelle que vous me donnez de la mort du bon abbé Magdelaine, que j'ai connu à Jérusalem, et que j'aimais tendrement. Oh ! cher ami, ne vous avais-je donc connu que pour vous regretter si tôt !... Les quelques instants que j'ai eu le bonheur de passer avec vous; les entretiens familiers et toujours édifiants que nous avons eus ensemble, m'ont toujours récréé la pensée et soulagé le cœur déjà assez affligé par votre départ ; tout ce qui me rappelait votre souvenir m'était cher, et tandis que j'attendais d'un moment à l'autre voir paraître vos écrits, grand Dieu!... on m'annonce votre mort!... Ah! Seigeur, vous êtes vraiment juste, et vos jugements sont équitables! Vous récompensez le juste en l'ôtant de ce monde pour vous l'assurer.

Ainsi, mon Dieu, vous avez voulu sans doute récompenser les vertus de notre cher abbé Magdelaine, de cet ange de bonté, de ce modèle de vertus, que vous l'enlevez aux mortels pour l'associer aux saints du Paradis; que vous l'arrachez à l'affection de ses parents et de ses amis pour nous faire avoir un intercesseur de plus au Ciel. — Voilà, Monsieur le curé, la seule pensée qui puisse me consoler de la perte que j'ai faite en perdant un ami si cher, de cette perte qui, je vous l'assure, me touche au vif. Mais tout en me résignant à la volonté divine, je ne cesserai pas pourtant de prier le Seigneur pour le repos de son âme, sachant bien qu'il ne manquera pas lui-même de se rappeler de moi, de son indigne ami, au séjour des bienheureux et de s'intéresser pour moi auprès du Trône de la miséricorde divine. — Je plains grandement les bons parents du cher défunt, son pauvre père, sa tendre mère, son cher frère, son aimable sœur, ainsi que tous ses amis. Oh! que leur affliction doit être bien grande! J'en juge par celle que je ressens moi-même, et lorsque je songe à leur douleur, il semble que la mienne redouble de force. Veuillez leur faire mille amitiés de ma part, je vous en prie; exprimez-leur l'amitié que j'ai vouée à leur cher enfant et dont je porterai un doux et perpétuel souvenir. Dites leur combien de part je prends à leur affliction, mêlant mes larmes aux leurs pour pleurer ce cher défunt, cet enfant chéri et tendre ami. Dites-leur encore, s'il vous plaît, que tous ceux qui ont connu à Jérusalem le bon abbé Magdelaine, s'en souviennent toujours avec plaisir. Tous et surtout les bons séminaristes du séminaire Patriarcal de Bet-Djalla, qui ont eu le bonheur de connaître et d'apprécier sa belle âme et ses rares vertus, regrettent vivement sa mort et ne cessent, depuis le jour que je leur ai communiqué cette triste nouvelle, de recommander au Seigneur l'âme du cher défunt, surtout dans les fréquentes visites qu'ils font à la Tombe sacrée du Rédempteur; moi-même, j'y ai déjà offert plus d'une fois le saint sacrifice de la messe à cette intention. C'est tout ce que nous pouvons faire, Monsieur le curé, pour vous témoigner l'affection que nous portons pour cette âme du paradis, et vous exprimer toute l'estime que nous avions conçue pour ses belles vertus. Du reste, Monsieur, puisque en perdant ce cher ami, la Providence m'en envoie un autre en votre honorable personne, je m'estime très heureux de cet honneur que vous me faites en voulant que je vous regarde comme le digne remplaçant du cher défunt. Quoique je ne mérite pas tant de bonté de votre part, j'accepte pourtant très volontiers l'offre très avantageuse pour moi que vous me faites, Monsieur, vous remerciant bien sincèrement de la bienveillante attention dont j'ai été l'objet de votre part, tâchant de devenir de jour en jour plus digne de votre honorable amitié. En attendant, veuillez agréer un bien petit gage de mon attachement et de mon profond respect, qui consiste en quelques petits objets de dévotion, bénits sur tous les sanctuaires de la Terre-Sainte, et que je vous enverrai au retour en France des pèlerins de cette caravane de Pâques. C'est bien petite chose, à la vérité, qui ne mérite pas votre attention, Monsieur le Curé, mais votre bon cœur vous la fera accepter avec plaisir, vu le bon cœur avec lequel je vous l'offre et mes faibles ressources qui ne me permettent pas de vous offrir quelque chose de plus grand.

Mille et mille remercîments au père, mère, frère et sœur du cher défunt, pour la bienveillante attention qu'ils ont eue pour moi ; veuillez être l'interprète de mes sentiments de respect et d'attachement que je leur professe et avec lesquels je conserverai ineffaçable le souvenir de leur cher enfant.

Veuillez enfin vous-même, Monsieur le vénérable Curé, agréer l'expression de mes sentiments affectueux et l'assurance de mon profond respect.

SÉRAPHIN DAVIDIAN,

Prêtre arménien catholique, Econome du Patriarcat latin.

Les hommes ont parlé !!!... maintenant montagnes de la Judée, rivages du Jourdain, crèche de Bethléem, grotte de l'agonie, tombeau du Sauveur vous allez nous révéler les pensées, les affections, les émotions de cette belle âme ! Pavés des sanctuaires des saints lieux sur lesquels posèrent les pieds du pieux pèlerin et qui recueillîtes ses larmes ; autels sur lesquels il a offert pour ses parents et ses amis le saint sacrifice avec tant de foi et de piété, dites ce que sentait cette âme angélique.

Les notes que nous allons publier ont été écrites simplement : elles n'étaient pas destinées à voir le jour. Le pieux pèlerin avait voulu conserver pour lui un souvenir écrit de son voyage. L'avant-veille de sa mort, il me disait qu'il ne voulait les communiquer qu'à moi : « On pourrait croire, me disait-il, que j'ai voulu parler de moi. » Il voulait les revoir pour faire disparaître tout ce qui avait trait à sa personne. Mais il est mort quelques jours après son retour. Les impressions de voyage sont le premier jet du cœur, la spontanéité d'une âme pure et simple.

Le bon abbé Magdelaine écrivait pour lui et il aura écrit pour ses amis, *defunctus adhuc loquitur*. Nous avions un ami sur la terre, il nous a laissé une partie de lui-même dans ses écrits. Oh ! mes chers paroissiens, qu'il a tant aimés, continuez à l'aimer, à l'aimer toujours; puisqu'il nous a confié sa tombe, honorons-la comme elle le mérite, car tout nous dit que celui dont elle recouvre le corps est maintenant au Ciel, où il intercède pour nous.

C. LALBIN,

desservant de Vanvey.

VOYAGE

AUX

DEUX JÉRUSALEM

PREMIÈRE SEMAINE.

Rochefort. — Vanvey. — Châtillon. — Montbard. — Flavigny. — Dijon. — Lyon. — Vienne. — Voiron. — Saint-Laurent-du-Pont. — Grande-Chartreuse. — Avignon. — Nîmes.

Dimanche 17 août 1862.

ROCHEFORT. — A la garde de Dieu!... Mon âme jubile et mon cœur est dans le ravissement!.. Encore quelques semaines et je foulerai la terre que Notre-Seigneur a foulée! Encore quelques semaines et je contemplerai ces lieux où se sont déroulés tant de mystères; je verrai ce Calvaire, ce Sépulcre, ce Jardin des Oliviers où mon Dieu a souffert, a prié et a pleuré; je baiserai les traces de ses pas; mon cœur battra où le sien a tant aimé!... Oh! quelle joie comparable à la mienne ! Quel bonheur va m'être donné en ce monde ! Je pars ; mais, ô mon Dieu, daignez me bénir ; ne m'abandonnez pas au milieu des dangers. Il y aura des peines et des souffrances, je le sais ; mais un chrétien doit-il aller au Calvaire par un chemin semé de roses ?...

Je viens de faire mes dernières recommandations à mes chers paroissiens ; après les avoir exhortés à aimer le bon Dieu et à s'aimer les uns les autres, je me suis recommandé à leurs prières, leur promettant également mon souvenir devant le bon Dieu ; leurs sanglots, leur émotion extraordinaire me toucha de telle sorte que, pleurant moi-même, et incapable de maîtriser mon émotion, je quittai la chaire sans achever mon instruction.

Il est si difficile de quitter froidement ceux avec qui l'on vit continuellement, quelle que soit l'indifférence qu'on témoigne à un prêtre, je crois qu'on y est attaché plus qu'on ne pense, et une séparation un peu longue laisse toujours de part et d'autre un vide qu'il est difficile de remplir, surtout quand la séparation offre des dangers et qu'on se quitte dans l'incertitude de se revoir (1).

(1) Nous devions le revoir, mais quelques jours seulement ; il est rentré dans sa paroisse le 16 novembre, et il est mort le 26, dix jours après son arrivée. (N. E.)

Un incident pénible vient de troubler un moment la joie du départ... Dieu veut sans doute commencer par les sacrifices un voyage au Calvaire... Je me détourne en quittant Rochefort, pour éviter la rencontre des personnes qui m'attendent au passage pour me dire encore adieu...

Mie, qui a dit également au revoir pour quelques semaines aux souris de la cure, prend fantaisie de s'échapper en route vers Saint-Germain, et, après mille *miaous* plus déchirants les uns que les autres, nous l'avons vue fuir, l'ingrate, à travers les sapins et les genièvres.

VANVEY. — Le temps est triste comme la séparation; tout y pleure, c'est une désolation à fendre le cœur, et cependant le mien est sec, et si quelque chose l'agite, c'est plutôt la joie que la tristesse. Pourquoi serais-je triste, quand je vais accomplir le plus beau rêve de ma vie, et que tout le monde ambitionne mon bonheur? On craint les périls ; mais quand encore il faudrait mourir, je trouve que ce ne serait pas payer trop cher le bonheur de voir le Calvaire, et de prier sur le tombeau de Notre-Seigneur.

CHATILLON. — Visite à Mme Barrachin ; quelques moments d'entretien sur les peines de ce monde et la souffrance de ne pouvoir les communiquer, ouvrent dans mon âme des plaies à peine fermées, et me jettent dans une tristesse bien grande. Dieu me console et me fait entrevoir des jours plus heureux où je serai, non pas délivré des souffrances, mais plus fort et plus courageux pour supporter les épreuves.

Je me suis un peu récréé en voyant la curiosité qu'inspirait un gibus sur la tête d'un curé; tout amuse en ce monde, et, moins la chose est intéressante, plus on s'obstine à y trouver d'agréments.

Rien d'insipide comme la route de Châtillon à Montbard; j'ai fait mes efforts pour attraper un peu de sommeil, sans pouvoir y réussir; j'en serais peut-être venu à bout, quand M. Matenet (1) est venu me serrer la main et continuer la route avec moi. Je suis descendu de voiture avec un gros mal de gorge, et ce n'était pas pour avoir dormi.

MONTBARD. — Le bon abbé Sacqué m'attendait à la gare. Il avait peine à reconnaître une figure amie sous l'infâme gibus; et lui, qui s'obstine à croire qu'il n'y a rien de nouveau sous le soleil, ne s'attendait pas à cette nouveauté.

(1) Ami et autrefois paroissien de l'abbé Magdelaine. (N.E.)

La soirée a été délicieuse ; j'ai trouvé le cœur d'un véritable ami, et c'est bonheur que d'avoir en ce monde des êtres aussi heureusement doués. Là j'ai retrouvé avec l'odeur ambroisienne du tabac, les armes culottées du *far niente,* et le tapis vert tout neuf m'enseigna une nouveauté de plus.

Lundi 18 août 1862.

Il était grand jour quand un petit *trottinement* et la toux d'un petit rhume bien connu m'avertîrent qu'il était temps de sortir *des bras de Morphée.* L'abbé Sacqué ne s'était pas fait tirer l'oreille, et il lui tardait déjà de me voir trottiner comme lui.

A sept heures, nous partons à l'hospice pour y dire chacun notre messe, et en revenant, nous avons visité le parc. Cette petite promenade m'a été très agréable : le paysage est magnifique et les points de vue charmants ; on a su parfaitement tirer parti des accidents très variés du terrain, et au milieu de cette gentille propriété, Buffon n'était pas très à plaindre. On m'a fait remarquer le cabinet où il a composé ses ouvrages : c'est un bout de maisonnette à peine enrichi d'une fenêtre, et encore je crois bien qu'elle est murée, M. de Buffon n'étant point ami du roi des astres. A l'entrée du parc se trouve une colonne placée sur un piédestal; j'y copiai cette inscription :

Excelsæ turri
Humilis columna
Parenti suo
Filius Buffon. 1796.

Je grimpai jusqu'au sommet de la tour carrée qu'il fit élever en achevant son parc; et de là, je pus jouir de toutes les beautés d'un pays riche en montagnes et en jolies vues.

FLAVIGNY. — Il était dix heures quand je quittai Montbard. Le temps était féroce; le vin blanc de l'abbé Sacqué était là heureusement pour faire contrepoids à la froideur de la pluie. Malgré les observations de sa sœur, mon ancien compagnon de chambre au séminaire voulut bien m'accompagner jusqu'à Flavigny; à Darcey, j'empruntai un parapluie chez un garde du chemin de fer, et nous gravîmes la route qui gagne le noviciat des Dominicains; le temps fut atroce; cependant nous avons fini par arriver. Là, j'eus le bonheur de voir mon frère. Je fus heureux de le trouver si gai; l'habit de dominicain lui donne une mine de petit saint, et il paraît enchanté d'en être revêtu. Je revis également le vieux vétéran du Caucase et du Mont-Liban, le Père Allard; ce bon Père, toujours aussi fou de raconter, de chanter et de donner des conseils, parut content de me revoir; il me donna pour le Patriarche de Jérusalem une lettre qu'il trouva pleine d'esprit, d'enthousiasme et d'inspiration; en voici la copie fidèle :

Excellence,

M. Allard, qui eut le bonheur d'enseigner le français à vos séminaristes en étudiant l'arabe sous votre direction, vous baise la main. En faisant au Calvaire le serment de verser son sang dans les missions, s'il le fallait, et de le joindre au sang précieux qui arrosa le rocher du Golgotha, il avait puisé, à l'exemple du zélé patriarche missionnaire à Mossoul, le courage de souffrir un peu de knout et de prison au Caucase en Russie, pour la défense des catholiques. Il vous écrit du noviciat de Flavigny, des Dominicains de Lacordaire, où il espère bientôt prendre l'habit pour être envoyé à Mossoul à la mission des Dominicains.

Il est heureux, Excellence, de vous envoyer ses hommages et sa vive affection par le frère d'un jeune novice dominicain. Ce digne prêtre, qui a fait éclater en sanglots tous ses paroissiens en leur annonçant qu'il allait prier pour eux au Calvaire, brûlerait, lui aussi, de se consacrer aux missions, si un vieux père ne le retenait. Je le charge de vous dire que j'espère bien vous revoir avec l'habit dominicain en allant à Mossoul, si Dieu m'en fait la grâce, ou en simple habit de missionnaire, pour mourir peut-être dans les missions de la Palestine.

Daignez croire, Excellence, aux sentiments du plus profond respect et de la plus vive affection pour vous, votre frère et tous ces Messieurs.

Tout à vous,

Michel ALLARD, *missionnaire.*

Ce missionnaire, au style oriental, mais au cœur d'or, vint nous accompagner jusqu'à Darcey avec mon frère et un jeune postulant du diocèse d'Angers. Là, nous nous serrâmes la main, et, après nous être embrassés trois fois, ils me laissèrent tous partir seul vers Dijon, priant Dieu qu'il donne aide et secours au pauvre pèlerin.

J'eus pour compagnon de voyage un soldat profondément endormi, et une espèce de maître d'école, autant que je pus en juger par l'habit, la figure, le petit rhume, et aussi par un in-octavo à couverture bleue, et qui cachait dans ses flancs des x, des y, des chiffres, et toute cette série de lettres et de chiffres qui composent l'algèbre. Nous gardâmes l'un et l'autre un silence admirable et un sérieux à ravir.

Je revis, par les petites fenêtres du wagon, ce bon Plombières, ancienne résidence de mes trois premières années d'étude au séminaire;

et c'est toujours avec une certaine émotion que je me rappelle tant de choses qui se sont passées pendant ce temps sur ces montagnes, où nous aimions tant à gravir.

DIJON. — Décidément mon gibus produit des merveilles : autant un ours du Caucase; chacun le regarde, et les petits enfants me saluent partout de cette phrase : « Oh! le drôle de curé!... Tiens! ce chapeau de curé!... Maman, maman, vois-tu ce chapeau!... » J'ai beau l'ôter, le cacher; quand il n'est plus à sa place, c'est mon sac qui attire les yeux. Ce que c'est pourtant que la chance! Quand on veut fuir les honneurs, on les trouve à chaque pas.

Tout d'abord, j'ai été rendre visite à Mgr l'Evêque, qui a été pour moi d'une bonté et d'une affabilité ravissantes. Il a, comme tout le monde, admiré mon gibus, qui alors se prélassait dans mes mains, et ce commencement de barbe qui pousse en l'honneur des Turcs. Il a été un peu surpris de ne pas me voir accompagné de M. Barrachin; mais tout s'est arrangé de la meilleure façon du monde, et je l'ai quitté tout ravi, après avoir reçu sa bénédiction et tous ses vœux pour mon pèlerinage.

En quittant Monseigneur, je rencontrai M. Pillot à qui j'allais également rendre visite. Je le trouvai aussi très affectueux, et il me chargea de quelques petites commissions pour Jérusalem.

Je passai le reste de la soirée en visites chez M. Jamot, M. Gruyère, à l'Asile, et chez M. Matenet, où je soupai. Je vins alors chez les Pères Dominicains, où je trouvai l'accueil le plus cordial de la part du R. P. Trouche, qui fit tous ses efforts pour m'être agréable. C'est là que je dois passer la nuit, et c'est dans une cellule de leur maison qu'à onze heures du soir j'achève d'écrire mon petit journal.

Mardi 19 août.

Avant de quitter la cellule des bons Pères, je dois noter ici une petite malice que le voyageur pas trop fatigué relate avec plaisir. Je m'étonnais du luxe avec lequel on m'avait préparé un coucher. Sur deux traiteaux où gisaient une paillasse et un fantôme de matelas, l'œil ravi contemplait un oreiller à figure douce et d'un aspect attrayant ; ma tête, un peu lourde des émotions de la journée, se reposait déjà en esprit sur ce bienheureux sopha, et savourait le bien-être qu'elle allait éprouver, quand elle s'aperçut au contact que l'apparence était loin de répondre à la réalité : ce bourreau d'oreiller, au plumage d'orient, à figure d'aurore, n'offrait à la tête déçue qu'un amas de paille d'une dureté à fendre le cœur et la tête. Mais, en dépit de tout, je dormis d'un sommeil de plomb et ne me levai *qu'à trois heures et demie,* ce qui prouve combien il fait bon dormir sur un lit dominicain.

Je prends une tasse de café au lait avant de sortir du couvent ; j'emplis mes poches de provisions pour le voyage, et je serre la main des bons Frères Louis et Marie-Joseph, qui m'accompagnent de leurs vœux pour le bon succès de mon pèlerinage.

A 5 heures et demie, sous les auspices d'une journée magnifique, je m'embarque pour Lyon, en société de M. Bernard, de l'évêché, qui se rendait à Chalon par le même train que moi. Cette fois, je quittais des parages connus, et mon imagination trottait dans l'incertain des voyages.

J'étais plus gai que de coutume ; je sentais en moi une satisfaction intérieure que je n'avais pas ressentie depuis bien longtemps : je ne sais si l'éloignement des lieux où naquirent mes peines y contribuait pour quelque chose, mais je me sentais plus à l'aise en songeant que je me rapprochais un peu de Jérusalem.

Une chose cependant me tenait encore au cœur : Monseigneur, en me parlant de mon frère avec une bonté qui me fut bien sensible, me témoigna ses craintes au sujet de sa santé; et bien qu'il prît quelques ménagements pour me dire sa pensée, je le compris assez pour ne pas être exempt de toute inquiétude. Ce souvenir m'était pénible.

Pendant la route, le temps me semblait s'écouler trop vite ; la vue des charmants villages et des montagnes si pittoresques que l'on côtoie toujours m'était singulièrement agréable. A plusieurs reprises je ne pus me défendre de murmurer contre la barbarie de l'administration des chemins de fer, qui, dans cent endroits différents, s'est évertuée à restreindre autant que possible l'horizon de l'œil avide de voir, en plantant de chaque côté de la voie des arbustes au feuillage très épais. Comment percer à travers ce mur d'acacias? N'est-ce pas de la sauvagerie ?

La vue des paysannes de la Bresse mâconnaise m'a infiniment diverti; rien de bizarre comme cette coiffure en forme de cornet de papier adaptée sur le derrière de la tête, et surmontée, chez les unes, d'une sorte de grande *tartière* en soie noire, ornée de pendeloques plus ou moins grotesques, et au centre de laquelle s'élève encore un tube de même composition, frisotté d'une manière très coquette ; chez les autres, d'une espèce de je ne sais quoi, ressemblant soit à un sablier, soit à une coupe, soit à toute autre chose de ce genre. Ajoutez à ce riche plumage des sabots enfumés, couleur du Morvan, un œil qui vous demande un regard de flatterie, et un langage où le diable ne voit goutte. Un bon militaire riait en dessous devant ces têtes mâconnaises, et mon attention à examiner ces falbalas leur faisait croire peut-être à un curé de l'autre monde.

A Villefranche, j'eus pour compagnon de voyage une dame de Vienne dont la bonté me fit grand plaisir ; elle m'invita à descendre chez elle si j'avais un moment à donner à cette ville, et m'assura qu'elle serait enchantée de me présenter à son mari et à d'autres messieurs. « Vous demanderez, me dit-elle, madame Julien, à la Grande-Rue. » Je pense que nous nous reverrons dans l'autre monde.

Bientôt j'aperçus Notre-Dame de Fourvières : je la saluai dans mon cœur, en attendant que j'aille la prier dans son sanctuaire. Nous nous arrêtâmes un instant à Lyon (Vaise) ; puis enfoncés, dans un tunnel, nous n'en sortîmes que pour descendre à Lyon. Il était midi moins un quart.

LYON. — Je me faisais une idée tout autre de cette ville. Après avoir si longtemps voyagé en plaine, je me figurais que Lyon était également éloigné des montagnes, c'est tout l'opposé : le Rhône, dont on me faisait une description gigantesque, me parut au-dessous de ce que mon imagination se plaisait à lui donner ; enfin, à part la hauteur considérable des maisons dont je me faisais une idée assez exacte, j'ai trouvé les grandeurs lyonnaises beaucoup trop exagérées par les narrateurs.

Armé de mon sac, de mon gibus et de mes autres bagages, je traverse la place Napoléon, où se trouve une statue de cet Empereur ; je franchis la place Louis-le-Grand qu'on nomme aussi la place Bellecour, et, tout en me demandant si c'était là cette place si renommée, je gagnai la rue Impériale, et me rendis chez M. Gauthier(1), où je reçus la plus gracieuse hos-

(1) A la nouvelle de la mort de l'abbé Magdelaine, M. Gauthier, un de mes anciens élèves, m'écrivait : « Le bon abbé Magdelaine a laissé chez nous un souvenir ineffaçable, par sa grande douceur et son abandon si affectueux ; et, ce que je n'oublierai jamais, c'est l'instant où j'ai assisté à sa messe à la métropole : sa piété si tendre, empreinte d'une foi si vive, à l'autel de la sainte Vierge, m'avait, je dois le dire, profondément touché et attaché à lui ; aussi, en sortant de l'église, je trouvais double plaisir à gravir avec lui la colline de Fourvières. » (N. E.)

pitalité. Je me reposai quelques heures en causant nouvelles sur les mille et une choses du Châtillonnais, et à quatre heures j'allai à l'Archevêché faire viser mon *celebret*. Je fus reçu assez cavalièrement, d'abord par la *portière*, ensuite par le Grand-Vicaire, qui m'expédia le plus lestement possible.

Je visitai l'église Saint-Jean; elle est beaucoup trop sombre et n'a point le caractère grandiose de nos églises de Bourgogne. Les vitraux des chapelles latérales sont fort beaux, et c'est à peu près tout ce que j'ai trouvé de mon goût. L'extérieur est peu brillant : deux tours très modestes, avec clocher en colombier, font peu honneur au bon goût lyonnais, et si toutes les autres églises sont en rapport avec leur cathédrale, je quitterai Lyon avec une pauvre idée de ses temples.

Je m'ennuie beaucoup ; il me tarde de quitter cette ville ; je ne sais que faire au milieu de ces rues où il n'y a rien à voir, sinon de belles enseignes, de belles fenêtres et de belles robes. — Il est onze heures ; je vais dormir. Bonsoir.

Mercredi 20 août.

M. Gauthier m'accompagne à Saint-Jean, où je dis la sainte Messe à six heures, à l'autel de la sainte Vierge, ce qui me fit grand plaisir; j'y donnai la communion à une vingtaine de personnes.

De Saint-Jean, je me dirigeai vers la montagne de Fourvières, et, à mon grand regret, M. Gauthier, croyant m'être agréable, voulut encore m'y accompagner. Je n'eus pas la force de lui dire que c'était un pèlerinage que je voulais faire seul à Notre-Dame de Fourvières, pour prier et pleurer à mon aise dans le sanctuaire de Marie. Nous gravîmes lentement cette montagne élevée et difficile à monter; le brouillard nous empêcha de voir dans toute sa beauté le ravissant panorama que présente la ville et ses alentours. Cependant je vis assez pour juger du site et de ses agréments.

J'avais le cœur sec et sans émotion en entrant dans l'église consacrée à la sainte Vierge; j'étais ennuyé de n'être pas libre; et quand je me mis à genoux pour mettre mon âme sous la garde de Celle que j'ai prise pour Patronne, je sentis alors l'émotion se ruer dans mon cœur et des larmes roulèrent de mes yeux. Il était sept heures à peine, je n'avais rien à faire et je me serais trouvé heureux de prolonger mes prières et mes méditations bien longtemps encore; mais mon associé se tenait debout, s'ennuyait, me disait des yeux qu'il faisait chaud, et, le cœur navré, je sortis de ce doux san tuaire à regret, me promettant d'y revenir mon retour de Jérusalem. Fourvières seul me retenait à Lyon, et je ne pouvais y prier à mon aise. Quelle affreuse chose que cet esclavage de politesse qui impose de si ennuyeux sacrifices! Mon pèlerinage était donc sans intérêt, sans émotion, sans joie, et peut-être sans fruit! J'étais maussade et morfondu. En vain me fit-on visiter la chapelle des Pères Jésuites, et me donna-t-on une lorgnette pour contempler les bords du Rhône et les édifices de la Cité : mon attention n'était pas là; je répondais tout de travers, et je regrettais de n'être pas monté hier soir pendant que j'étais seul, libre et tout plein de jubilation.

Les points de vue m'ennuyaient, j'en étais rebuté; enfin, avant de descendre, j'achetai, comme souvenir de mon passage et de mes regrets, une petite Vierge en argent que je fis bénir et qui devait me rappeler que je devais une autre visite à Celle qui m'a déjà obtenu de si grandes grâces.

En descendant de Fourvières, je visitai la chapelle des Carmes déchaussés. Cette chapelle, tant à l'intérieur qu'à l'extérieur, est aussi pauvre que l'habit des moines qui viennent y prier.

On me fit remarquer ensuite le Palais des

Arts, monument insignifiant où se trouve le Musée.

J'entrai à l'hôtel de Ville, qui me rappela celui de Paris et où je vis deux magnifiques statues en bronze représentant l'une le Rhône, l'autre la Saône.

Je vis encore le Palais du commerce, la Bourse, édifice plus mesquin, mais bien plus coquet que celui de Paris.

La rue Impériale est grande et belle, mais, comme toutes les autres rues, elle ne voit guère que les étrangers, Lyon étant une ville essentiellement ouvrière, dont la population ne flâne point sans nécessité.

Je reviens un peu de ma froideur et de mon jugement trop sévère de la veille sur la beauté de cette ville : elle me plaît davantage et je lui trouve quelque chose de grand par son peu de bruit et la gravité de ses habitants.

Je déjeunai à 9 heures, et M. Gauthier vint me conduire jusqu'à la gare, où je devais prendre un billet pour Vienne. En passant j'entrai à la poste pour y trouver des correspondances qui n'y étaient point, et de là nous nous sommes empressés d'accourir à l'appel de la cloche, car il était plus que temps, le train allait partir : il était 10 heures 20.

VIENNE. Je descendais à Vienne dans l'intention d'aller visiter ce qu'on appelle le *tombeau de Pilate*. Mon voyage de Lyon jusqu'à cette ville fut sans intérêt, et, pour mieux dire, très ennuyeux.

Arrivé à Vienne, je sors de la gare sans trop savoir où j'allais et où était situé ce fameux tombeau de Pilate. J'avais eu la sottise de m'embarraser de tous mes bagages; la chaleur était accablante, je suais sang et eau, j'avais regret d'être descendu pour aller voir l'inconnu, rien peut-être; et je songeais un peu à aller passer mes deux heures chez mon ancienne compagne de route, quand, sans songer à rien, je demandai à un jeune homme que je rencontrai s'il y avait quelques curiosités à voir dans cette ville. — Mais oui, M'sieur, me dit-il. — Savez-vous où se trouve le tombeau de Pilate? — Le tombeau de Pilate? — Oui, — Connais pas, M'sieur. — Mais alors qu'y a t-il donc de curieux ici? — Mais il y a une statue de la Sainte Vierge, la cathédrale, le temple d'Auguste et d'autres antiquités. — C'est très bien, mais ce *tombeau de Pilate*, qu'est-ce que c'est donc? — Connais pas, M'sieur.... Ah! si.... attendez... le tombeau de Pilate, c'est peut-être le plan de l'Aiguille que vous voulez dire? — Peut-être bien, je n'en sais rien. — Oh bien!

c'est ici tout près.... Et il m'indique du doigt le lieu où je dois trouver ce fameux tombeau que sur place on n'appelle pas un tombeau.

Je me lance sur la route d'Avignon, et après un quart d'heure de marche par une chaleur tropicale, j'aperçois une méchante petite colonne carrée en pierres de taille, placée sur quatre arceaux sans architecture et qui ne ressemble pas plus à un tombeau qu'à une cathédrale.

J'étais furieux, j'appelais les narrateurs des Pilates et je ne pouvais ni comprendre ni m'expliquer comment un bout de colonne informe, provenant à coup sûr de quelque démolition, pouvait être désigné sous le nom de *tombeau de Pilate*. O Pilates de narrateurs !

J'allai reposer ma colère à la gare en attendant le train, et j'écrivis quelques notes sur mon voyage.

A une heure et demie je partis pour Voiron, jusqu'à Saint-Rambert, où je déposai mon sac de nuit pour le prendre à mon retour. Le paysage est ravissant ; l'œil passe d'une beauté à une autre, et c'est bonheur de voyager au milieu de sites si enchanteurs.

A Saint-Rambert, il fallut changer de wagon par suite de la nouvelle direction que nous allions prendre en nous dirigeant vers le Dauphiné. — Rien d'insipide et d'ennuyeux comme cette ligne ; la voie est horiblement dure, la plaine sans variété, les villages sont tous éloignés à plusieurs kilomètres du passage, même ceux qui ont donné leur nom aux stations : c'est à faire dormir debout. C'est aussi dans ces contrées que je vis ce que Virgile appelle l'*aire* du cultivateur : les paysans battent leurs grains sur un petit terrier qu'ils préparent au milieu de leurs champs, et rien ne me parut plus simple que le système de conduire un rouleau sur les gerbes éparses sur l'aire pour en écraser les épis.

A la côte Saint-André, nous fîmes une halte de trois quarts d'heure pour emmagasiner un régiment de séminaristes qui partaient en vacances avec armes et bagages, et qui, pleins de joie, saluaient de mille et un *au revoir !* les portes et les fenêtres du petit séminaire du diocèse de Grenoble. Ils voulurent faire un peu de musique militaire dans le wagon ; leur jubilation les faisait jouer tout de travers, et c'est après cela que je fis connaissance avec deux de ces heureux enfants, et qui, enthousiasmés de mon pèlerinage à Jérusalem, me demandèrent instamment mon adresse. Je leur donnai à chacun ma photographie avec mes titres derrière.

Il fallut encore une fois, avant d'arriver à

Voiron, changer de voiture et attendre le train de Lyon à Grenoble en ligne directe. Cette fois je me trouvai vers deux bigotes à plumage noir et à chapeau voilé, mais dont les rides accusaient bien vingt-cinq hivers et autant de printemps. Un jeune homme qui se plaisait à faire remarquer à tout le monde la grandeur prétentieuse de ma barbe, me donna occasion de parler de mon voyage à Jérusalem ; ce ne fut alors de la part de mes voisines que demandes de prières, de souvenirs, de mille choses dont je ne me souviens plus, et qui me firent trouver Voiron à l'autre bout du monde. Elles m'ont pris pour un missionnaire, se sont figuré que j'avais déjà fait ce voyage et me demandèrent mon nom afin de voir dans la *Propagation de la Foi* s'il ne se trouverait pas un jour au nombre de ceux des Martyrs, et remercièrent le bon Dieu qui m'avait fait tomber sur leur route. Nous nous promîmes un souvenir devant le bon Dieu. Une larme leur roula sur le bout du nez au moment où je leur dis adieu, et c'est bonheur que je n'aie pas été ce jour-là jusqu'à Grenoble.

VOIRON. — Je trouve à l'omnibus de la gare deux jeunes grands séminaristes grenoblois qui faisaient route pour la Grande-Chartreuse. Nous gravissons rapidement les majestueuses roches qui nous séparent de Saint-Laurent-du-Pont, où j'avais l'intention de m'arrêter pour y passer la nuit ; mais mes compagnons de route firent tant d'instances pour aller coucher le soir même à la Grande-Chartreuse, que nous nous décidâmes tous à faire cette route ensemble.

Voiron est une petite ville extrêmement jolie; les montagnes élevées qui l'entourent, sa position pittoresque et le mouvement que lui donne le passage des voyageurs qui vont et reviennent de la Grande-Chartreuse, lui donnent un aspect et une vie qu'on aime à voir. Il était six heures quand nous partîmes pour Saint-Laurent-du-Pont ; la chaleur féroce du midi était singulièrement diminuée et, quoique le temps fût toujours magnifique, on sentait qu'il y avait de la neige pas loin de là.

SAINT-LAURENT-DU-PONT. — A sept heures et demie la voiture nous arrêta à l'hôtel des Princes ; et, malgré les prévenances et l'affabilité du maître-d'hôtel, nous eûmes le courage de persévérer dans notre idée première, et nous prîmes la route de la Grande-Chartreuse. Dire tout ce que nous avons souffert pendant ce trajet ne serait pas chose facile. Tout d'abord nous allions le galop ; nous étions gais, nous chantions : c'était à ravir ; le site nous enchantait, nous étions heureux ; et, sans la pensée qu'après dix heures les portes ne nous seraient plus ouvertes, rien n'aurait égalé notre enthousiasme.

Cependant la nuit vint, et avec elle des chemins horribles, invisibles parfois à cause de l'obscurité, et remplis de dangers. Nous avions à notre droite des rochers d'une hauteur prodigieuse ; à notre gauche un précipice horrible au fond duquel roule un torrent et dont le bruit sourd ajoutait encore à l'horreur de notre marche ; parfois nous nous arrêtions incertains si l'abîme n'était pas devant nous ; à plusieurs reprises nous avons failli nous casser le cou en dégringolant dans de petites crevasses du chemin, et une fois, entre autres, j'allais mettre le pied dans l'embouchure d'un ravin, quand je crus apercevoir quelque chose d'étrange qui m'attira de l'autre côté. Je fus un peu ému de cet incident, et ne pensai plus qu'à regarder à mes pieds au lieu de mesurer la hauteur des roches et l'élévation des sapins.

Mes compagnons de voyage avaient peur ; au moindre bruit ils s'arrêtaient et n'osaient plus avancer ; de temps en temps une lumière sortie des maisons trop rares qui bordent la route, nous faisait reprendre courage ; une voiture, que nous rencontrâmes assez loin était engagée dans les boues et semblait devoir passer la nuit là. Nous mourrions de faim et de soif ; nous étions inondés de sueur et nous nous repentions tous d'avoir été si imprudents : c'était vraiment folie d'avoir entrepris chose pareille avec de semblables chemins. Et encore, disions-nous, serons-nous reçus ? arriverons-nous assez tôt ? il faudrait n'avoir pas de cœur pour nous laisser gémir à la porte après tant de maux et avec un si bon appétit. C'était à qui causerait le mieux sur ce sujet.

Après une heure de marche, les éclairs commençaient à briller dans le ciel : il ne fallait plus qu'un orage pour achever notre déconfiture ; le bon Dieu, pour notre bonheur, ne permit pas cette nouvelle calamité. Bientôt il nous fallut franchir quatre tunnels ; nous avions laissé depuis quelque temps nos soucis de côté en retrouvant un beau chemin et nous ne songions plus qu'au plaisir d'arriver bientôt au port, quand le premier de ces souterrains se dressa devant nous avec toute son horreur. Nous serrâmes les rangs et nous le franchîmes en chantant un cantique à la Sainte Vierge.

Pour le passage des autres tunnels, étant plus aguerris, nous avons été plus silencieux.

Un quart d'heure après nous entendîmes

l'horloge du couvent sonner trois quarts ; cette surprise d'une cloche au milieu de ces horreurs que l'imagination la plus furibonde ne se figurerait pas, nous fit un plaisir impossible à dire : depuis si longtemps nous souffrions et chacun ne disait pas le fin mot de ses pensées.

Enfin, après deux heures de marche, après avoir franchi deux barrages qui interdisent chaque soir l'arrivée des voitures, nous pouvons saisir le bienheureux marteau de la bienheureuse porte, et trois coups frappés d'une main sûre annoncèrent trois pauvres diables au moine chargé de nous recevoir.

GRANDE-CHARTREUSE. — Nous étions à l'entrée du port ; le signal était donné ; ferions-nous quarantaine ?... Nous attendions, pleins d'anxiété.

Enfin, Dieu soit béni ! la porte s'ouvre ; cette fois nous n'avons plus rien à craindre, car qui oserait nous renvoyer une fois entrés ?...

Naturellement, c'est moi qui portai la parole ; et, comme je suis très peu parlementaire, j'arrivai droit au but ; et, après nous être excusés d'arriver si tard, je demandai quelque chose à boire et à manger.

Le bon frère vit bien que nous étions affamés ; mais tout en voyant cela, il nous condui sit dans une grande salle où se trouvait un religieux placé comme un maître-d'hôtel sur une espèce d'estrade, ayant devant lui un grand livre où il écrivait je ne sais quoi, mais quelque chose toujours qui avait rapport, bien sûr, aux bouteilles et aux sirops rangés sur des tables autour de la grande salle.

Ce moine à l'œil vif et pas bon, à tête rasée entièrement et à grande barbe, nous vit arriver tous les trois comme on voit venir chez soi des gens qu'on voudrait envoyer au diable; il se nomme, je crois, le Frère Gérésime, mais mes compagnons de route me dirent qu'à cause de sa mauvaise humeur très fréquente, on l'appelait le Frère *Gérésimous*.

J'avais à peine ouvert la bouche pour lui exprimer mes regrets d'arriver si tard qu'il me dit carrément que ce n'était point là une heure pour venir chez les gens. — C'est vrai, mais je croyais les religieux plus indulgents. — Et si nous ne pouvons pas vous coucher, me dit-il, où coucherez-vous? — A la belle étoile, mon Frère.— Mais je ne plaisante pas, M. l'abbé, me dit-il, en ouvrant ses yeux tout enflammés ; on vient ici sans s'occuper si nous avons ou n'avons pas de lits ; on abuse de notre bon vouloir, et il est ridicule de ne pas annoncer son arrivée. — Mais, mon Frère (je crois bien que je lui disais mon Père), il n'est pas possible que chaque personne qui vient ici vous annonce son arrivée, et je me suis trouvé de ce nombre ; ce n'est vraiment pas ma faute si les voitures ne nous amènent pas plus lestement.

Conduisez ces messieurs à l'hôtellerie, dit-il à un domestique. Je lui fis ma révérence, et en allant prendre quelque chose, je me disais en moi-même : « Si je n'avais pas si faim, je partirais à l'instant même. »

Il est sûr que j'aurais fait une sottise.

Après ce petit rafraîchissement, on nous donna à chacun une cellule, car, grâces à Dieu, elles n'étaient pas si rares que le disait le bon frère. Après avoir prié Dieu, j'écrivis ces quelques petites notes et me couchai très paisiblement à l'ombre des colères du Frère Gérésimous.

Jeudi 21 août.

Je me levai à cinq heures ; je dis mon bréviaire et allai rendre visite au Père Coadjuteur pour obtenir permission de dire la sainte messe. J'ai été très content de la manière dont me reçut ce religieux; il m'apprit que le Père Général était très souffrant et que je ne pourrais, comme je lui en exprimais le désir, lui rendre visite.

Après le saint sacrifice, j'allai à l'église faire mon action de grâces ; les religieux assistaient alors à la grand'messe, et comme je me propose de suivre demain matin leurs exercices autant que je le pourrai, je ne restai pas jusqu'à la fin du saint sacrifice.

J'allai rendre visite au Père Procureur, afin de lui remettre la commission de M. le curé de Bellenot et d'obtenir les renseignements dont M. le curé de Vanvey m'avait chargé. La figure de ce religieux me rappela celle de M. le supérieur du grand séminaire. Il a succédé au Père Garnier, qui maintenant est simple religieux.

Le procureur se nomme Père Vincent.

A dix heures un frère convers fit visiter la maison à tous les étrangers. Tout y est de la plus grande simplicité ; la chapelle n'a rien de remarquable que sa pauvreté ; la bibliothèque est bien fournie ; le cloître n'a rien de grandiose ; je le trouve beaucoup trop étroit pour sa longueur, la salle du chapitre est remplie de tableaux représentant tous les Généraux de l'Ordre, et de sujets rappelant la vie de saint Bruno.

Pendant cette visite, je fis connaissance avec les deux vicaires de Nogent-le-Roi qui venaient de Genève et allaient visiter la Salette. Pendant longtemps nous avons parlé des diocèses de Langres et de Dijon ; ils m'ont paru juger assez bien les choses, et leur connaissance m'a été agréable.

Les visiteurs arrivent en foule; personne ne croirait que c'est ici une maison religieuse, tant il y vient de monde de tout costume, de toute tenue, de toute opinion.

Je viens de voir en passant le Frère Gerésime; il avait quelque remords de ses paroles de la veille ; il m'a donné un renseignement que je demandais à un autre frère, avec une gentillesse à ravir.

Le dîner est mal servi, la nourriture est bonne ; et je remarquai que les religieux sont extrêmement avares de leur liqueur : ils n'ent donnent qu'à ceux qui en demandent, et encore la servent-ils dans des verres si petits qu'on pourrait regarder cela comme une dérision, et, cependant un petit verre de cette jauge se paie 15, 20 et 30 cent. selon la couleur.

Je ne sais pourquoi, mais je m'ennuie beaucoup ; je ne vois que Marseille, parce que c'est de là que je dois partir pour la Terre-Sainte ; j'ai hâte de m'y rendre, et malgré tout ce que je vois, je suis peu de temps sans me laisser prendre par l'ennui.

Je suis cependant dans cette Chartreuse où l'on vient raviver sa foi, où l'on puise de saintes pensées, où l'on reçoit d'en haut de généreuses inspirations; il me semble qu'il y a déjà un siècle que je suis en route, je me trouve comme égaré ; la société de mon frère me manque et me fait un vide impossible à remplir. Habitué à courir avec lui, à échanger avec lui mes idées et mes impressions, je me trouve comme dévoyé, et ne peux le remplacer par personne. Je sens mon cœur battre quand je me rappelle mon récent voyage à Paris et en Angleterre; avec lui je ne craignais rien, j'étais le plus heureux des voyageurs, j'affrontais tout, et, au lieu de trouver les journées longues comme des siècles, je les trouvais courtes comme des heures.

Ainsi ennuyé, je ne saurais méditer; ce que je médite, c'est uniquement l'heure des convois et des voitures, et ce matin, après la récitation de mon office, il me prit fantaisie de lire quelques-unes des inscriptions dont ma cellule est remplie. Il y en a de très vieilles, et j'ai bien compté cinquante noms de visiteurs qui ont écrit quelque chose sur le mur avant leur départ.

Comme souvenir de ma cellule, je vais copier celles que je puis lire le plus facilement et les plus courtes.

La première est d'un mauvais poète qui eût mieux fait d'écrire en prose :

Heureux séjour de paix et de bonheur,
Où l'âme éprouve de saintes pensées;
Lieu de repos et de douceur,
Où la paix n'y est jamais troublée.

(Eug. SAVIOZ, de Chamounix.)

O séjour du Seigneur, tu m'as excité au recueillement et fait connaître le repos dont on peut jouir dans ton sein.

Vincent BARDE.

Le repos dont tu parles, ami Vincent,
Est certainement le véritable,
Et il est fâcheux qu'en redescendant
Dans la vallée des larmes,
On y retrouve peines et tourments.

O Grande-Chartreuse, un jour ton souvenir saura me rappeler que je devrais mourir.

Le repos que j'ai goûté dans tes murs ne s'effacera jamais de mon souvenir.

RIVRY, 1844.

Domine, dilexi decorem domus tuæ et locum habitationis gloriæ tuæ.

Il vaut mieux être debout qu'assis;
Il vaut mieux être couché qu'assis,
Et il vaut mieux être mort que tout cela.

Dans l'après-midi, j'ai grimpé avec un des vicaires de Nogent, jusqu'à la chapelle de la Sainte Vierge *de casalibus ;* cette chapelle est assez jolie ; les litanies de la Sainte Vierge sont peintes sur les murs, au milieu de mille ornementations qui, bien que trop nombreuses, ne sont cependant pas fatigantes.

A cent pas plus haut, sur un rocher escarpé, se trouve la chapelle Saint-Bruno, qui n'a absolument rien que le souvenir qui s'y rattache. Au bas coule une petite fontaine dont l'eau est froide comme glace.

Je revins de cette promenade pour assister aux vêpres des Moines à 3 heures. Rien ne m'est plus agréable que de me trouver devant le bon Dieu avec ces hommes pleins de foi et de vertus, qui inspirent presque toujours, dans ces circonstances, une foule de pensées pieuses qui frappent et font du bien. On pense au néant de la vie, à la vanité du monde, au Ciel et à son âme ; on veut devenir saint en voyant les autres se sanctifier ; et on se demande s'il ne vaut pas mieux passer de la sorte le peu de jours que Dieu donne sur cette terre, que de les dépenser à l'offenser et à se perdre.

Chacun a ses vues particulières sur cette question ; mais quand on a songé au bonheur que Dieu réserve à ses élus, on ne peut s'empêcher de répéter avec saint Ignace : « *Oh! que la terre est vile, quand je contemple le Ciel!...* »

Je gravis la prairie en face la maison, pour jouir du coup d'œil et de l'ensemble de la Grande-Chartreuse; je me couchai sur l'herbe et me pris à méditer sur le bonheur de servir Dieu dans la retraite. Mes yeux s'arrêtaient avec envie sur ces petites demeures où l'âme s'élève près de Dieu et s'unit à lui; j'allais bientôt dire adieu à cette maison bénie par la prière et sanctifiée par tant d'âmes d'élite; et il me semblait que je quittais à regret.

Une chose me déplut. La Grande-Chartreuse me semble plus, pour la plupart de ceux qui y viennent, une maison de commerce qu'une demeure de religieux; on sait qu'il y a des moines, on va les voir au chœur comme on va regarder les bêtes curieuses au Jardin des Plantes; on boit, on achète et on emporte de la *Chartreuse*, on monte au Grand-Som; si l'on n'est pas trop fatigué, on admire les sites, et tout cela enlève à cette maison le recueillement de la solitude et le silence de la prière. J'aimerais mieux qu'on reçût mois facilement les touristes et les curieux proprement dits : la société ne s'en trouverait pas trop blessée, et les religieux, ou du moins une grande partie des religieux vaqueraient plus facilement aux choses de la religion.

En revenant de ma promenade, je rencontrai M. Combalot, missionnaire apostolique, qui revenait, accompagné d'un Père, de visiter les chapelles de la Sainte Vierge et de saint Bruno.

Après le souper, je me promenai un peu avec les deux séminaristes de Grenoble, Abel et Rebillioux, qui me demandèrent un souvenir à mon retour de Terre-Sainte; je leur donnai aussi ma photographie et mon adresse, et les quittai pour prendre un peu de repos.

Personne ici ne s'est occupé de nettoyer ma cellule; mon lit n'a pas été fait, je ne comprends pas un service si mal organisé.

Vendredi 22 août.

J'ai admirablement reposé cette nuit, et à cinq heures je me suis levé pour dire la Sainte-Messe. Pendant le souper d'hier soir j'avais fait connaissance avec un prêtre d'Avignon qui devait partir ce matin. Je m'ennuyais à la Grande-Chartreuse, je crus donc qu'il était bon de partir et de faire le voyage avec lui. On était si mal au couvent, que j'avais hâte d'en sortir et d'aller plus loin promener mes rêveries.

De tous côtés, on m'excitait à faire le pèlerinage de la Salette; j'ai craint trop de fatigue et aussi trop de dépenses relativement à mon budjet; et au lieu d'aller à Grenoble, comme j'en avais eu d'abord l'idée, je me décidai à partir pour l'ancienne ville des Papes.

A six heures j'allai trouver frère Gérésime que j'avais vu très dévotement assister à ma messe. Je voulais règler mes comptes avec la Maison. Frère Gérésime m'adressa à un novice, j'achetai une boule d'acier comme souvenir de la Grande-Chartreuse, et après avoir déjeuné et empli ma poche d'amandes pour les tiraillements du voyage, je dis adieu au monastère de Saint-Bruno, et je descendis la montagne avec le prêtre d'Avignon, aumônier des Ursulines de cette ville, et avec deux ecclésiastiques du diocèse de Chartres, dont l'un était supérieur du petit séminaire.

Ces Messieurs n'étaient pas contents de la manière dont les Chartreux traitaient les voyageurs, et tous ceux qui ont parlé sur ce sujet ont émis le même jugement.

Nous arrivâmes à neuf heures à Saint-Laurent-du-Pont. Pendant notre descente, je pus admirer le site vraiment extraordinaire des montagnes du Dauphiné; rien ne peut exprimer de pareilles horreurs, et c'est en rappelant les psaumes *Cœli enarrant gloriam Dei* et *Benedicite, omnia opera Domini Domino,* que nous

nous communiquions nos impressions réciproques.

Je fis de nouveau le trajet du mercredi soir par la même voiture qui nous ramena à Voiron. J'étais très satisfait de sentir que j'allais retrouver la voie qui mène en Terre-Sainte, et sans une pluie horrible qui nous accueillit à notre arrivée au chemin de fer, tout se serait passé pour le mieux.

Monté en wagon à Voiron, il fallut d'abord descendre à Rives, pour changer de train. Là, mon compagnon de route, qui venait de la Salette, me donna une fleur cueillie sur le passage de la Sainte Vierge en cet endroit, comme souvenir de notre connaissance. — En retour, je n'avais à lui offrir que ma photographie ; il l'accepta, et quelques minutes après nous partîmes pour Saint-Rambert.

Pendant ce trajet, je fis connaissance avec un touriste qui revenait de Suisse et d'Italie. Il était fou de ses voyages et en parlait avec autant de bonheur que moi de Jérusalem. — Il avait été surpris à Milan de la tolérance que l'on met à souffrir toutes les caricatures politiques. Entre autres sujets, il avait vu à tous les coins de rue une gravure représentant Napoléon III entrouvrant sa redingote pour y cacher le Pape, Antonelli et la cour de Rome, tandis que Garibaldi, pas content, mettait le doigt sur son nez et faisait des menaces à voix basse. Plus loin, comme dernier plan, on voyait Victor-Emmanuel, accourant à bride abattue pour avoir une explication là-dessus; mais le mot *trop tard* qu'on lit en grosses lettres lui annonce qu'il n'y a plus rien à faire.

La pluie tombe avec rage; je la vois tomber pendant que je croque mes amandes, et c'est à peine si, arrivé à Saint-Rambert, je puis me sauver à la salle des voyageurs sans être mouillé.

Je reprends mon sac de nuit, et une demie heure après me voici en route pour Avignon.

Il pleuvait si fort en montant en wagon que nous nous perdîmes de vue nous deux mon Avignonais, et j'eus le malheur de m'enfiler dans un compartiment isolé où n'ayant pour société que deux voyageurs toujours assoupis, je n'eus aucune récréation du côté de la langue. En outre mon chapelain s'arrêtait à Montélimart et je perdais la ressource de l'avoir pour guide dans Avignon le lendemain. Il me conseilla d'aller dire la messe dans la chapelle de sa communauté; je n'eus qu'à me féliciter d'avoir fait une si bonne rencontre.

Je n'ai point ici à raconter et à décrire les beautés de la Provence; j'étais émerveillé de cette campagne couverte de mûriers, de verdure et offrant à la vue mille sites ravissants; j'étais fatigué du voyage, mais mon esprit était toujours avide de voir, et toujours content d'admirer. Les raisins dans le comtat d'Avignon sont déjà murs, et, sans une sécheresse infernale, tout serait à ravir.

Enfin, après neuf heures de marche, je vois s'élever dans le lointain le palais des Papes, et une ville autrefois si célèbre. J'étais à Avignon, et le chemin de fer marquait six heures et demie.

AVIGNON. — Je suis déjà bien loin de Rochefort, et ma pauvre petite paroisse se présente souvent à ma pensée. Ce n'est point encore de longtemps que je revois son clocher; il y a sans doute quelques personnes qui en ce moment se demandent où je suis, ce que je fais. Je suis toujours avec vous en pensée, et je prie bien souvent pour vous.

Descendu à la gare, je prends l'omnibus qui me conduit à l'hôtel de l'Europe, où m'ont adressé M. Gauthier et le prêtre d'Avignon; on me donne pour chambre le numéro 54, demeure très modeste, mais très propre, et je dîne à table d'hôte tout en arrivant, car je mourais de faim.

Le dîner était très abondant, bien ou trop

bien servi, et je crains d'être rançonné comme en Angleterre; j'ai peur de ces domestiques à *bel habit*, aux cheveux luisants, pommadés, papillonnés, frisés, à serviette sous le bras; c'est un luxe que le voyageur paie toujours très largement.

Avant de me reposer, j'écris à Vanvey et à Mme Bazile et je mets en note mes impressions de voyage.

Samedi 23 août.

J'ai dormi d'un sommeil de plomb, et je me suis levé à cinq heures et demie. Après avoir dit mon office, j'allai d'abord à la poste demander s'il n'y avait rien à mon adresse. Quand on voyage on aime à recevoir quelque chose de ceux qu'on a quittés, et contre mon espérance je n'ai rien trouvé.

Je croyais pouvoir dire la Sainte-Messe; mais je me trouvais mal disposé; j'étais préoccupé de voir vite les choses, et je me mis en quête des beautés d'Avignon.

Je fis le tour de la place de l'Horloge que je trouvai fort à mon goût; mais le mistral soufflait fort et un tourbillon de poussière m'entrait à chaque instant dans les yeux. Sur cette place il y a la statue de Crillon, mort à Avignon; élevée par souscription nationale, elle ne me parut pas magnifique; elle n'est pas assez élevée, et la pose du personnage m'a semblé peu naturelle.

Sur la place de l'Horloge se trouvent l'Hôtel de ville et le Théâtre, deux petits monuments assez modestes, mais que je trouvai riches pour le reste d'Avignon. Sur le petit clocher qui surmonte l'Hôtel de ville, il y a une petite famille Jaquemart, occupée, comme à Dijon, à sonner les heures.

Je visitai successivement les églises Saint-Agricol, ancienne cathédrale, Saint-Pierre et d'autres chapelles dont je ne connais pas le nom, qui toutes me parurent pauvres et insignifiantes; je m'étonnais qu'une ville archiépiscopale s'occupât si peu de l'ornementation et même de la dignité de ses temples; à Saint-Agricol, par exemple, les chapelles latérales sont tellement obscures, qu'on ne voit même pas les personnes qui viennent y prier.

Quoiqu'il ne soit que sept heures du matin, tout le monde arrose les rues; on y jette l'eau à profusion, et on entend partout ce jargon méridional qui écorche les oreilles.

Je fis d'abord extérieurement le tour du palais des Papes, monument grandiose et désert, brûlé par le soleil, et résidence actuelle d'un régiment du génie et des repris de justice.

Du haut du rocher, on domine la ville et ses alentours ; la vue se porte très loin ; le Rhône coule au pied du rocher, et en face on aperçoit une tour carrée où demeurait Philippe-le-Bel et qui communiquait au palais par un souterrain creusé sous le lit du Rhône.

Je visitai ensuite l'intérieur du monument ; c'est une véritable ignominie : les casernes qu'on y a faites, ont nécessité des constructions et des démolitions qui changent toutes les dispositions premières ; on ne voit que soldats ; on n'entend que blasphèmes ; la salle du conclave ne renferme plus que des fusils ; tout ce qui rappelait les papes est enlevé, et on se demande pourquoi tant de barbarie dans un siècle qui se dit le siècle des progrès.

Il reste quelques peintures murales dans les deux chapelles privées du Pape Jean XXII ; mais les têtes des personnages sont enlevées ou mutilées pour la plupart.

J'avais pour cicérone un jeune soldat délégué par le concierge ; ce jeune homme avait appris par cœur un petit livre qui traite des choses contenues dans le palais des Papes ; c'était une scie de l'entendre ; quand il ne se souvenait pas, il toussait comme l'écolier qui oublie sa leçon, de sorte qu'à toutes les questions qu'on pouvait lui faire, il ne pouvait répondre que ce qui était dit plus ou moins bêtement dans le livre.

Je visitais avec un brave homme venant de Genève, et en quête d'aumônes pour une communauté religieuse. Ce bon Genevois ne savait pas lire et n'avait pas l'air d'être bien malin. Il voulait cependant avoir des notes sur sa visite, et il ne savait comment faire; enfin il se décida et au moment où le militaire nous montrait des peintures murales du XIVe siècle, il me tend un calepin et un crayon, en me priant d'y écrire *le XIVe siècle.*

Je lui écrivis en riant *le XIVe siècle.* A chaque instant il me faisait mettre un mot absurbe, plus ou moins bête, et qui ne pouvait rien rappeler à personne. Et tout cela, c'était pour le montrer à MM. les curés.

Pauvre diable !...

J'appris par mon cicérone, en terminant la visite, que ces casernes allaient être remplacées par la résidence archiépiscopale, et que la nouvelle cathédrale se trouvera dans l'intérieur du palais. On travaille à la construction de la nouvelle caserne, et je ne serai pas fâché de voir partir d'un tel monument ces hôtes à *culottes rouges.*

A côté du palais se trouve la grande église qui était sans doute la Basilique papale; c'est là qu'est actuellement la cathédrale, et je n'y trouvai, comme partout ailleurs, que médiocrité et insignifiance.

J'avais vu tout Avignon; et il n'était que huit heures. J'aurais pu cependant encore visiter le Musée, mais je ne tiens pas à passer rapidement devant mille choses de peu d'importance où à donner seulement un coup d'œil à ce qui demande beaucoup d'attention. Et puis, on m'avait fait un récit peu avantageux de ce Musée.

Je viens de rencontrer un Toulousain qui va partir pour la Suisse, et qui vient lui aussi d'examiner les curiosités d'Avignon. Le directeur du Musée lui a dit qu'on allait transporter tous les objets curieux dans le Palais des Papes, et que c'était ce palais qui allait devenir lui-même le Musée. — Où est la vérité?

Je ne m'étais point trompé dans mes prévisions. Je viens de payer fort cher le luxe dont on entoure les voyageurs. J'ai eu même le privilége de payer un peu plus cher que tout le monde.

Je puis mettre ce prix comme *pendant* au Luxembourg de mon frère dans son voyage à Nîmes.

Ainsi *étrillé*, je pris mon sac et me dirigeai vers la gare, en tournant autour de la ville, afin d'en voir les remparts. Je mis trois quarts d'heure pour faire un chemin de dix minutes, par suite du mistral dont la violence me força de rentrer en ville, et je m'égarai un peu. Il était onze heures quand j'arrivai au chemin de fer; le train omnibus partait à deux heures et demie; j'avais donc trois mortelles heures à passer là en attendant. Si le vent eût été moins violent, j'aurais encore couru par la ville, mais il soufflait avec tant de rage, et la poussière était si intense, qu'il n'y avait pas moyen d'y songer.

Je pris mon parti en brave, et pendant ce temps, je fis des réflexions sur mille choses, et en particulier sur la ville des Papes.

C'est une pauvre ville : elle porte avec elle une tristesse qui va au cœur et qui fait qu'on s'ennuie aussitôt qu'on s'y arrête. Je ne puis me faire à la solitude où je me trouve; la pensée de mon frère ne me quitte pas un instant. Sans doute qu'à cette heure il pense à moi et qu'il prie Dieu de bénir et de garder le pauvre pèlerin.

Enfin, l'aiguille a fait son chemin et l'heure est venue de monter en voiture.

Pendant le trajet je fais deux connaissances.

L'une est un bon Auvergnat qui va à Marseille voir son fils dangereusement malade. Ce bon père fondait en larmes; il aimait son fils autant qu'il est possible d'aimer un enfant; l'amour de la marine et aussi du dieu Plutus lui a fait quitter le toit paternel, et rien ne pouvait consoler cet excellent campagnard d'une perte qu'il regardait déjà comme assurée.

L'autre est un jeune homme de trente ans, catholique fervent et qui se dirige aussi vers Nîmes. Il parle le jargon dans tout son lustre, et c'est à peine s'il m'est possible d'entendre son français. Il s'offre de me conduire dans Nîmes qu'il connaît très bien, et de me faire voir toutes les curiosités de cette ville.

Je fus enchanté de cette offre et l'acceptai avec grand plaisir. Elle était faite de si bon cœur qu'il n'y avait pas à hésiter, et je voyais bien que je n'avais pas à faire à un chevalier d'industrie.

A Tarascon, nous descendîmes pour changer de train, et après un arrêt d'un grand quart d'heure, nous partîmes plus loin, et nous arrivâmes à Nîmes à cinq heures du soir.

NIMES. — Aussitôt déballés, mon guide confia ses effets à un jeune enfant pour qu'il es portât chez sa mère, et me conduisit à l'hôtel

Durand ou du Midi, où je voulais descendre. Il m'accompagna dans ma chambre, me donna sur les hôtels mille renseignements très utiles, et, sans perdre une minute, nous partons visiter les beautés de la ville.

Nous commençons par tourner autour d'une magnifique fontaine sur la belle place des Esplanades. On regrette que cette fontaine soit privée de ce qui doit en faire la vie : l'eau n'y coule pas, et les statues de marbre qui l'embellissent doivent voir à regret leurs sources taries. Ces quatre statues sont quatre allégories, et elles sont surmontées d'un cinquième personnage qu'on dit être la ville de Nîmes, et qui porte les Arènes sur la tête. La place m'a plu beaucoup ; mais les bazars qui l'entourent complétement la raccourcissent un peu et nuisent à sa beauté.

Le palais de Justice, situé sur cette place, est de construction moderne ; il est richement décoré à l'intérieur.

Je fis le tour des Arènes et je fus frappé du cachet de grandeur de cet antique monument. Je regrette que les réparations soient si visibles ; on prend trop peu de précautions pour ne point enlever le caractère de vétusté qui sied à cet édifice ; j'aimerais qu'on conservât ce qui reste, mais qu'on n'ajoutât pas ces bigarrures de maçonnerie qui choquent l'œil et n'embellissent rien. On me fit remarquer deux colosses de lions placés à l'entrée. On obligeait les condamnés à regarder ces bêtes avant d'entrer, afin de voir à l'avance la tête de leurs bourreaux.

Nous avions fait le tour entièrement, quand je m'entendis appeller par derrière. Un monsieur, me voyant considérer avec attention ces restes antiques, ne voulut pas me laisser éloigner sans me faire voir une des choses les plus curieuses des Arènes, et c'était pour me montrer, gravés en relief sur le haut d'un des piliers, Romulus et Rémus allaités par une louve, qu'il avait eu la bonté de m'appeler.

Des Arènes, nous allâmes à l'église Saint-Paul. C'est la plus belle église de Nîmes, et tout ce que j'ai vu de mieux jusqu'alors dans le Midi. Elle est toute récente et a trois nefs; ses vitraux sont très beaux, et ses peintures murales bien faites; son chœur et son sanctuaire ont un cachet tout particulier; l'autel est surmonté d'un énorme baldaquin ogival qui, quoique lourd, n'est pas disgracieux, et son chemin de croix est sculpté. Une chose, cependant, gâte un peu cet édifice: les piliers qui soutiennent la voûte sont beaucoup trop massifs; ils rendent l'église lourde et détruisent quelques-unes des bonnes impressions que laisse cet édifice comme monument.

En quittant Saint-Paul, nous avons poursuivi notre course, et laissant à gauche le Théâtre en l'honorant cependant d'un regard de curiosité, j'aperçus au milieu de la place la Maison-Carrée qui est maintenant le Musée de la ville. Ce monument, très bien conservé, est tout petit. Le Musée, que je visitai avec plusieurs étrangers qui s'y trouvaient alors, ne m'a laissé aucun bon souvenir, ou, du moins, je n'y ai rien trouvé de remarquable. Les tableaux sont beaux, sans doute, mais je ne suis pas assez artiste pour les apprécier autant peut-être qu'ils méritent de l'être. Des statues indécentes, des peintures nues ne me plaisent pas ; libre aux amis des arts de s'extasier en face de ces formes plus ou moins artistement modelées ; là où le cœur et l'imagination n'ont point de part, je ne me trouve que très médiocrement satisfait. Et ce qu'il y a de plus singulier dans ce Musée, c'est qu'il ne renferme presque rien d'antique. Il y a bien quelques vieux pots et quelques vieilles cruches, mais qu'est-ce que cela quand on parle d'un Musée?

Je voulais faire immédiatement viser mon *Celebret*, pour pouvoir sans difficulté dire la messe le lendemain, dimanche et jour de la fête de saint Barthélemy. Je descendis à l'évêché ; mais comme le secrétariat était fermé, et les secrétaires au confessionnal, on me dit de revenir après sept heures.

J'entrai alors dans l'église cathédrale attenante à l'évêché, et je ne trouvai qu'une pauvre église, bien inférieure à Saint-Paul, sombre comme toutes les églises du midi, et éclairée seulement par d'ignobles fenêtres, ornées d'ignobles rideaux rouges.

Nous reprîmes notre route vers les antiquités romaines; et admirant en passant le beau canal qui promène ses eaux au milieu de Nîmes, nous arrivâmes aux salles de bains et à l'Ile de Diane. Tout est si bien restauré, que le romain a presque disparu, et on ne trouve d'antiquité que le lieu et les eaux avec quelques statues fort belles.—La place où se trouvent ces bains est ornée de lauriers qui produisent très bon effet; tout à l'entour et sur la montagne dont le pied touche aux bains et qui porte sur son sommet la Grande-Tour, qui servait de phare des sapins et des arbres de toute sorte embellissent la vue; malheureusement la chaleur a été si grande, que la plupart des arbres autres que les sapins ont perdu leurs feuilles. Nous avons gravi la côte et nous avons fait le tour de cette grande et haute construction qu'on nomme la *Tour-Magne*; j'étais trop fatigué pour gravir à son sommet, d'où l'on aperçoit la mer quand le temps est clair. Je jetai un coup d'œil en descendant sur les ruines du temple de Diane, et quittant les magnifiques promenades qui séparent la ville des faubourgs, je revins à l'évêché pour mes affaires particulières.

Je trouvai chez le concierge un jeune prêtre extrêmement aimable, que mon compagnon me dit après être le secrétaire de Monseigneur de Nîmes, et le fils d'un marquis; il me pria, après avoir vu mon *Celebret,* de lui rendre service en allant demain dire la messe chez les Carmélites à sept heures et demie. J'étais enchanté de n'avoir pas à courir de tous côtés pour trouver un autel; aussi je lui promis de bon cœur que j'étais tout à sa disposition, et que demain à l'heure donnée je me trouverais au couvent.

En sortant de là, mon guide me conduisit à la Porte d'Auguste; c'est tout ce qu'il y a de plus misérable au monde; on va là pour dire qu'on y est allé, mais il n'y a rien qui puisse attirer l'attention, que son antiquité.

Après toutes ces courses, et après avoir trotté comme des *chiens empoisonnés*, comme on dit dans le midi, je suis rentré à mon hôtel où je mis en note mes petites excursions.

Nîmes est, à mon goût, une ville extrêmement jolie; ses boulevards sont grandioses, et sans *ce gueux de michtraau* qui vous pousse, vous abîme et vous tue, on serait heureux de se promener sur les places, où il est toujours intéressant de voir les curieux et les costumes des étrangers.

J'ai oublié, en écrivant mes impressions sur Avignon, de noter qu'à Saint-Pierre les femmes et les jeunes personnes que j'ai vues communier, ont mis sur leur tête avant de se présenter à la sainte table une sorte d'écharpe en tulle, les unes blanche, les autres noire. Je n'ai pu demander à personne d'où venait cet usage que du reste je trouvai très convenable.

DEUXIÈME SEMAINE.

Nîmes (suite). — Montpellier. — Arles. — Marseille. — Toulon. — Marseille. — Malte.

Dimanche 24 août.

NIMES (suite). — Cette nuit j'ai soutenu un siége des plus opiniâtres; ce n'était point comme au temps de ses premiers maîtres que Nîmes se plaisait à voir combattre les hommes contre les lions et les tigres; mes bêtes à moi n'étaient pas si farouches et j'en vins plus facilement à bout. J'étais piqué, harcelé par ces maudites mouches que je crois être des moustiques; elles me cornaient à l'oreille des airs insupportables; sur toute ma peau elles ont laissé des traces de leur passage; et ce n'eût été qu'un demi-malheur, si d'autres bêtes plus communes, mais non mois avides de sang, n'eussent également juré de ne pas me laisser dormir et de sucer le sang d'un Bourguignon. Pour mes premiers drôles, je m'environnai la tête d'un linge et ne leur montrai que le bout de mon nez: on n'y mordit pas; mais pour le reste de la bande, il fallut l'accepter sans rémission.

Sur pied à cinq heures et demie, je me mis en ordre avec le bon Dieu; je le priai de bon cœur et me rendis ensuite au couvent des Carmélites, où j'arrivai à sept heures. Le bon abbé de Cabriel m'y avait devancé, et le service qu'il avait réclamé de mon bon vouloir n'était qu'un prétexte et une courtoisie pour m'être agréable et m'offrir à déjeuner.

Comme les petits servants de messe n'étaient point arrivés, un jeune monsieur vint me servir la messe, et sa foi me toucha vivement. Après la messe il vint à moi, me prit la main, la baisa et recommanda lui et sa famille aux prières *du prêtre étranger*. Je lui promis de me souvenir de lui au Tombeau de Notre-Seigneur, et j'espère tenir ma promesse.

Je célébrai la sainte messe sur l'autel de la Sainte Vierge; et je fis en moi-même cette consolante remarque que depuis mon départ, toutes les fois que j'ai offert le saint sacrifice, c'est toujours un autel consacré à la Sainte Vierge qui m'a été donné. J'aime tant cette bonne Mère que je ne puis me taire sur cette heureuse faveur.

Une bonne sœur m'attendait au sortir du

sanctuaire pour me prier d'aller, de la part de M. l'abbé de Cabriel, accepter un petit déjeûner chez les bonnes sœurs. Je suivis mon envoyée, et je trouvai à table M. l'abbé de Cabriel et un vicaire de Nîmes avec qui j'eus vite fait connaissance.

Après cette petite réfection qui me fit grand plaisir par la manière délicate et tout affectueuse avec laquelle elle me fut offerte, je quittai M. de Cabriel chez ses bonnes Carmélites, et allai me promener un peu avec le vicaire, qui était libre jusqu'à neuf heures. Il me dit tant de bien de Monseigneur de Nîmes, qu'il changea en admiration mon respect envers cet évêque, et je me résolus d'aller lui rendre visite. Nous parlâmes ensuite du gouvernement, du Pape, du clergé de Montpellier en révolte avec son évêque, Mgr Le Courtier; et, après avoir été ensemble à la poste pour chercher des lettres qui ne m'arrivent toujours pas, je le quittai en lui donnant ma photographie, et en me recommandant à ses prières.

Je voulus assister, comme c'était dimanche, à la messe du Chapitre où se trouvait Monseigneur de Nîmes. Les cérémonies de la grand'-messe sont toutes différentes des nôtres : l'évêque commence lui-même la messe en venant au pied de l'autel réciter les *Introïbo* avec le célébrant qui alors fait diacre... Le chant est lent, beau et digne ; le *Credo* me plut beaucoup. Il n'y eut point de sermon, et la messe, qui était celle de saint Barthélemy, dura une heure et quart. J'étais au milieu de la foule ; un bedeau mis à l'épiscopal me fit entrer dans le sanctuaire, et là, en face de Mgr Plantier, je pus le considérer à mon aise.

Revêtu de sa *cappa* violette avec camail rouge, il était sur son siége épiscopal, ayant de chaque côté ses grands-vicaires ; sa piété et son recueillement, sa modestie et son air de bonté me plurent souverainement.

Il m'est impossible de dire combien mon âme était à l'aise au milieu d'un clergé où il n'y avait qu'un cœur et qu'une âme ; je priai Notre-Seigneur avec toute l'ardeur dont j'étais alors capable, et j'avais regret en pensant que j'allais quitter Nîmes. J'aimais cette ville extraordinairement, je ne sais pourquoi ; au premier coup d'œil, mon âme s'y dilata, et c'est la première cité où j'éprouvai une grande satisfaction.

Après la messe, je voulus satisfaire l'envie démesurée que j'avais de voir Mgr Plantier : on me l'avait dépeint si bon, que je fis violence à ma nature trop timide, et me voilà à la porte de l'Évêché.

Le valet de chambre me demande qui il doit annoncer à Monseigneur.

— Dites, lui répondis-je, qu'un prêtre du diocèse de Dijon vient lui rendre ses hommages.

Pendant que le valet de chambre va s'informer si Monseigneur veut ou ne veut pas me recevoir, j'examine un peu les beautés de l'Évêché. L'antichambre et le salon sont en mosaïque, dont les riches dessins réjouissent la vue. Dans le premier salon se trouvent de grandes gravures richement encadrées, représentant les antiquités de la ville de Nîmes. Le tout est très bien entretenu et est bien supérieur en richesse à l'Évêché de Dijon : c'est plus mesquin, moins grandiose, mais c'est plus riche.

Enfin, on vient m'annoncer que Monseigneur m'attend. Mon cœur battait, mais j'étais content. On m'introduit dans un second salon tout plein de fauteuils, de canapés et de mille choses épiscopales ; on m'indiqua un siége, et au moment où j'allais m'asseoir en attendant Monseigueur, je le vis sortir de sa chambre et s'avancer vers moi. Comme je l'avais parfaitement vu à la Cathédrale, son arrivée ne m'intimida point. C'est un homme d'une taille ordinaire, à figure un peu décharnée, aux cheveux longs et noirs, et à physionomie froide.

J'allai à sa rencontre et le saluai en lui disant

que j'étais un prêtre du diocèse de Dijon, que j'allais en pèlerinage à Jérusalem, et que je n'avais pas voulu passer par Nîmes sans venir lui rendre mes hommages et le prier de me donner sa bénédiction.

Après m'avoir demandé quelles étaient mes fonctions dans mon diocèse, Monseigneur me dit deux mots sur mon voyage et me parla ensuite de l'abbé Garnier, vicaire de Recey, qui lui avait envoyé une grammaire hébraïque, en le priant de l'adopter pour son Séminaire, ce que Monseigneur ne croit pas possible. Ensuite il me demanda des nouvelles de M. Barrot, son condisciple à Lyon ; je lui dis qu'il m'avait précédé dans ma petite paroisse et qu'il en était parti par suite de plusieurs désagréments avec le maire. Puis, on parla de l'Évêché, de Mgr Collet, de M. Lebeuf, de M. Pillot, de l'esprit religieux des diocèses de Nîmes et de Dijon, du denier de saint Pierre, de l'adresse des prêtres dijonnais à la retraite ecclésiastique, et enfin de mille choses intéressantes au point de vue de la foi.

Je trouvai Monseigneur froid, comme on me l'avait dépeint ; mais plein de bonté, de simplicité, de ce laisser-aller qui met à l'aise tout de suite. Il me bénit avant de me quitter et vint me reconduire jusque dans la cour.

Je le quittai avec un excellent souvenir de cette entrevue de vingt minutes.

Il était onze heures. Je partis au galop vers mon hôtel. Après avoir soldé ma dépense, je me sauvai en toute hâte au chemin de fer pour prendre le train partant vers Montpellier, à onze heures trente-six. J'arrivai juste à temps ; et, cinq minutes après, je disais adieu à Nîmes et me sauvais à toute vapeur vers la ville en révolte.

Je fis route avec des marins qui revenaient de la Chine ; un d'entre eux avait fait le voyage sur la *Forte ;* je lui demandai s'il avait connu M. M..., il me répondit que non, et je m'expliquai cela très bien, parce que son départ pour la Chine avait suivi la mort de cet excellent officier. J'étais heureux de causer vaisseaux et marine ; toute une série d'affections me vint à l'esprit, et je tournai la tête pour cacher quelques larmes.

Dans plusieurs endroits je trouvai la voie très mauvaise ; on était secoué comme dans une charrette, et je ne pouvais me défendre de quelques mouvements de frayeur.

J'oubliais de rapporter ici la construction d'une nouvelle église à Nîmes ; cette église, située sur la place des Esplanades à côté de l'Hôtel du Luxembourg, est d'un style très gracieux. Je ne connais point la langue *architecturale,* tout ce que j'en puis dire, c'est que la flèche est en pierre de taille, très élégamment ciselée et découpée; je souhaite que l'intérieur réponde à l'extérieur; elle est sous le vocable de Sainte-Perpétue. L'Empereur en posa les premiers fondements.

Le mistral avait cessé. Un soleil tropical anéantissait toutes les forces, et c'est sous de pareils auspices que les employés du chemin de fer cornèrent à mes oreilles : *Montpellier!... Montpellier!...*

Il était une heure du soir.

MONTPELLIER. — Instruit par l'expérience, je n'étais pas si fou de traîner avec moi mon sac de voyage. J'en chargeai l'administration de la gare, qui pour dix centimes en prit bonne garde.

Il y a pour les ignorants voyageurs un instinct qui les guide et les trompe rarement. Je l'avais éprouvé bien des fois; aussi, comptant sur ce principe, je me lance dans Montpellier, me fiant à ma bonne étoile, persuadé que j'arriverais à quelque chose.

Après un quart d'heure de marche sans rencontrer autre chose que des hommes, des femmes, des rues et des maisons, je m'arrêtai vers un brave homme, et lui demandai où étaient la cathédrale et le Peyrou.

J'étais sur le chemin de tous les deux. C'était magnifique, et je passai triomphalement au milieu de mille personnes qui admiraient ma figure noire et la vilaine barbe qui la rendait plus noire encore, et qui se disaient tout haut: *Un prêtre africain!*

Je ne juge pas le compliment. Une dame avec qui je voyageais la veille m'avait déjà demandé si j'appartenais au clergé d'Afrique... Il faut croire que je sois furieusement nègre!... et que j'aie la figure étonnamment peu française!...

J'arrive enfin au Peyrou, lieu de promenade fort agréable, sans nul doute, mais cependant bien moins qu'on se plaît à le dire. Le coup d'œil que le regard embrasse depuis le réservoir d'eau est ravissant: d'un côté on domine la ville de Montpellier, et on découvre la mer dont on n'est éloigné que de deux lieues; de l'autre côté l'œil se repose très agréablement sur une campagne verdoyante entièrement couverte de bastides (villas) avec leurs dépendances. Pour un étranger, le site est quelque chose de gracieux qui le repose de ses fatigues.

Je contemplais cette mer sur laquelle j'allais bientôt m'embarquer, et je me disais tout bas:

« Il est donc là ce chemin de Jérusalem, et dans huit jours j'y serai à pleines voiles!... O Dieu, que vous êtes bon!. »

Je me désaltérai à la fontaine qui entoure le Rosoir; je vins m'arrêter en face de la statue équestre de Louis XIV, que j'ai beaucoup aimée, et sans une chaleur à tout fondre, je serais resté assez longtemps sur ce petit désert qui, bien que très agréable le soir à la fraîcheur, ne vaut cependant pas le *Pérou!*

Je descendis de là à la cathédrale que je trouvai beaucoup trop étroite et complétement nulle sous tous les rapports. Une pauvre *miséricorde* sous un pauvre baldaquin en bois s'appelle le siége épiscopal; le sanctuaire fait pitié, et il n'y a qu'un fantôme de chœur, entièrement rempli de quelques tuyaux d'orgue.

Monseigneur de Montpellier est parti depuis longtemps et on ne sait où. Les uns le croient à Rome en mission secrète de la part de l'Empereur; les autres à Paris; tous le disent la croix du Diocèse.

Le bon Dieu sait ce qui est vrai dans tout cela.

J'eus un moment la pensée d'entrer à l'École de médecine, qui touche à la cathédrale, et puis je ne sais quelle répulsion m'en détourna; je passai outre, et je parcourus un peu l'intérieur de la ville. Il n'y a rien qui soit digne de remarque : Montpellier est une ville très ordinaire, et n'a pas grands charmes pour les touristes.

Comme il n'y a pas de siéges à la gare, je vins, en attendant les quatre heures, me reposer sur un banc ou square près du chemin de fer. Je me trouvai en société de plusieurs messieurs, qui, sous des apparences très polies, ne m'en firent pas moins soutenir un siége en règle sur le mariage des prêtres. Je leur ai répondu de mon mieux; et, en leur faisant voir que la décision toute récente de la cour de Périgueux était nulle pour la conscience, ils ont fini par avouer que la chose était très embarrassante. Devant qui faisons-nous nos vœux, leur ai-je dit : est-ce devant la loi civile ou devant la loi ecclésiastique ? Si c'est seulement devant l'Eglise, il n'y a qu'elle qui puisse nous en relever. La loi civile, pour ce qui regarde nos devoirs de citoyens, nous oblige comme tout le monde, mais personne ne peut lui reconnaître le droit de délier ce qui est de la conscience, et de rompre un engagement pris volontairement devant les Princes de l'Eglise.

Nous nous sommes quittés bons amis et ils m'ont fait mille compliments et mille politesses que j'offris au bon Dieu de tout mon cœur. Je crois que de leur part ces démonstrations étaient sincères. Une dame y mêla les siennes et me dit en terminant que j'avais une figure très sympathique et très bonne. C'est bien sûr ma barbe qui me valut toutes ces louanges, et cette dame a sans doute la bosse des figures noires. Je partis en riant.

Pendant que je me promenais à la gare, un monsieur s'avança vers moi, et me demanda si j'allais dans la direction de Cette. Il voulait me confier une dame qui allait de ce côté; et quand je lui eus dit que je partais pour Arles, il me quitta tout triste, et alla annoncer à cette personne qu'elle ne pouvait plus compter sur moi. Je la vis un peu déconcertée; elle me fit un salut très gracieux et partit avec ce monsieur, qui, sans doute était son père, car il était déjà assez âgé, tandis que la dame paraissait toute jeune encore. Ce qui me surprit, c'est que le train de Cette partit sans les emmener.

En attendant le départ du train, je mettais en note mes petites dépenses, quand une jeune personne que je voyais depuis quelque temps rôder autour de moi, s'avance tout-à-coup et me dit d'une petite voix flûtée : « Monsieur, voudriez-vous être assez bon pour vous souvenir dans vos prières d'une personne qui voudrait connaître sa vocation? » — Mademoiselle, lui répondis-je, puisque vous le désirez, je prierai pour vous. — Alors elle me fit l'histoire de ses idées religieuses, de ses directeurs, de ses confesseurs; me parla très longuement de ses dégoûts du monde, et enfin de tout ce qui avait rapport à ce sujet. Quoique cette personne eût l'air tout à fait candide, je me tenais sur mes gardes, et je lui donnai très sèchement et très laconiquement plusieurs petits conseils qui pourront peut-être lui être de quelque utilité.

Le train allait partir, les voyageurs se pressaient à la porte; elle me demanda si je voulais qu'elle montât à côté de moi en wagon; je courus pour réponse vers un compartiment assez éloigné; elle me suivit, et nous voilà ensemble pour faire le voyage. Une autre jeune personne y entra aussi, et pour le coup, je ne savais si je voulais rester ou aller ailleurs. Après un moment de réflexion, je me décidai à garder ma place.

J'eus beau vouloir regarder par la petite fenêtre du wagon, il fallut, bon gré mal gré, donner encore quelques petits conseils, et je crois qu'il y avait chez cette personne, avec un peu de dévotion, beaucoup de bêtise. Elle descendit à Lunel pour aller rendre visite aux religieuses de cet endroit, et je la laissai partir en lui souhaitant bon courage.

Mon autre compagne de voyage était aussi une aspirante en religion; et il était dit que ce jour devait être pour moi le jour des épisodes. Elle voulut vite aller fermer la porte du compartiment pour que personne ne montât vers nous; mais, malgré ces précautions, quatre personnes vinrent nous tenir compagnie. Cela ne l'empêcha point, au départ du train, de me parler à son tour de ses affaires de conscience; tout le monde l'entendait, et cela ne la gênait pas du tout; j'en étais très content, je parlais de même, et de cette manière chacun pouvait à son gré profiter de notre conversation *spirituelle*.

Elle quitta le train à Nîmes pour prendre une autre direction. Elle venait de la Haute-Loire, et se rendait chez les Claristes, je ne sais plus de quel endroit.

A Nîmes la bonne fortune me sourit encore; mon cicérone de la veille partait pour Arles où il allait demeurer comme garçon d'hôtel : *Choyez tranquille*, me disait-il; *vous deschendérez chez madame Pinuche* (Pinus), *bonné dame, je vous acchure; je parlerai qu'elle vous vole pas; choyez tranquille, cha ira bien!*

J'étais donc tranquille; ce brave garçon m'était tout dévoué, et, arrivés à Tarascon où nous descendîmes pour changer de train, il voulait, pendant la demi-heure d'attente, m'emmener au buffet pour m'y offrir quelques rafraîchissements.

Il était presque nuit quand on monta en voiture; le train partit comme le vent; mais nous étions horiblement ballottés, et je n'ai jamais voyagé dans des conditions aussi mauvaises.

A huit heures nous étions à Arles.

ARLES. — L'omnibus nous traîna chez madame *Pinuche*, et le bon Michel, en payant ses bagages, avait payé ma place sans me le dire. Rien ne put le forcer à accepter ce qui lui était dû.

Chest payé, chest payé, disait-il, *vo s'copez pas*, ce qui voulait dire en français, *ne vous en occupez pas*. Et, arrivé à l'hôtel, le voilà en effet qui dit à la *dame*, pendant que j'allais dans ma petite chambre, que je n'étais pas un milord et qu'il la priait de ne pas me faire payer en milord.

Je mourais de faim, on me servit un potage et un filet de bœuf; je mangeai avec un appétit ravissant; et Michel, assis à côté de moi, jubilait de me voir si bien manger. *Chest bon*, disait-il, *chest bon, mangez toujours, cha vous choutiendra*.

En effet, *cha m'a très bien choutenu!*... Nous

nous souhaitâmes une bonne nuit ; et je me retirai dans ma chambre où, après avoir prié Dieu je mis en note quelques-unes de mes impressions, et ne tardai pas à me reposer. Il était dix heures et demie.

Lundi 25 août 1862.

Point de puces pendant la nuit ; point de *cousins ;* j'avais passé une nuit d'or, tout allait à merveille. Je me levai à cinq heures et demie ; le soleil, comme tous les jours précédents, brillait dans tout son éclat ; le beau Ciel de la Provence réjouissait le cœur, et j'achevais la récitation de mon office quand on vint frapper à ma porte : c'était Michel.

Ch'était convenu à chette heures, me dit-il, *mais chi vous voulez, che chera plus tôt, à cauje que je cherai libre plus longtemps.* — Partons, lui dis-je. — Et nous voilà prêts à nous lancer à travers les rues d'Arles.

Mais comme Michel était moins sûr des rues et des quartiers qu'à Nîmes, il alla trouver une de ses intimes connaissances, un pieux savoyard également employé dans un hôtel voisin ; et, en attendant que ce jeune homme soit prêt, nous allons visiter l'Hôtel de ville, l'Eglise et le Cloître Sainte-Trophime.

J'ai beaucoup admiré le portail de l'Eglise Sainte-Trophime ; ses sculptures sont fort anciennes et sont très riches en ornementation. L'église est vaste; il y a de belles sculptures en marbre, des vitraux assez jolis aux deux autels de la Sainte Vierge et du Saint-Sépulcre ; les tableaux sont également fort beaux et assez nombreux. Les fidèles m'y parurent bien recueillis.

Le Cloître n'est pas au-dessous de sa réputation ; on regrette que plusieurs statues manquent à leurs piedestaux ; en fait de monuments anciens, c'est certainement celui qui est le mieux conservé.

L'Hôtel de ville est joli comme façade ; l'intérieur est fort peu de chose et très mal entretenu.

En face est un monolithe qui fut brisé autrefois et qui n'a de valeur que parce qu'il est tiré des carrières du pays. C'est du moins ce qu'on m'a raconté.

Notre nouveau cicérone nous avait rejoints à l'église. Il nous mena d'abord au Théâtre Romain où l'on voit une quantité de débris de colonnes, de chapiteaux, de mille choses anciennes; deux colonnes s'élèvent encore tout entières; la disposition de l'édifice est parfaitement visible, et, là surtout, ce ne sont que des ruines.

Les Arènes sont tout près du théâtre; elles sont beaucoup plus vastes que celles de Nîmes, avec cette différence qu'ici elles sont surmontées de trois tours carrées et n'ont point de chapitaux, les arceaux des cintres terminant l'édifice. J'en fis le tour extérieur comme à Nîmes, et je vis en passant le grand charriot où l'on amène les taureaux que l'on donne en spectacle. Hier une lutte de cette nature avait eu lieu, et les Arlésiens se donnent souvent ces récréations à l'antique.

On me conduisit de là aux Champs-Elisées, où la sueur qu'on répand pour y arriver ne compense pas l'ennui qu'on éprouve quand on y est. Ce sont des tombeaux de toute dimension rangés le long de la route. Rien d'insipide et d'ennuyeux comme ces restes de la mort. Ce sont des cercueils en pierre grossièrement taillés qui ne donnent d'autres pensées que celles du regret de s'être tant fatigué pour rien.

A l'extrémité des Champs-Elisées, on trouve les restes d'une église autrefois dédiée à Marie de Salomé; sa tour hexagone est privée de clocher, et fait pendant à toutes ces ruines.

Je ne voulus pas voir le Musée. Toutes ces antiquités me fatiguaient; j'en étais rassasié, et l'esprit, les jambes, tout demandait du repos.

Depuis plusieurs jours, et aujourd'hui plus

que jamais, j'ai pu me rendre compte de la réputation des Arlésiennes comme beautés. Je n'ai point trouvé chez elles de type extraordinaire; il est vrai que je ne suis pas connaisseur en ces sortes de choses; mais si elles avaient le bon esprit de se coiffer comme tout le monde, je crois qu'on devinerait difficilement leur race. Outre cette coiffure, à mon idée extrêmement laide, dont elles s'entortillent la tête, elles se décolletent d'une manière qui n'est rien moins que décente. Il y a des bornes en tout, mais là il faut avouer qu'il n'y en a guère.

Mon nouveau guide voulut me faire accepter un café au lait qu'il m'offrit dans son hôtel. Michel jubilait et voulait aussi me faire accepter de sa part une bouteille de bière. Je refusai obstinément. Tous deux me firent promettre de m'arrêter à Arles à mon retour de Jérusalem. *Choyez tranquille,* disait Michel, *choyez tranquille, moi, je me charge de tout. Nous j'aurons toujours de vous un exchellent chouvenir.*

Je ne promis rien, mais je leur dis que je ferais tout mon possible pour les revoir.

Rentré dans ma chambre, Michel arrive pour me procurer encore une ressource. Il a un frère qui habite Toulon; il va lui écrire deux mots pour le prier de me conduire dans cette ville; il me donne quinze francs pour remettre à son petit neveu, et il m'annonce qu'il m'a fait préparer à déjeuner.

Il n'y avait pas une demi-heure que j'avais pris le café au lait, je ne me sentais pas dans le besoin de manger. *Cha ne fait rien*, disait Michel, *mangez toujours, cha vous choutiendra.* C'était son grand argument.

Je fis alors mon petit paquet et je descendis à la salle à manger où, avec un potage très abondant, j'eus plusieurs plats excellents, avec des fruits délicieux.

Ma note se montait à quatre francs; la chambre ne m'était comptée qu'à moitié prix.

Michel m'accompagna jusqu'à la gare. Chemin faisant, nous entrâmes dans l'église Saint-Julien que je trouvai fort jolie, mais beaucoup trop sombre; les fenêtres du chœur et celles du côté de l'église sont murées; les autres sont voilées par des rideaux rouges.

Je donnai à Michel, en le quittant, ma photographie et celle de mon frère. En déjeunant le matin, il m'avait confié qu'il avait été novice chez les Carmes déchaussés pendant trois ans; deux fois il a interrompu son noviciat à cause de sa santé, et comme ce genre de vie est entièrement incompatible avec son tempérament, il a renoncé à l'état religieux d'après l'avis des Pères.

Michel est profondément chrétien, il a peu d'extérieur, une intelligence ordinaire, mais il a un cœur excellent.

A onze heures j'étais en route pour Marseille.

MARSEILLE. — Rien de plus agréable que le trajet d'Arles à Marseille. La campagne est si variée, les sites sont si différents, que l'œil passe d'une beauté à une autre à chaque minute.

Combien tout cela est différent de ces pierres antiques qui glacent le cœur, fatiguent l'esprit et portent à la mélancolie et à l'ennui sans qu'on y songe. On est heureux de revoir les arbres, les champs et la verdure. Ce ne sont plus ces arbres rabougris qu'on fait végéter à force d'eau et de soins; mais on se plaît à voir dans leur luxe les oliviers, les figuiers, les mûriers et ces orangers qui, dans divers endroits, paraissent si beaux au milieu des champs.

Les environs d'Arles sont ravissants; la campagne est plus déserte en approchant de Miramas; mais à mesure qu'on approche de Marseille, le Rhône, les rochers, les villas, les petits hameaux, tout étonne et réjouit. On voudrait que le temps s'écoulât un peu moins vite et qu'on eût un trajet plus long à parcourir.

Avant d'arriver, on passe sous un tunnel

d'une longueur considérable. Je le crois plus long que celui de Blaisy-Bas (1).

Enfin me voici à Marseille, dans la ville où je dois bientôt m'embarquer pour la Terre-Sainte, dans le lieu où sainte Magdeleine, ma patronne, fut poussée par les vagues, et où depuis si longtemps me portent mes vœux. Marseille!!! C'était un commencement de paradis pour moi; et, chemin faisant, mes yeux cherchaient avec avidité cette mer qui doit me porter bientôt, et dont les flots ont touché les rivages de la Patrie de Notre-Seigneur.

Je te salue, Ange béni, qui veilles sur cette cité; offre à mon Dieu le bonheur que j'éprouve en foulant la terre confiée à tes soins; bénis ces premiers pas qui me portent au milieu de ceux que tu protéges; prends-moi sous ta garde, et inspire toujours à mon âme des pensées de foi, d'amour et d'espérance.

Je suis à l'hôtel de Rome où j'ai demandé tout en arrivant M. le Président de la caravane en Terre-Sainte. C'est Mgr Maupoint, évêque de la Réunion, qu'on me dit avoir été désigné pour présider les pèlerins. Il n'est pas encore de retour de Rome, et il ne doit arriver que trois ou quatre jours avant le départ.

(1) Le tunnel de la Nerthe a 4,638 mètres de longueur; celui de Blaisy n'a que 4,100 mètres.

Je suis le premier venu de la caravane. Je pense que cela me portera bonheur et que Dieu bénira le premier qui vient à lui.

Après m'être reposé un instant dans la petite chambre n° 9 que j'ai reçue à l'hôtel, j'allai à la Recette générale, rue Sylvabelle, n° 101, pour serrer la main à Lucien Fournier (1). Nous devons nous trouver demain à neuf heures pour parcourir ensemble la vieille et la jeune cité. J'ai trouvé Lucien très pâle ; sa santé est mauvaise, et le peu d'exercice qu'il prend ne convient pas du tout à sa poitrine, qui me paraît délicate. En quittant Lucien, j'ai voulu voir la mer. Un instinct irrésistible me pousse vers cette Méditerranée sur laquelle je voudrais déjà être ; je veux contempler tout de suite ces eaux qui portent le pèlerin vers le Tombeau du divin Maître. Et quand je regarde le chemin à travers ce brouillard de l'immensité, quand je vois des voiles disparaître dans le lointain, je voudrais dire à tout le monde que moi aussi je dois franchir cette mer et que sous cette enveloppe grossière que recouvre une pauvre soutane, il bat un cœur impatient d'aller prier sur le Calvaire.

J'ai quitté à regret cette douce et mélanco-

(1) M. Lucien Fournier, qui est employé à la Recette générale des Bouches-du Rhône, est né à Vanvey, et était le condisciple et l'ami de l'abbé Magdelaine. (N. E.)

lique contemplation. A côté de la pensée que je viens de dire, il y en avait une autre triste... bien triste. Elle me rappelait des souvenirs de douleurs que j'avais adoptées et qui me faisaient souffrir comme mes propres peines.

Pour revenir chez moi, j'ai voulu un peu me perdre, afin de voir la ville en me mettant en quête de mon logement. Par malheur, je n'ai pas réussi ; et, après avoir en vain essayé de prendre un peu de repos, je suis sorti encore dans la pensée de faire un grand circuit.

Je suis d'abord descendu vers le vieux port où les locataires de barques m'ennuyaient par leurs gestes et leurs offres. Je suivis la foule qui transportait je ne sais où un homme à moitié tué par une chute assez élevée, et je me trouvai sur le cours Belzunce.

Je jetai en passant un coup d'œil sur la Bourse, monument que je trouvai à mon goût. Il faut dire en toute simplicité qu'en ces sortes de choses, j'aime par caprice, sans savoir pourquoi; une véritable merveille peut être pour moi comme la perle devant l'être sans intelligence, et je puis trouver ravissante l'œuvre d'un goujat. Aussi, quand je dis qu'une chose est belle ou laide, il ne s'en suit pas qu'elle soit telle que je le dis, mais il s'en suit que pour moi elle est de la sorte.

Le cours Belzunce me rappela les beaux quais de Paris, mais je le trouvais plus agréable à cause de ses magnifiques ombrages. La statue en bronze du grand Evêque que l'on trouve à l'extrémité, est un beau souvenir qui fait honneur au bon cœur des Marseillais.

Je suivais ce cours comme promenade et à pas de course, comme d'habitude, quand arrivé à l'extrémité, je vois les rues ornées de banderolles, de bannières aux armes du Pape, de portraits de saints de toute manière. Je voyais une foule se diriger vers un monument que j'aperçevais; et comme je suis de ma nature passablement curieux, je voulus savoir ce que c'était que tout cela.

C'étaient les vêpres de saint Louis, dont nous célébrons aujourd'hui la fête, et j'étais entré dans l'église de la paroisse Saint-Louis.

Mgr l'Evêque de Castellamare, exilé à Marseille, devait bénir une statue de saint Louis, que des personnes pieuses avaient donnée à la paroisse; et par le même motif que tout à l'heure, j'entrai au sanctuaire avec une foule d'autres hommes, et je me dis que je ne sortirais pas que je n'aie vu le Prélat exilé pour la cause de la justice.

Ce n'est que deux heures après que le Prélat a paru; et, pendant cette attente, il a fallu subir un sermon d'une platitude à trois étages sur la vie de saint Louis.

Monseigneur de Castellamare est un homme de quarante ans à peu près, d'une belle taille, d'une figure noble et digne. Il a chanté les Oraisons avec cet accent italien et cette prononciation que nous trouvons si étranges. Après la cérémonie, on a distribué des cierges à tous les hommes présents dans le sanctuaire, et on a fait la procession, avec la statue de saint Louis, à l'intérieur de l'église.

Quand je sortis, il était huit heures; mais j'étais content d'avoir si bien passé ma soirée; et sans la crainte d'être insulté en venant ici avec le cierge que j'avais reçu, j'aurais été heureux de le rapporter en souvenir de cette cérémonie.

Je n'éprouvais pas le besoin de manger; je me contentai de croquer un morceau de chocolat, et, après avoir prié Dieu, j'allai me reposer.

Mardi 26 août.

Mon lit est un véritable assommoir; j'ai les reins brisés, la tête lourde, et une sorte de torticolis. Cependant je ne me levai qu'à sept heures, et encore à regret.

A huit heures j'étais en règle avec mon office, et je descendis pour flâner en attendant l'heure de réunion que Lucien m'avait donnée. Je montai lentement la rue de Rome, m'arrêtant en flânant devant les boutiques où je voyais quelque chose d'intéressant; et après un quart d'heure de marche, je me trouvai sur une place où s'élève une haute colonne carrée, en pierres de taille, et de laquelle sortent quatre fontaines. Au-delà, et au milieu des brouillards du matin, je vis une immense promenade ombragée de superbes sycomores, et que j'avais grande tentation de parcourir.

Je sus réprimer ma curiosité pour être fidèle à l'exactitude militaire, et je revins sur mes pas jusqu'à la rue Sylvabelle que je montai lentement, m'arrêtant à chaque écusson de consulat étranger, pour me distraire un peu.

Il n'était que huit heures et demie quand j'arrivai devant l'hôtel de la Recette générale. Je passai outre; et comme je me sentais un peu faible, j'allai à la colline Bonaparte pour y manger à l'ombre et dans la solitude les petites provisions que j'avais rapportées d'Arles.

J'avais regret d'être sorti sans avoir déjeuné; et, sans l'heure trop avancée, je serais entré quelque part pour y prendre tout ce dont j'avais besoin.

C'est en songeant à cela et en mourant de soif, que j'arrivai à la Recette, où Lucien m'attendait. Il vint à moi tout rayonnant, beau comme un milord, et me demanda ce que j'avais déjà vu, afin de ne pas m'y conduire inutilement.

« J'ai vu la mer, lui dis-je, mais je veux la voir encore; je sors de visiter une magnifique petite colline dont j'ignore le nom et qui se trouve à l'extrémité du cours Bonaparte. »

« C'est la colline Bonaparte, me dit-il, j'allais vous y conduire; mais nous allons y passer encore, et voici ce que nous allons faire : nous allons côtoyer la mer par la route de ceinture, et nous reviendrons par le Prado. C'est la plus belle promenade de Marseille; et nous serons bien trois heures pour la faire. Après midi nous irons voir le port de la Joliette et le Jardin Zoologique. En revenant nous verrons la Cannebière, et vous connaîtrez tout ce qu'il y a d'intéressant à Marseille. »

Et je n'avais pas déjeuné!...

Nous partons. — J'admire ce rocher factice d'où coule en cascade une eau sale; je parcours ces allées où l'eau, sagement conduite, invite le promeneur à venir contempler la mer; je m'étonne de la fraîcheur de ces collines couvertes de gazon, de fleurs toutes brillantes et de mille choses faites pour l'agrément de l'homme. Cette colline, où domine sur une colonne en granit le buste de Napoléon Ier, est le réservoir des eaux de Marseille. Ces eaux viennent de la Durance et sont peu agréables à boire.

Nous quittons ces fleurs et cette verdure pour gagner un chemin aride, taillé dans le roc, tout blanc de poussière et très fatigant. Nous le quittons après vingt minutes de marche, pour arriver sur le bord de la mer, où nous attend un autre chemin, plus régulier, mais non moins pénible à cause de la grande poussière qui le recouvre.

La mer était d'un calme parfait; pas une seule ride sur sa surface; les vaisseaux, arrêtés à peu de distance du port, attendaient qu'un léger souffle les conduisît au but; les petites barques étaient au loin immobiles, et l'œil se perdait dans l'horizon des eaux. Le Château d'If, Frioul et les autres îles s'élevaient majestueusement hors de ces eaux bleues, et leurs côtes arides me faisaient songer aux sables brûlants de la Syrie.

Je voulus m'arrêter longtemps en face de ce spectacle grandiose; je battais des mains, j'enviais le bonheur de ceux qui allaient partir et qui attendaient là l'heure du bon Dieu. Je ne pouvais me lasser de dire combien ma jouissance était grande, et je préférais cette vue à toutes les vues du monde.

Lucien me montra le chemin que je devais suivre pour aller en Palestine ; il m'indiqua la direction que prenaient les vaisseaux pour l'Espagne et pour l'Algérie ; et tout en contemplant ces diverses routes, nous continuâmes la nôtre sur la terre ferme.

Sur des rochers arides qui bordent le chemin, on a transporté un peu de terre ; on y a construit des habitations magnifiques, et on a fait des villas (1) charmantes. Des pêcheurs s'occupaient à prendre des moules et des oursins. Il me venait parfois à l'odorat un goût de marée d'une suavité extraordinaire, j'étais enivré de cette odeur.

D'un côté un rocher aride, orné dans plusieurs endroits de petits palais ; de l'autre la mer à l'infini, des barques sans nombre, des pêcheurs sur les rives, tout cela me donnait des sensations de plaisir impossibles à décrire, mais qui eussent été mille fois plus délicieuses si une soif dévorante et un appétit sans mesure n'eussent réclamé leurs droits.

Tout à coup, au moment où j'y songeais le

(1) En Provence *bastides*.

moins, la fortune vint me sourire et me tirer d'affaire. — « Avez-vous déjeuné, me dit Lucien? » — Mon Dieu non, lui dis-je d'un air assez indifférent, le matin j'ai peu d'appétit, et j'aime mieux attendre midi, où je me sens d'ordinaire mieux disposé. — Alors c'est bon, continue-t-il, nous avons notre temps, et j'espère que vous viendrez déjeuner avec moi. — Je le remercie d'abord, et je finis par une acceptation très cordiale, d'après ses instances.

Je causais mieux; je me sentais plus vif, ma langue bredouillait moins, et je n'avais plus la perspective de passer six heures sans rien prendre; car lui offrir quelque chose m'eût semblé lui faire insulte puisqu'il était chez lui, et je n'osais pas réellement sortir de ce mauvais pas.

Je voulus goûter l'eau de la mer; j'en mouillai l'extrémité de mon doigt et le portai à ma bouche; c'est bon comme de l'eau très salée, ni plus ni moins, et je n'eus garde de sucer mon doigt.

Le peu de pudeur des personnes qui se baignaient près du chemin me causa quelque surprise, et je m'étonnais que la police n'y mît pas ordre. Je savais les Marseillais très grossiers, mais je ne m'imaginais pas qu'ils eussent si peu de retenue.

Il était dix heures quand nous arrivâmes à

l'endroit où le Prado se prolonge un peu dans la mer par une jetée en planches. Nous allons nous asseoir sur son dernier escalier, et là, causant de la mer, respirant son odeur, nous nous reposâmes jusqu'à dix heures et demie.

De là nous entrons dans le Prado, et nous allons visiter le château Borelli, acheté par la ville pour y recevoir l'Empereur, et destiné à devenir un Musée; la campagne qui l'entoure sera un jardin public; les travaux et les plantations sont déjà commencées.

Nous nous reposons là encore pendant une grosse demi-heure. J'éprouvais une soif dévorante, mes lèvres étaient durcies, et je commençais sérieusement à souffrir. La chaleur augmentait sensiblement, et heureusement que nous étions ombragés par les arbres dont la route est bordée.

Lucien me faisait admirer les superbes demeures de campagne dont l'entrée donne sur le Prado : ici un couvent, à côté la somptueuse demeure d'un banquier; partout la richesse et l'opulence. J'aurais beaucoup mieux admiré si je n'eusse éprouvé le supplice de Tantale.

A midi un quart, nous touchons à l'ancre du salut : nous étions au pied de la montagne de Notre-Dame-de-la-Garde, et c'est là que nous devions prendre un bon déjeuner.

Sur l'escalier, la femme de Lucien nous attendait et je fus très sensible à l'empressement qu'elle mit à nous recevoir. Avant de boire, on me donna une énorme tranche d'un melon du midi, dont le goût sucré plaît au palais, et la liqueur abondante qu'il renferme désaltère parfaitement sans charger l'estomac.

Je mangeai très bien et bus mieux encore. C'était à ravir. Je goûtai pour la première fois des olives, elles étaient salées comme il n'est pas possible, et je n'eus garde de manger un si grand excitant pour ma gorge altérée.

Je mangeai à plusieurs reprises du fameux melon, *ch'était bon comme tout!* et je croyais ne jamais pouvoir m'en rassasier.

Le café vint couronner cet excellent déjeuner, et après tout cela je me sentais la force de faire le tour du monde.

La femme de Lucien a de l'esprit, un cœur excellent, un sans gêne très heureux; elle parle un peu de tout avec facilité.

Lucien s'est occupé un peu de peinture, j'ai trouvé merveilleux son premier tableau. La nature est son seul maître, et c'est à elle seule qu'il a demandé du travail. Il a un talent réel, un coup de pinceau très hardi, et c'est un malheur que le temps ne lui permette pas de se livrer à cet amusement dont il sait si bien tirer parti.

Une partie seulement de notre programme était exécutée. Il était deux heures, et pour bien voir le reste de Marseille, nous n'avions point de temps à perdre.

Nous descendons sur le vieux port où des marins se poussent du coude et me désignent du regard à leurs camarades en m'appelant *l'américain*. Je me sens heureux en présence de tant de vaisseaux de toutes les nations du monde; et, pour arriver plus vite au port de la Joliette, nous descendons dans un canot qui nous transporte de l'autre côté.

Lucien me fit parcourir tout l'emplacement de ces immenses travaux qui se font pour l'agrandissement de Marseille, en vue du percement de l'isthme de Suez; nous montâmes vers la cathédrale, qui n'est guère maintenant qu'à moitié de sa hauteur et qui, dans quelques années, sera un monument de toute beauté. Nous passâmes successivement en revue les maisons Mirès, les docks, les constructions gigantesques qui doivent recevoir les marchandises. Il est impossible de se figurer l'immensité d'une maison de 440 mètres, ayant six étages, et d'une largeur proportionnée à ces dimensions. On se perd dans ces constructions.

Nous montâmes ensuite sur la jetée à l'extrémité de laquelle se trouve le phare. Nous avons passé devant le lieu où je devais monter sur le vaisseau ; je vis les navires qui devaient faire la route d'Orient, et je me réjouissais à la pensée que bientôt je partirais avec eux.

A cinq heures nous quittons le port et nous gagnons le Jardin Zoologique. Nous avions fait presque tout le tour de Marseille, quand nous arrivâmes à ce jardin. J'étais énormément fatigué, et Lucien et moi étions extrêmement altérés.

J'ignorais que l'entrée de ce jardin n'était pas gratuite. Sans m'en prévenir, Lucien donna 2 francs pour notre entrée, et c'est lorsqu'il me remit mon billet d'entrée que je connus sa délicatesse.

Je lui offris alors de nous rafraîchir, et après avoir été rendre visite aux lions, aux tigres, aux panthères, à l'éléphant, aux ours, à la giraffe et à mille bêtes curieuses, nous bûmes deux bouteilles de bière que je payai. Elles coûtèrent la modique somme 1 fr. 70 cent. ; et encore cette bière était chaude et mauvaise.

Les lions sont très mal élevés. Ces vilains-là se plaisent à tourner le dos aux visiteurs et à les arroser au moment où ils y songent le moins, de quelque chose dont on se passerait fort bien, malgré la chaleur. L'éléphant se baignait très gentillement. Lucien me conseilla de ne pas trop approcher, dans la crainte qu'il ne lui prît fantaisie de nous rafraîchir. C'était prudent ; nous nous sommes tenus à distance.

Les autruches que nous vîmes étaient nées à Marseille ; on les avait prises dans leur nid sur le territoire marseillais.

Après tant d'allées et de venues, j'étais assommé de fatigue. Lucien n'en pouvait plus ; nous regagnâmes mon hôtel, et après nous être reposés un instant encore dans ma petite chambre, je lui souhaitai le bonsoir, lui promettant d'aller le voir avant de partir.

Je n'ai pas eu la force de mettre en note toutes mes courses d'aujourd'hui ; je me suis couché horriblement fatigué, remettant au lendemain matin d'achever l'histoire de mes excursions.

Mercredi 27 août.

La nuit a été très mauvaise ; j'ai mal reposé et je souffre à la gorge ; un rhume me menace. Il est imposible de trotter si longtemps sans en retirer quelque chose, ne fût-ce qu'un mal de tête, et un désir effréné de prendre un peu de repos. J'avais ces deux choses ; la première seule était désagréable.

La pluie tombe avec rage. A un ciel... de

Provence a succédé tout à coup une véritable inondation. Je m'en réjouissais dans la pensée que j'allais être forcé de rester chez moi et de me délasser par un peu de repos.

Je dors, ou plutôt j'essaie de dormir jusqu'à sept heures; je tuai le temps comme je pus jusqu'à dix heures, soit en mettant en note mes impressions, soit en pensant à mille choses. J'avais lâché les rênes à mon imagination et la laissais errer par-delà les mers.

A dix heures, je voulus goûter du régime de l'hôtel, et je me fis servir un déjeuner à la carte. On le fit de mauvaise grâce, ce qui me déplut; je demandai un saucisson d'Arles et une côtelette rôtie.

Je pars ensuite flâner sur le devant des boutiques. Je commence par la Cannebière; je visite les bazars de la rue Saint-Féréol; j'entreprends plusieurs petits marchés que je ne mène pas à bonne fin; puis, las des boutiques et des boutiquiers, je gagne le vieux port pour voir encore les vaisseaux.

Je m'amuse beaucoup à voir les nègres habillés en bourgeois, les turcs, les grecs, et une foule d'autres costumes étrangers. Je m'aperçois aussi que pour tout le monde je suis un être, à ce qu'il paraît, très singulier, par l'attention qu'on met à me considérer des pieds à la tête.

Autant que possible, je tiens à la main ce scélérat de gibus qui me rend plus drôle encore; ma barbe est déjà grande et laide comme on en voit peu; ma peau a noirci étonnamment, ce qui fait que j'ai plutôt l'air d'un chinois que d'un être civilisé.

En cheminant tout doucement, je finis par arriver à la Joliette. Je m'arrêtai un instant pour voir entrer un trois mâts dans le port, puis j'allai visiter l'intérieur de la nouvelle cathédrale. Les proportions en sont grandioses, et je connais peu d'églises en France qui aient de plus grandes dimensions. Il y a sous le sanctuaire une magnifique chapelle; devant l'autel qu'on y placera, sans doute, j'ai vu une fosse creusée en forme de tombeau. Ce sera probablement pour y placer les reliques du Patron futur, ou de la Patronne de la cathédrale.

Je n'en pouvais plus de lassitude. Je m'en revins tout doucement en passant par les rues du vieux Marseille. Il n'est pas possible de voir une dégoûtation semblable; on ne se figure pas des rues de ce goût et des constructions de ce genre. Je m'étonne que la peste et le choléra n'y séjournent pas continuellement.

Rentré chez moi à midi et demi, je voulus dormir, je me couchai sur le fantôme de canapé qui se trouve dans ma chambre et fis de mon mieux pour me jeter entre les bras de Morphée. Mais Morphée était sans doute en promenade, et il avait quitté l'hôtel de Rome. Je m'en passai.

Alors j'étudiai mon voyage de Toulon pour demain. Je parcours un peu le plan de Marseille ; les petits détails qu'on donne sur la route de Marseille à Toulon ; puis, pour me désennuyer, je crus qu'il serait bon d'aller m'asseoir dans quelque endroit où je verrais un peu de monde.

Je m'ennuyais au suprême degré. J'aime les voyages à la folie ; mais il ne faut pas que je sois seul : je ne sais pas m'arranger, je ne sais tirer parti de rien, et il faut qu'on me conduise comme un enfant.

Le temps s'était consolé : il avait assez pleuré le matin ; une journée de tristesse n'existe point en Provence à cette époque.

Je vais à la colline Bonaparte. Je me campe sur un banc qui domine la ville et le port, et là, tranquille comme on ne se l'imagine pas, je tourne ma noire figure vers ma petite patrie où j'avais tout laissé et où bien des âmes suivaient en pensée le jeune Pèlerin, et je songeais au *Pays*, à la *Famille* et aux *Amis*.

Rien n'est doux comme de penser à ceux qu'on aime ; et quand on se voit seul au milieu des étrangers qui vous regardent comme une bête curieuse, on sent davantage le prix des affections qu'on a laissées si loin. Une chose me faisait peine. On m'avait promis quelques lettres pour me distraire pendant mon voyage. J'étais allé plein d'espoir à tous les bureaux de poste de toutes les villes où j'étais passé, et jusqu'à ce jour l'espérance seule a été ma distraction (1).

Je me demandais sur qui et sur quoi il fallait compter en ce monde : ce que j'avais tant désiré ne m'arrivait pas ; ceux qui me témoignaient le plus d'attachement me laissaient dans la solitude. Il est bien vrai qu'en dehors de Dieu tout n'est que vanité et déception, et que si on compte sur la créature on se prépare de grandes illusions et d'affreuses déceptions.

On ne se figure pas combien me fait mal la vue de tout ce monde qui s'agite, se presse, et se donne tant de peine pour les choses de la terre et qui ne songe pas qu'il y a un Dieu ! De tant de milliers de créatures, combien seront sauvées?... O Dieu ! quel aveuglement ! quelle misère! et plus tard quels regrets !!...

(1) Le malheur a voulu que, de toutes les lettres qui lui étaient adressées, une seule lui parvint la veille de son embarquement, c'est celle de son père; les autres lui étaient adressées *poste restante* à Marseille : il n'est pas allé au bureau. Il nous avait recommandé de ne pas lui écrire en Palestine, dans la pensée qu'il ne recevrait pas nos lettres. — (N. E.)

De la colline Bonaparte je revins chez moi, et pour mieux arriver à me reposer, je me jetai sur mon lit.

Mais il était dit que Morphée n'aurait point le dessous, et aujourd'hui il était de très mauvaise humeur. Des diables de musiciens habitent la chambre au-dessus de la mienne; et voilà que tout d'un coup, au moment où je fermais déjà les yeux pour tout de bon, un scélérat d'ophicléide, accompagné d'un cornet et de je ne sais quel autre instrument, se met à monter et descendre des gammes à n'en pas finir; des voix à faire sauver les oreilles les moins délicates accompagnaient cette musique à la diable, et je crus que tout allait dégringoler. C'était pure imagination, car rien ne tomba.

Je me disais : Après tout, cela ne durera pas, ils se fatigueront; il fait une chaleur féroce, ils iront boire et je pourrai continuer mon somme.

Ils furent en effet bientôt fatigués; la musique se tut, mais ils se battirent probablement, car tout y remuait. En voilà un d'hôtel, que je me pensais, on ne peut pas même y faire sa méridienne!

J'étais en fureur, quand j'entendis frapper à ma porte. D'abord je ne répondis pas, j'avais envie de dormir et ne voulais aucune visite. On frappe de nouveau, on insiste... C'est donc grave! Je ne réponds toujours rien, mais je descends du lit et vais moi-même ouvrir la porte... C'était un curé, un de ces musiciens à voix percée, qui avait laissé tomber son chapelet sur le petit toit au-dessous de ma fenêtre, et il venait le chercher. Bien loin de lui montrer une figure de carême, je fais le gentil, le gracieux, l'empressé; je saute sur le toit, je lui donne son chapelet, et il se retire, j'en suis sûr, ravi de ma courtoisie et de ma gentillesse.

Je n'avais plus sommeil; mais c'est égal, je veux dormir envers et contre tout.

Alors commence une autre musique; je ne sais quelle langue et quel dialecte donnaient de pareils sons; j'ai cru et je crois encore que cette voix était une voix étrangère demandant l'aumône, ou vivant à la maison. De toute manière, pas de sommeil possible. A ce chant succéda la désolation d'un moutard que rien ne pouvait apaiser : cris de l'enfant et cris de la mère, c'était un tapage infernal. A cela se mêla un autre bruit: c'était quelque chose comme le bruit d'une scie tirée par deux hommes. Puis les clochettes qui à toute minute carillonnaient, puis les montées, les descentes, les portes qu'on ouvrait, qu'on frappait, tout en un mot me disait à n'en pas douter qu'à Marseille on ne pouvait dormir à son gré, et que le meilleur parti à prendre, c'était de chanter comme tout le monde.

Pendant que, les yeux fermés, je songeais à cela ou ne songeais à rien, un nouveau visiteur frappa à ma porte.

Le maître d'hôtel m'amenait un monsieur que je ne connaissais pas, mais que tout d'abord je crus être un pèlerin.

Ce n'était pas tout à fait cela, mais quelque chose d'approchant. C'était l'homme qui devait réunir les pèlerins, leur donner les renseignements nécessaires, les embarquer et tout disposer pour le départ et le voyage.

Nous causâmes assez longuement des voyageurs, de leur nombre et de leurs qualités. Vendredi soir il nous réunira tous pour nous donner les instructions nécessaires, et il me quitta après une demi-heure de conversation.

Il était près de six heures; j'allai faire un petit tour en ville pour passer un peu mon temps. Je visitai l'église qui sert actuellement de cathédrale, où je dis vêpres et complies, et je rentrai chez moi pour souper.

Je pris note ensuite des diverses opérations de cette longue journée; et, après avoir donné au bon Dieu mes dernières pensées et mes dernières prières, j'essayai de nouveau de reposer un peu.

Jeudi 28 août.

Le soleil brille dans tout son éclat; le grand jour m'arrache du profond sommeil que cette nuit m'a accordé en passant, et je m'aperçois qu'il est temps que je me hâte, si je veux, selon mon plan de voyage, aller jusqu'à Toulon.

Il était six heures, et le train partait à sept. Je fais seulement mes prières du *Chrétien,* me réservant de dire mon office pendant la route; et muni de mon petit sac, je *descends* de ma chambre pour *monter* à la gare.

Dans ces parages on ne donne point de billet d'aller et de retour : l'aristocratie des chemins de fer a bien voulu supprimer ces petites concessions où personne ne lui fait concurrence.

Aussitôt en route, je me mis en règle avec le bon Dieu et me livrai ensuite à loisir à considérer les sites sauvages des pays que nous traversions. Les montagnes nues et arides sont parsemées, dans quelques endroits, de petits pins rabougris, desséchés, à moitié morts et dont l'existence semble un mystère, tant la terre y est rare et la roche compacte. Les oliviers suivent à peu près le même régime, et à côté de tout cela apparaît tout à coup une plaine verdoyante et magnifique. Les tunnels arrivent à chaque pas, et leur longueur n'est pas des moins grandes; les tranchées sont très élevées, et dans ce voyage on trouve à peu près des choses de toutes couleurs.

Après une demi-heure de marche, la ligne du chemin de fer suit la mer qu'on peut alors contempler tout à son aise. J'en profitai le mieux que je pus; et, comme le mistral l'agitait un peu, je jouis d'un petit spectacle que je voulais voir ailleurs que sur les flots.

La Ciotat, où se construisent les navires, est une charmante petite ville adossée contre des rochers qui baignent dans la mer, et disséminée sur les contours de la plage.

A neuf heures, on me montre de grands mats, de gros vaisseaux, une vue ravissante.

C'était Toulon.

TOULON. — Je mourais de faim, et toutes mes pensées se tournaient du côté des hôtels. Néanmoins, je m'informai d'abord où était la rue du Trésor, et je me rendis immédiatement chez M. le commandant Chaume (1). Il était alors

(1) M. Chaume est un enfant de la Bourgogne; il est toujours plein de complaisance pour les Châtillonnais, ses compatriotes. Comme ami, je lui avais adressé mon cher abbé, le priant de lui faire voir les curiosités de Toulon. — (N. E.)

sorti avec sa femme et ils ne devaient rentrer qu'à onze heures.

Avant de déjeuner, je voulus encore m'acquitter d'une petite commission que j'avais reçue de Michel pour son frère, ouvrier à Toulon. Je carillonnai au numéro 20 de la rue Bourbon où il m'avait adressé, et je fus tout désappointé quand on me reçut par ces mots si écrasants : *connais pas !* Qu'allais-je faire des quinze francs et de la lettre dont j'étais chargé pour lui ? Je n'en savais encore rien.

A côté du n° 20, se trouve un restaurant. Un instinct tout spécial m'y attire, et je me fais servir une côtelette. Je mange avec un appétit ravissant, j'achète encore un pain pour les occasions futures, et, la tête un peu échauffée par le gros vin méridional, je me sens la force de tout braver.

Pendant le déjeuner j'avais lié conversation avec un lyonnais qui, aidé de sa femme, mangeait également de bon appétit; deux gendarmes à qui je m'étais adressé pour être au courant des permissions à demander et de l'heure à laquelle on était admis à visiter l'arsenal, m'avaient tout indiqué avec une bienveillance et une courtoisie étrangères à bien des gens; je mets mes lyonnais au courant de ce que j'avais appris, et nous décidons sur place que nous demanderons notre permission ensemble, et que nous irons également ensemble visiter le vaisseau-amiral.

A dix heures et demie, nous nous plantons devant la porte de l'Etat-major maritime, et quelques minutes après, un gendarme me fait signe que je puis entrer. J'entre; mais il fallait encore s'arrêter; une casquette à galons blancs me pose la main sur le ventre, ce qui, en style militaire, veut dire probablement *halte là! J'haltai là*, pas intimidé du tout, et comme je n'avais pas de passeport, je tenais en main mon *celebret*, prêt à le livrer à qui voudrait y mettre le nez.

Enfin la consigne est levée, et me voilà en face de deux marins à grosses épaulettes, à grand cordon, à mille ancres en or, et surtout à gros favoris. Le premier écrivait sur des feuilles de papier quelques petits mots, le second les signait, et tout était fini.

Je présente mon *celebret* à la main du monsieur aux plus grosses épaulettes, et comme si c'eût été de l'hébreu pour lui, comme si mon nom ne s'y fût pas trouvé moulé de la main du secrétaire de l'Evêché, il me demanda comme aux novices chez les Religieux : Que demandez-vous ? — La permission de visiter l'Arsenal. — Votre nom ? — Magdelaine. — Combien êtes-vous de personnes ? — Je suis seul. — Et il permit à M. *Mattelène* de visiter l'arsenal ; il me donna cette permission signée, paraphée, ficelée, comme s'il se fût agi de la plus grande chose du monde.

Ceci fait, et mes associés congédiés de même, nous faisons notre prix avec un batelier pour aller visiter le vaisseau-amiral *la Ville de Paris*. Le mistral soufflait un peu, et la mer était légèrement houleuse; cependant elle l'était assez pour agiter bien violemment les petits bateaux qui allaient dans la rade.

La pauvre jeune femme tremblait de frayeur, et elle sentait son pauvre petit cœur tomber en syncope ; pour moi, j'étais radieux, je me trouvais à mon aise sur ces vagues un peu irritées, et je leur trouvais un charme inexprimable. Le batelier nous fit voir, dans la rade, et prêts à partir pour le Mexique, cinq ou six vaisseaux et frégates dont je ne sais plus les noms ; je me souviens seulement du *Souverain*, de *l'Aigle* de la *Reine Hortence*, de la *Gloire* et de *l'Invincible*. Le *Suffren* n'est plus qu'un ponton. Le *Généreux* a subi le même sort, à part qu'il conserve encore ses mâts, et c'est là que les jeunes marins vont à l'exercice.

Nous abordons *la Ville de Paris*.

L'officier de quart nous donne un marin

pour nous conduire dans tout le vaisseau, et j'ai été vraiment surpris du luxe et de la propreté qu'on y trouve : c'est un petit palais. Ce vaisseau est armé de 120 canons, et j'étais content de voir l'enthousiasme avec lequel notre cicérone nous parlait de son bâtiment. Il y mit une gracieuseté peu commune, et j'en aimai d'avantage encore ces intéressants matelots.

Il nous fallut une petite heure pour cette visite. Notre batelier nous reçut au bas de l'échelle; moins secoués par la mer qu'en allant, nous fîmes une petite traversée délicieuse; et, sans l'eau qui, sautant par-dessus les bords. venait de temps en temps nous arroser, il n'eût rien manqué pour que tout ne fût parfait.

En attendant l'heure où devait s'ouvrir l'arsenal pour les étrangers, je retournai chez M. le commandant Chaume, qui me reçut avec une bonté et une cordialité peu communes. Quoique j'eusse déjeuné, il fallut le faire encore; le vieux bourgogne et le vieux rhum vinrent saluer mon arrivée ; et il n'est pas d'attentions qu'il ne prit pour m'être agréable pendant les quelques heures que j'avais à passer à Toulon.

Pendant que nous dégustions la vieille liqueur de la Jamaïque, Mme Chaume crut voir dans ma physionomie un attrait à devenir marin ; elle me poussa à faire la demande pour entrer comme aumônier dans un vaisseau, me dorant tous les avantages de ce genre de vie; et M. Chaume m'assurait qu'au bout de quelque temps je serais décoré, que je *boirais du vieux rhum*, que je vivrais avec les amiraux et les capitaines...., enfin que sais-je?... C'était le paradis terrestre! Je ne dis ni oui ni non; mais, intérieurement, bien décidé à rester sur la terre, autant que je le pourrais: mon goût n'étant pas de courir après les grandeurs de ce monde, et préférant une petite vie paisible en union avec le bon Dieu, à toutes ces douceurs qu'on recherche et qui fatiguent bientôt. Mon ambition a toujours été de souffrir pour le bon Dieu, d'être méprisé à cause de lui, et de mourir pour la gloire de son Nom. Que m'importent les dignités de la terre, et les jouissances de la vie, puisque mes jouissances sont là où le monde ne voit que folie!

La conversation tomba ensuite sur le *Pays*, c'était tout naturel. Je racontai tout ce que je savais de nouvelles et de faits divers; et en parlant des deuils de la famille Bouguerет, M. Chaume me demanda si je ne savais pas ce qu'était devenu M. Maître, l'officier de marine. Il s'intéressait beaucoup à ce jeune homme, et n'en avait pas entendu parler depuis longtemps. Je lui appris sa mort arrivée à Macao le 6 octobre 1860. Il en fut très affligé.

Quand vint l'heure de la visite à l'arsenal, il voulut bien m'accompagner, et nous allâmes ensemble visiter cette curiosité de Toulon. Mais aujourd'hui ce qu'on permet de voir est si restreint, que la démarche que l'on fait occasionne plus de fatigues que de jouissances. Deux salles seulement sont ouvertes : la Salle des modèles, où l'on voit des structures de vaisseaux de toutes les époques, et la Salle d'armes, où l'on admire la disposition avec laquelle sont placées les armes de toute nature. Il y a des palmiers en poignards de marine; des lyres construites avec des pistolets et des baguettes de fusil; des vases de fleurs montés avec tous les détails des fusils et d'autres armes; enfin, c'est un verger où l'on trouve des arbres de toute sorte, et même des raisins, des pommes et des prunes, fabriqués avec des balles et de petits boulets.

On conduit ensuite les visiteurs au bazar; et c'est là que mille personnes font mille folies en achetant, hors de prix, les choses les plus insignifiantes. Rien ne m'y tenta.

Une chose me frappa dans cet arsenal, c'est la vue des forçats.

Rien de lugubre et de triste comme ces figures patibulaires, dégradées par le crime, et noircies par le soleil; on ne peut s'empêcher d'être ému devant tant d'âmes qui ont oublié leur foi, leur religion et leur Dieu ; le bruit de ces chaînes qu'ils traînent avec eux fait mal au cœur, et il leur faut une conscience bien endurcie pour ne pas se reconnaître dans cet esclavage. Ces malheureux, du reste, ne semblent pas prendre souci des sentiments qu'ils inspirent ; et, tranquillement assis ou couchés sur les arbres équarris des vaisseaux, ou occupés à travailler, ils portent sur leur figure l'empreinte d'une indolence et d'un abandon qui fait mal.

Leur costume est ignoble comme leur vie et leur figure. Un dégoûtant paletot rouge, une calotte à haute forme, aussi sale que possible, verte pour les condamnés à perpétuité, rouge ou jaunâtre pour les autres; une chaîne qui leur tient le pied et qui les enchaîne deux à deux quand on n'est pas sûr de leur docilité; un pantalon de grosse toile blanche; une chemise de même étoffe; une chaussure en rapport avec tout cela : tel est à peu près le costume de ces condamnés. Sur leur calotte est fixée une vilaine plaque de fer blanc sur laquelle est gravé leur *numéro*, ce qui les assimile, non plus à des hommes, mais à des choses. Quelques-uns d'èntre eux ont un paletot rouge avec une manche jaune-vert ; ce petit changement existe pour ceux qui sont au bagne pour la seconde fois.

De retour chez M. Chaume, nous nous

sommes désaltérés avec de l'excellente limonade; Mme Chaume me fit prendre un potage avant de partir; elle emplit mon petit sac de raisins, me fit emporter une bouteille de l'excellent bourgogne que nous avions bu; et après m'avoir recommandé de jeter en passant à la Seyne un coup d'œil sur leur petite campagne, je les quittai pour me rendre à la gare.

Il était cinq heures, M. Chaume voulut encore m'accompagner jusqu'à la voiture. En prenant mon billet, je fis connaissance avec un jeune prêtre qui partait avec nous pour la Terre-Sainte; et, après nous être fraternellement donné l'accolade avec le respectable commandant, je quittai Toulon.

Dans ce train, comme dans celui du matin, on ne voyait que des personnes qui me parurent bien suspectes pour leur moralité; j'étais condamné à voir à Toulon et sur ses routes la pauvre humanité dans toute sa laideur. A midi c'était le crime sous le poids de la justice humaine; ce soir, c'est le vice qui conduit au crime, à l'échafaud et à l'abîme éternel!.. O mon Dieu, rappelez ces âmes coupables à la vertu!.. Faites par la force de votre Croix que ces pauvres créatures quittent leurs égarements, qu'elles reviennent à vous, qu'elles vous connaissent, quelles vous aiment!... J'étais ému, j'avais le cœur brisé; je me détournai pour essuyer mes larmes! Et après avoir regardé en passant la charmante maison de plaisance de M. Chaume, je tournai le dos à la société qui se trouvait dans le même wagon que moi, et je pus à mon aise examiner la construction du compartiment où je me trouvais.

A huit heures nous étions à Marseille.

MARSEILLE. — Le pèlerin du diocèse de Nevers que j'avais rencontré à Toulon, mieux avisé que moi, avait pris les secondes classes pour revenir à Marseille; il m'attendait à la descente, et nous partons ensemble à notre hôtel. A chaque rue où nous passions il me demandait si ce n'était point la Cannebière; il avait une rage de voir cette rue dont on parle beaucoup, et qui n'a de remarquable que les mâts des vaisseaux qu'on aperçoit à son extrémité.

Je trouvai en rentrant une lettre de mes parents de Vanvey; je la lus avec bonheur, car il me semble qu'il y a un siècle que j'ai quitté mes parages; et, malgré mon empressement à aller dans tous les bureaux de poste de toutes les villes par où je passais, je n'avais jamais rien reçu.

Comme j'étais un peu fatigué, je mis seulement ici quelques notes, et renvoyai la suite au lendemain matin. Je fis mes prières et me mis au lit.

Vendredi 29 août.

Depuis le jour où j'ai quitté Nîmes, je n'avais pas dit la Sainte Messe. Le temps quelquefois m'avait manqué; d'autres jours je me sentais mal disposé; et, en résumé, je préférais m'abstenir de recevoir le bon Dieu que de le faire au milieu des mille préoccupations qu'imposent nécessairement les voyages.

Ce matin, cependant, je me suis levé dans une quiétude d'esprit que j'ai peu goûtée depuis mon départ. Je veux en profiter pour aller offrir le Saint Sacrifice. C'est du reste la fête de la Décollation de saint Jean-Baptiste et je me trouve heureux d'aller recevoir le bon Dieu.

En sortant de l'hôtel, je rencontre quatre hommes portant un cercueil magnifiquement orné de draperies; mais comme il n'est ni précédé, ni suivi de personne, je crois qu'il doit être vide, et qu'on le porte pour y déposer les restes de quelque gros banquier.

Plus loin, je fais commerce avec un marchand ambulant que je trouve vers la statue de Mgr de Belzunce; et, après lui avoir acheté des bretelles dont j'avais le plus grand besoin, j'allai à la cathédrale pour satisfaire ma dévotion.

Après la messe où je donnai la communion à une dizaine de personnes, je me trouvais tout réjoui; je sentais dans mon âme les douces émotions de la piété; j'éprouvais un bien-être dont j'avais été privé depuis bien des jours, et je regrettais d'être si souvent forcé, en voyage, de m'abstenir de cet aliment céleste qui soutient l'âme, la fortifie et la console; car il faut bien le dire, l'âme est souvent dans la plus grande tristesse au milieu de ce chaos impie qu'on appelle le monde.

Je revenais tout plein de ces pensées, quand je vis passer près de moi un Capucin, la tête nue et le panier au bras. Je ne pus me défendre d'un sourire en me rappelant les paroles de Mme Fournier. De ma part, ce n'était certainement pas méchanceté; mais il est si vrai que dans toute malice et toute raillerie on se souvient toujours du mauvais côté! Il est sûr que la vue de ce Capucin ne m'eût occasionné aucune réflexion maligne, sans les observations de Mme Fournier.

En rentrant à l'hôtel, je fis une des plus heureuses rencontres. Je renouvelai connaissance avec l'abbé Patriat que j'avais connu autrefois au séminaire de Dijon et que j'avais perdu de vue depuis longtemps par suite de son départ, nécessité par la faiblesse de sa santé.

Il avait achevé ses cours de théologie aux Missions étrangères de Paris, et il partait avec onze de ses confrères pour les Missions de la Chine. Sa mission à lui était d'être procureur dans je ne sais plus quelle maison religieuse à Singapour.

Hier il était allé à la Sainte-Baume avec tous ses compagnons apostoliques. Il me donna, comme souvenir de ce pèlerinage, une médaille de sainte Magdeleine que je reçus avec grand plaisir, et quelques plantes cueillies sur la montagne où elle vécut trente années, dans les exercices de la plus austère pénitence.

Pendant le reste de la journée, je fus pris d'un ennui effroyable. Mon rhume de cerveau me brisait la tête et me donnait la fièvre; je sortais un peu en ville, puis je rentrais pour sortir encore. Je fis connaissance avec quatre nouveaux pèlerins. Un d'entre eux, qu'on me dit être le secrétaire, me parut bien froid. Je les jugerai tous bientôt et je verrai dans la suite si mon premier jugement aura été juste.

M. Taune, le directeur des pèlerinages, résidant à Marseille, est venu ce soir nous donner quelques renseignements. Il a été d'une très grande complaisance, nous a donné l'adresse des marchands où nous pourrons acheter les choses les plus nécessaires qui nous manquent. Malgré l'absence du Président et des autres dignitaires, qui ne sont pas encore arrivés, il a été décidé que la messe à Notre-Dame de la Garde serait dite demain à huit heures, et que la distribution des croix se ferait après.

Ce soir à sept heures, quatre d'entre nous ont été chez les PP. Jésuites afin de savoir si les deux Pères qui doivent faire partie de la caravane sont arrivés. La réponse fut négative; et en rentrant à l'hôtel, comme j'avais la tête en compote, j'allai me reposer et dormir.

Samedi 30 août.

A cinq heures, j'étais debout et prêt à partir à Notre-Dame de la Garde. Après avoir dit Matines, nous partons avec M. l'abbé Poirier et deux autres pèlerins, MM. Tenaille et Sochnlin, et nous arrivons à la chapelle à six heures et demie. Mgr de Bourbon n'était point encore arrivé, et nous étions contrariés, en songeant que la cérémonie qui a lieu pour la distribution des croix aux pèlerins allait être manquée.

J'offre le Saint Sacrifice à sept heures et demie

sur l'hôtel de Saint-Joseph ; je priai de tout mon cœur le bon Dieu de recevoir, par l'entremise de la Sainte Vierge, le Saint Sacrifice que je lui offrais pour ma conversion et le bon succès de mon pèlerinage. A huit heures et demie M. l'abbé Cortet, grand-vicaire de Nevers, dit la messe de communauté, en l'absence de Mgr de Saint-Denis.

Mais comme on tenait essentiellement à ce que cet évêque, trop lent à venir, nous distribuât lui-même les croix, on remit au lendemain, jour du départ, cette pieuse cérémonie; et après avoir visité la nouvelle chapelle de la Vierge, que l'on construit sur le même plan que la cathédrale de Marseille, nous descendîmes tous à l'hôtel pour y voir Mgr Maupoint qui, enfin, était arrivé.

Je ne puis m'expliquer l'émotion extraordinaire qui me saisit, lorsqu'après la messe de communauté, on exposa le très saint Sacrament. J'étais calme, plus calme que jamais; mon cœur était froid, mon esprit n'était point agité; et cependant, quand je vis paraître ce Dieu dont j'allais visiter le Tombeau; quand mes yeux se fixèrent sur cette petite hostie où il se voilait devant nous, les larmes coulèrent avec abondance, et je ne pouvais m'expliquer pourquoi je pleurais ainsi. J'étais heureux, j'étais triste, j'étais je ne sais comment dire, mais dans un calme parfait. Et cependant, un quart d'heure avant, en offrant le Saint Sacrifice, je n'avais éprouvé aucune émotion. C'est bien ce qui prouve que tout vient de Dieu et que c'est lui qui, quand il lui plaît, touche nos cœurs et les réjouit par sa présence.

A l'hôtel, après déjeuner, nous vîmes Mgr Maupoint qui nous apportait de Paris nos passeports et les autres papiers nécessaires pour notre voyage.

C'est lui qui était nommé président de la caravane. Nous le savions déjà; M. Cortet avait ses titres de vice-président; M. Poirier devait être notre secrétaire et M. Lair était chargé de la caisse. Mais ce Monsieur refusa cette charge, déclina tous honneurs; et, à l'unanimité des voix, M. Cortet, vice-président, fut élu pour joindre à sa charge celle de trésorier.

Nous songeâmes tous ensuite à faire nos petites acquisitions relatives au pèlerinage.

On nous conduisit d'abord chez le sellier, où nous fîmes préparer pour chacun de nous une bonne sangle et une paire d'étriers; puis nous rendîmes visite à deux magasins de chapeaux où personne ne fit affaire, à cause du prix exorbitant de la marchandise.

Alors nous fîmes schisme pour aller chacun

de notre côté. Je me dirigeai vers le vieux port, persuadé que là, à cause de l'affluence des matelots, je trouverais tout ce qui m'était nécessaire, au meilleur compte possible.

En effet, j'achetai tout de suite plusieurs petites choses qui me manquaient : une bouteille garnie extérieurement d'osier, une petite calotte en cuir pour boire, des lunettes vertes, un chapeau et des chemises,

Plus tard, après avoir couru la ville et après avoir visité les magasins de dix *enfants de saint Crépin,* je finis par faire un achat de souliers jaunes; j'achevai mes acquisitions par de l'encre et un voile de calicot pour mettre sur mon chapeau ; et après cela, je me trouvai parfaitement tranquille. Je n'avais plus de souci de mes préparatifs de voyage, et ce n'était pas peu de chose.

Je suivis mes compagnons de route dans toutes les boutiques où ils avaient à faire ; ces courses me fatiguèrent beaucoup, et c'est à peine si ce soir j'ai le courage de barbouiller ces quelques notes. J'avais plusieurs lettres à écrire et je n'ai pas le courage d'en faire une seule. Cependant cela me contrarie, car plus j'avance dans mes voyages, plus je deviens paresseux.

TROISIÈME SEMAINE.

Marseille (suite). — Malte.

Dimanche 31 août.

Enfin voici le jour où le bienheureux vaisseau doit me conduire vers la Terre où se portent depuis si longtemps mon cœur et mes pensées. Je me levai à cinq heures, plein de jubilation et animé du plus grand désir d'offrir au bon Dieu ce beau voyage que j'allais entreprendre.

Nous partons, l'abbé Sochnlin et moi à Notre-Dame de la Garde, où nous nous étions fait inscrire pour dire la Sainte Messe; à six heures et demie nous eûmes le bonheur d'offrir le Saint Sacrifice, et nous nous hâtâmes de revenir pour assister à huit heures à la messe que Mgr Maupoint devait offrir dans la chapelle des Jésuites, et après laquelle devait avoir lieu la distribution des croix destinées aux pèlerins.

La messe fut assez longue, grâce aux nombreuses communiantes. Nous nous présentâmes ensuite aux pieds de Monseigneur, qui, après avoir béni les croix, nous en donna à chacun une, en disant une prière dont le sens était qu'il suppliait Dieu de nous protéger, de nous accorder, par l'entremise de ce signe du salut, les secours nécessaires pour nous préserver de tous les dangers du voyage.

Cette cérémonie, qu'on aurait pu rendre beaucoup plus solennelle et plus touchante, fut couronnée par une petite allocution de l'évêque aux pèlerins. Cette allocution fut suivie d'un sermon d'un Père Jésuite sur un sujet qui me paraissait plein d'intérêt, mais que le temps ne me permit pas d'entendre bien longtemps.

Monseigneur resta seul, et nous nous rendîmes tous à l'hôtel. Chemin faisant, M. l'abbé Sochnlin confirma par son jugement sur la cérémonie à laquelle nous venions d'assister celui que j'avais porté sur le même objet.

En entrant, je trouvai au bureau la carte de Lucien Fournier qui était venu me rendre visite. Je fis un petit paquet des quelques effets que je voulais laisser à Marseille, et je me rendis avec ces colis vers la Recette générale.

En passant devant le bureau de la Recette, Lucien vint me rejoindre et me conduisit chez lui, où je trouvai sa femme toujours gracieuse, toujours gentille, mais toujours beaucoup trop maligne.

Je pris là un petit déjeuner, et Lucien vint me reconduire à l'hôtel pour passer avec moi le reste de la journée.

Pendant que j'écris quelques mots à Mme Barrachim, à M. le Curé de Vanvey, à mon frère et à Mlle Bazile, Lucien me quitte et va se promener un instant, puis revient une heure après.

Nous sortons ensemble, et pendant trois quarts d'heure nous trottons au grand soleil sur la place du vieux port.

Je reviens à l'hôtel, je solde au maître d'hôtel ma note qui se montait à 21 fr. 50; puis nous partons au bureau des messageries attendre le départ de l'omnibus conduisant au Port de la Joliette où était le cher vaisseau qui devait nous transporter vers les Saints-Lieux, objets de tant de désirs de mon âme.

Encore un quart d'heure et la vapeur va m'ouvrir la route de Jérusalem! Encore quelques moments et, mes yeux tournés vers Marseille, je saluerai, par un adieu plein d'amour, les côtes de ma chère Patrie, où je laisse tant d'affections et tant de précieux souvenirs! Je porterai les yeux de mon âme au sein de ma chère famille, au milieu de ma pauvre petite paroisse, et je saluerai cette chère France, que je quitte pour aller prier sur le Tombeau de mon divin Maître.

Marseille 31 août (suite).

Deux heures viennent de sonner. La cheminée du *Sinaï* laisse échapper des flots de fumée; un officier vient de me conduire dans la cabine que je dois habiter pendant la traversée. Je laisse mon gibus à Lucien; et, après nous être donné l'accolade fraternelle, je le quittai pour jouir du bonheur de voir lever l'ancre et de contempler la route que j'allais suivre. La mer était radieuse, d'un calme ravissant et tout nous promettait une délicieuse traversée. Tout chantait sur le pont, chaque passager folâtrait, courait, bondissait; on se réjouissait à la vue d'un si beau soleil, d'un ciel si radieux et des joies que promettait une mer si calme.

Nous étions tous armés de notre croix de pèlerin et nous la portions visiblement suspendue et brillante sur notre poitrine. Nous étions fiers de porter ce beau signe, et nous ne pouvions nous lasser de dire à tout le monde que nous allions à Jérusalem, et nous tournions sans cesse entre le pouce et l'index notre chère petite croix.

Notre caravane se compose de quinze pèlerins. En voici les noms et les qualités (1) :

Mgr **Maupoint,** évêque de Saint-Denis, à l'Ile Bourbon, président de la caravane ;

M. **Cortet,** grand vicaire de Nevers, vice-président et trésorier ;

M. **Poirier,** aumônier au lycée du Mans, secrétaire ;

Le P. **Duthau,** jésuite, aumônier de la caravane ;

Le P. **Gagarim,** jésuite ;

M. **Crosnier,** curé de Fourchambaut, de la Nièvre ;

M. **Benoist,** prêtre du diocèse de Nevers, professeur au Petit-Séminaire ;

M. **Tenaille,** prêtre, professeur au Petit-Séminaire de Nevers ;

M. le docteur **Maupoint,** frère de Mgr de Saint-Denis ;

M. **Lair** père, propriétaire, du diocèse d'Angers ;

M. Charles **Lair** fils, étudiant en droit ;

(1) Il est bien certain que le bon abbé Magdelaine n'a jamais voulu blesser personne pendant sa vie. Si une expression quelque peu offensante lui était échappée, il la désapprouverait, et son ami ne veut pas l'embusquer derrière sa tombe pour fusiller ses contemporains.

M. Léon **de Chateauvieu,** de l'Ile Bourbon;

M. **Martinet,** de Rethel, jardinier;

M. Jules **Senil,** étudiant en droit, de Rennes;

M. **Sœhnlin,** curé de Didenheim, près de Mulhouse, du diocèse de Strasbourg;

M. **Magdelaine,** curé de Rochefort, diocèse de Dijon.

Mgr **Maupoint** paraît avoir de cinquante à cinquante-cinq ans. Il est de l'Anjou, où il a son château et ses terres. Sa haute position sociale et sa dignité de prince de l'Eglise nous seront utiles dans bien des circonstances. J'aime sa bonté et sa simplicité.

M. **Cortet** m'a plu singulièrement au premier abord; son ouverture, l'intérêt qu'il semble témoigner à chacun de nous, sont pour moi de bon augure: ce n'est point un homme aux grandes manières; mais je crois que dans des moments donnés il saura soutenir et fortifier la caravane. Je n'ai qu'à me féliciter de ses égards vis-à-vis de moi, et souhaite ardemment qu'ils soient toujours les mêmes.

M. **Poirier** est un homme froid, aimant les grands tons et faisant tout avec gravité. Sa physionomie est bonne, mais il n'est pas facile de le juger encore.

Le P. **Duthau** est un excellent religieux,

très affable, très enjoué, aux manières distinguées. Il est plein d'esprit, de science et de cordialité, et je crois qu'il fera honneur à son ordre.

Le P. **Gagarim,** qui nous accompagne seulement jusqu'à Jaffa, et qui se rend par Beyrouth à Ghazir, afin de s'occuper des Bulgares, est un prince russe allié à la famille impériale de Russie. C'est un homme de cinquante ans à peu près, très gai, pétillant d'esprit, de malice et ayant un jugement très sain. Je ferai tout mon possible pour me mettre en relation avec lui, n'ayant qu'à gagner à voir un homme de cette trempe. Il porte la petite barbe grecque, la calotte rouge et une immense redingote.

M. **Crosnier,** excellent curé sans prétention, simple, pieux et ne demandant rien qui puisse lui attirer quelque flatterie. Je l'ai en grande estime.

M. **Benoist** me plaît assez; mais sous la figure d'un homme que je crois bon, il cache un sourire moqueur. Il est pieux et semble entièrement sous l'aile de M. Cortet.

M. **Tenaille** vise à l'esprit et aime les railleries. Je crains qu'il ne se crée des difficultés et des embarras.

M. le docteur **Maupoint** est un homme

excellent, très simple, enchanté de faire plaisir et toujours prêt à rendre service. Il nous sera, je pense, de très grande utilité, et saura au besoin se mettre à la disposition de chacun de nous.

MM. **Lair,** père et fils, sont d'excellents compagnons de route, pétillants d'esprit, très enjoués, le sourire toujours sur les lèvres et faits pour égayer ceux qui ont le moins envie de rire.

M. **de Chateauvieu** est un jeune enfant gâté, plein d'attention pour les besoins de tout le monde, au cœur rempli des meilleures qualités, mais trop absolu et trop habitué à faire ses volontés.

M. **Martinet,** brave homme, ayant la manie des voyages, fait pour distraire, n'aimant pas qu'on s'occupe trop de lui, et donnant des conseils à tout le monde.

M. **Sochnlin,** excellente nature, à manières simples, sachant, je crois, supporter les petites peines et doué du bon esprit de ne point chercher à en faire aux autres.

M. **Senil** ne m'est connu que de figure; je ne puis encore rien en dire; mais le peu que je l'ai vu est tout en sa faveur. C'est le neveu de Mgr Maupoint; il a l'air doux, timide et prévenant.

Nous quittons Marseille; la terre fuit lentement derrière nous, et nous passons entre plusieurs petits rochers nus et arides qui entourent le port. Le calme de la mer nous promettait une si bonne traversée, que nous étions dans la joie la plus complète.

A cinq heures je fis mon premier dîner à bord; la nouveauté m'y fit trouver beaucoup de charmes, et je nouai connaissance avec un Anglais et une jeune dame qui allaient à Suez.

Il fallut, quelqu'agréable que soit la mer, quitter le pont, et descendre dans la cabine. Je voulais dormir, et pour cela il me fallait aller trouver mon petit lit.

Lundi 1er septembre.

Je dormis peu; le bruit des roues et le bercement du tangage, avec l'inégalité de ses secousses, m'empêchèrent de bien reposer; et puis l'air de la cabine était étouffant, la sueur ruisselait de tout mon corps; sur un lit aussi étroit j'étais plié en deux et roué, et puis le Père Gagarim, qui couchait dans la même cabine avec le Père Duthau et l'abbé Poirier, faisaient en ronflant un vacarme à tout démonter.

Dans la matinée le vent s'élève; la mer commence à devenir mauvaise, et le tangage devient si fort, que les trois quarts des voyageurs commencent à baisser la tête, à tendre le cou et à donner à manger aux requins. M. Cortet est très abattu. Je sens mon cœur un peu gros, mais je tiens bon ; je n'éprouve pas le besoin de donner un crachat à la mer, et j'espère dans mon courage.

La mer devient de plus en plus mauvaise ; le soir, à sept heures, avant d'arriver aux bouches de Bonifaccio, le vent s'apaise un peu et les infirmes reprennent un peu haleine . . . . .

. . . .

Dans le manuscrit se trouvent deux pages en blanc. Notre pieux pèlerin s'est, sans doute, trouvé si abattu qu'il a remis à plus tard la relation de la traversée de Marseille à Alexandrie. Malheureusement, le temps lui a manqué ; mais voici deux lettres qui vont suppléer à ce qui nous manque : l'une m'est adressée du mouillage de Malte, et l'autre est écrite à ses parents, devant Alexandrie, avant le débarquement.

Malte, jeudi 4 septembre 1862.

« Monsieur le Curé,

« Après quatre jours de traversée par la tempête et un vent féroce, nous venons enfin de mouiller à l'île de Malte. Il est nuit, et comme nous devons sortir dès le jour pour faire une excursion dans l'île, afin d'être revenus pour midi, heure à laquelle nous devons continuer notre route, je me contente de vous annoncer que je me porte à ravir, et que toute la caravane est dans des conditions de santé satisfaisantes. Il y en a parmi nous qui ont eu le mal de mer dans toute sa rage, et qui depuis l'embarquement sont couchés sur le pont à demi-morts. Hier les éclairs, le tonnerre, tout y remuait, tout le monde débaillait, braillait et se ruait pêle-mêle sur le pont pour s'abriter sous un lambeau de tente, et ne pas s'exposer aux horreurs de la cabine.

« Vous serez assez étonné, quand vous saurez que pendant tout cette tourmente et pendant toute la traversée, je n'ai pas donné un seul crachat aux poissons. Je me suis trouvé sans force, abattu, mais sans aucun mal de cœur. Je n'ai pas éprouvé d'autres souffrances que celle de ne pouvoir trouver assez de courage pour dire mon bréviaire. J'ai été un des favorisés du voyage, et j'espère que le reste du chemin se fera dans d'aussi bonnes conditions.

« Nous venons de rencontrer le bateau qui porte Garibaldi à la Spezzia. Ce pauvre diable de conquérant à une blessure très grave à la jambe, et il paraît que l'amputation sera peut-être nécessaire.

« Nous avons vu, en passant, sa maison dans l'île de Caprera. Nous l'avons tous regardée, comme curiosité, et elle n'a de remarquable que le nom de son hôte.

« Mgr l'évêque Maupoint, qui nous accompagne, est très bon pour moi. M. Cortet, grand-vicaire de Nevers, a toutes mes sympathies : je l'estime infiniment.

« Rien d'insipide, vous le savez, comme les journées à bord, surtout quand tout le monde est couché, dort ou débaille. Je n'ai donc rien de plus nouveau à vous apprendre aujourd'hui. J'écrirai à mes parents lorsque nous toucherons Alexandrie. La mer étant toujours grosse, ces dépêches ne vous arriveront pas très vite. On met ordinairement trois jours et demi pour venir de Marseille ici ; nous en avons mis quatre et demi, il nous en faudra au moins autant pour nous rendre à Alexandrie.

« Donnez, je vous prie, de mes nouvelles à mes parents, et présentez-leur mes respetcs.

« Agréez, Monsieur le Curé, l'assurance de mes sentiments respectueux et de mon affection toute filiale.

« G. MAGDELAINE, *prêtre.* »

Alexandrie (Egypte), le 8 septembre 1862.

« Bien chers Parents,

« Nous entrons à toute vapeur dans le port d'Alexandrie ; la mer depuis deux jours est d'un calme ravissant, et elle nous fait oublier maintenant les misères qu'elle s'est plu à nous prodiguer ces jours derniers.

« Ma santé ne laisse rien à désirer ; je me porte à ravir, et tous mes compagnons de voyage jouissent de la même faveur.

« Hier dimanche nous avons eu la messe à bord. Mgr l'évêque a officié ; le capitaine du bâtiment s'est offert très gracieusement à mettre à notre disposition tous les matelots pour préparer un autel convenable. A huit heures on a déployé les drapeaux ; derrière l'autel s'élevait le drapeau pontifical, à droite celui de l'Espagne, à gauche celui de l'Autriche, et au-dessus, pour former le couronnement, s'étendait un immense drapeau français. Sans quelque délicatesse vis-à-vis des passagers de toutes les religions, le capitaine voulait faire tirer le canon.

« Tous les prêtres ont communié. Nous n'avons pas dit la messe depuis le jour de notre départ de Marseille, la grosse mer et l'état d'abattement où elle nous avait tous mis nous en ayant complétement empêchés.

« A Malte, nous avons reçu à bord le P. Tournel, dominicain, qui va avec un frère convers à la mission de Mossoul et deux franciscains qui se rendent à Jérusalem.

« Nous allons rester trente-six heures à Alexandrie, et il ne nous faudra que trente-six heures également pour arriver à Jaffa. Ce sera vers jeudi soir ou vendredi que nous arriverons à Jérusalem. Cette lettre ne vous sera pas encore parvenue, très certainement, car il lui faudra au moins dix jours pour aller d'ici à Vanvey.

« Les chaleurs sont déjà bien grandes, mais pas aussi excessives qu'on le dit; cela tient, sans doute, à la fraîcheur de la mer. Quand je serai à terre, je les sentirai mieux.

« Les passagers qui sont avec nous sur le vaisseau sont très nombreux; beaucoup n'ont pu avoir de cabine; mais comme il en débarque un grand nombre à Alexandrie, nous nous trouverons plus au large au départ.

« Nous menons à bord une vie de famille très joyeuse. Depuis que la mer est calme, on rit, on chante, on folâtre, on est gai; c'est à ravir.

« Parmi les pèlerins, il y en a qui sont des plus comiques et qui nous amusent énormément.

Je regrette beaucoup que mon frère n'ait pas fait ce voyage.

Nous avons longé hier les côtes de Barbarie ; rien de triste et de désert comme ces rochers inhabités et inhabitables, dont l'aspect n'a de pittoresque que la solitude.

« Pas de nouvelles en mer, et puis ce n'est pas maintenant qu'on peut raconter ses impressions de voyage.

« Je me réjouis pour vous revoir. Je suis déjà si loin de la France, mille lieux au moins nous séparent ! J'espère que nous ferons la fête à mon retour. Aujourd'hui j'ai prié de tout mon cœur pour ma pauvre petite paroisse. Ah ! puisse notre bonne patronne, l'étoile de la mer, conduire au port du salut l'humble pasteur et son petit troupeau !...

« Je vous écrirai quelques jours après mon arrivée à Jérusalem.

« Présentez, je vous prie, mes respects à M. le Curé. S'il n'y a aucune nouvelle pressante, ne m'écrivez pas encore, parce que ne sachant pas où je serai du jour au lendemain, vos lettres pourraient bien ne pas me parvenir.

« Un souvenir affectueux et mes remerciements à M. Noel. Donnez de mes nouvelles aux personnes qui veulent bien se souvenir de moi.

« Agréez, mes chers parents, l'assurance de mes sentiments respectueux et de l'affection de votre enfant tout dévoué.

« G. MAGDELAINE, *prêtre.* »

« P. S. — Tout est déjà bien changé ici pour le méridien : ma montre est en retard de deux heures et demie et l'étoile polaire est très inclinée à l'horizon. Je regrette que papa ne voie pas ce beau ciel d'Orient, ces belles nuits, où on peut lire les plus fines impressions au clair de la lune. Adieu ! adieu ! »

QUATRIÈME SEMAINE.

Alexandrie. — Ramhley (Egypte). — Jaffa. — Yazour. — Lydda. — Ramleh. — El-Birieh. — El-Latrounn. — Kuriet-el-Enab. — Colonieh. — Jérusalem.

ALEXANDRIE. — Rien de ravissant comme l'aspect de ces barques arabes qui viennent fourmiller autour de notre navire. Les costumes si variés des Orientaux nous font bondir d'aise et de jubilation. De loin, tout est calme, tout s'avance dans les bras de la paix; mais quand on a jeté l'ancre, quand les passagers accoudés sur les bords des paquebots présentent leurs figures à ces faces noires, brûlées, horribles; quand on s'apprête à se faire conduire à terre, alors ces hommes déguenillés, à chemise pendante, aux jambes nues, aux vêtements rouges, blancs, verts, de toutes couleurs, ouvrent des yeux terribles; ils se pressent, se poussent, se frappent, et font mille gestes pour inviter à descendre chez eux. Bientôt ils envahissent le bateau; ils grimpent après les chaînes et les cordages ; et en quelques minutes le pont s'est transfiguré en une place prise d'assaut.

Après un quart d'heure de contemplation devant ces figures de bagne, qui nous faisaient oublier à tous les ennuis et les misères de la traversée, Monseigneur nous réunit pour descendre tous ensemble dans un canot et nous diriger vers le même hôtel.

Ceci ne me contentait pas du tout ; j'avais pensé descendre à l'hôtel de l'Europe, et il nous conduisait à l'hôtel Abbat, chez un homme qui sans doute sera très honnête, mais qui n'était pas mon homme.

Pendant notre petite traversée, notre pilote avec son gamin récitait quelque chose comme des litanies du Coran. Nous voyions sur la rive une longue file de chameaux qui attendaient une charge plus ou moins lourde, puis mille arabes, mille nègres, mille créatures étranges dont l'aspect nous arrachait à tous des paroles de pitié et de dégoût.

Nous abordons. On nous fait entrer dans un bureau où nous devions recevoir nos passeports. En quittant le canot, le trésorier prit sur nos fonds disponibles pour payer le passage ; je ne sais encore ce qu'il donna. Dans le bureau, où tout étale le luxe de la plus grande misère, un Arabe nous donna un permis pour rester en

Egypte selon notre bon plaisir. Ce *permis* nous *permit* de sortir du bureau et la cérémonie se borna là.

Après ces préliminaires, nous sortons pour gagner notre hôtel. Alors commença une scène des plus comiques : des ânes, des bourriques et des bêtes de toute nature se tenaient là par centaines, harnachées, pimpantes, jolies à ravir le cœur. On fait ici les courses à ânes comme en France on les fait à cheval. Grand nombre de passagers enfourchèrent une bête à longues oreilles, et les voilà sautillant, galopant; ils étaient suivis des Arabes aux trois quarts nus, qui, courant à toutes jambes derrière leurs montures qu'ils avaient louées, les excitaient par quelques petites corrections souvent très intempestives.

La caravane prit l'omnibus. C'était beaucoup moins risible, et bien plus prudent pour quelques-uns d'entre nous.

Impossible à une langue humaine, et surtout à une pauvre plume comme la mienne, de dire tout ce que nous donna de bon sang, d'agréments, de jubilation, la vue du quartier arabe où nous fîmes notre entrée : des rues étroites, sales, bâties on ne sait comment; des Bédouins, fils maudits de Cham, accroupis, à demi-couverts d'une pauvre chemise, borgnes pour la plupart; des nègres luisants comme l'ébène; des chameaux laids comme le péché mortel; des chèvres et des animaux de toutes variétés, tout nous étonnait, tout attirait notre attention, excitait nos rires, nous faisait battre des mains et nous disait tout haut que nous étions sur la terre orientale, dans la ville des Pharaons.

Chaque chameau était pour nous un objet du plus haut comique; et le balancement de ceux qui étaient nichés sur la bosse de ces lentes ébauches du bon Dieu, donna à quelques-uns la tentation de goûter bientôt un peu de cet exercice.

Pendant assez longtemps, nous traversâmes des rues de ce goût. Plus loin nous arrivâmes dans Alexandrie *à l'européenne,* et nous vîmes notre omnibus entrer sur une magnifique place, très longue, ombragée par de très beaux arbres et ornée à l'extrémité d'une jolie fontaine. Ce lieu se nomme tout simplement : *la Place.*

Nous voici enfin à l'hôtel Abbat. Monseigneur, au lieu de descendre avec nous et de s'installer comme nous l'avons fait, se fit conduire tout droit chez les Lazaristes : c'était leur demander l'hospitalité. Et en effet, on vint nous dire que Monseigneur restait au couvent. L'abbé Sochnlin, qui l'avait accompagné, eut le même sort et resta avec lui.

A peine campés à l'hôtel, mes compagnons voulurent se délasser en allant prendre un bain. C'était du luxe, je ne me donnai point ce plaisir, préférant un peu mortifier mes sens pour avoir quelque petite chose à offrir à mon Dieu, en priant sur son Tombeau.

Pendant qu'ils étaient au bain, j'allai rendre visite à M. Cyprien (1), à l'hôtel de l'Europe. Ce monsieur me reçut avec une bonté que j'étais loin de soupçonner. Son épouse lui avait annoncé mon arrivée, et il regretta beaucoup de ne point me donner l'hospitalité. Après un gros quart d'heure d'entretien pendant lequel j'ai pu m'édifier de son bon cœur vis-à-vis de sa famille, il voulut que j'allasse le lendemain déjeuner avec lui à l'heure qui me serait le plus commode. Je promis. Il regretta également que je ne fisse pas le voyage du Caire. Il connaît parfaitement cette ville et il eût été heureux de m'y accompagner.

Il était six heures un quart. Comme le dîner à l'hôtel n'avait lieu qu'à sept heures, je flânai un peu sur la Place, toujours content de voir ces hommes bigarrés, ces femmes à long voile,

(1) M. Cyprien est un Bourguignon qui tient un hôtel à Alexandrie; son épouse est d'Essarois, paroisse voisine de Rochefort. — (N. E.)

et portant comme une trompe d'éléphant qui leur cache toute la figure, à l'exception des yeux. Je me trouvais dans un monde nouveau; je ne m'étais jamais fait aucune idée d'une ville orientale : les palmiers, les dattiers et les arbres aux larges feuilles étonnent par leur nouveauté; et plus on voit, plus on aime à voir; non que ce soit beau, mais parce que c'est nouveau, et que tout diffère de nos coutumes et de notre civilisation.

Je rentrai à l'hôtel; je mis en écrit quelques-unes de ces notes, et j'attendis très patiemment le dîner.

Ce dîner se fit moitié à la française, moitié à l'orientale; on rit beaucoup, et personne ne se souvint du mal de mer. Une chose me fit peine : on parla avec trop peu de charité du bon abbé Soclinlin. Je ne comprends pas qu'on rie d'un homme parce qu'il est assez simple pour être franc avec ses confrères. Je me promis de prendre sa cause, de le défendre et de faire tout mon possible pour lui être de quelque utilité.

Le P. Gagarim était en veine de bonne humeur. Après dîner, il voulut jouir complétement de la vie arabe; il demanda des glaces et un narguillet. Des glaces, il n'y en avait plus à l'hôtel. Quant au narguillet : « Monsieur, lui dit le maître d'hôtel, en mettant la main sur son ventre, j'ai le cœur trop français pour avoir chez moi de semblables choses. » Le P. Gagarim ne fut pas convaincu, et trouva la raison mauvaise.

Cependant, nous prîmes le café dans le petit bosquet, et c'est au milieu du cliquetis des tasses que Monseigneur fit son entrée avec deux Lazaristes et le bon *Alsacien*. Quelques pointes qu'on adressa à ce dernier parurent le surprendre un peu; et pendant que tout le monde causait avec les nouveaux venus, je le mis au courant des choses, de sa lettre qu'on appelait la *Seconde aux Alsaciens*, et des petites misères qu'il devait chercher à éviter. Il fut content de ma franchise, et j'espère qu'elle m'attirera quelques nouvelles croix.

Mgr l'Évêque et ses compagnons nous quittèrent. L'abbé Sochnlin les rejoignit, et le P. Gagarim ne voulut pas se coucher sans avoir pris encore quelque chose. Il nous emmena dans un café. M. Cortet et deux de ses *Nivernais* nous accompagnaient à contre-cœur, je le voyais bien. Ils nous laissèrent entrer au café et nous ne les vîmes plus. Où sont-ils allés? Je n'en sais rien.

Je me défiais du luxe oriental. Je n'avais besoin de rien, je ne voulus rien prendre, et je m'en trouvai bien, car on dépensa une douzaine de francs en rien du tout. Le P. Gagarini ne paie jamais, et je ne veux pas que les autres paient pour moi.

Il était dix heures quand nous rentrâmes à l'hôtel. Je me mis à écrire ces quelques notes ; pendant ce temps, j'étais harcelé par les cousins et tout occupé à essuyer la sueur qui coulait de mon front.

Il est onze heures : je suis énormément fatigué. Je vais essayer de dormir de mon mieux, priant auparavant Notre-Seigneur de recevoir mes sentiments d'amour et de gratitude pour les faveurs qu'il m'a déjà accordées et le priant encore de me faire achever ce voyage si heureusement commencé.

J'entends les Arabes causer sous ma fenêtre ; ils sont accroupis comme des talapoints ; quelques-uns sont couchés et dorment ensevelis sous des couvertures. O Dieu ! Quelle dégradation dans ces hommes qui ont cependant l'œil si vif et qui paraissent doués d'une si grande intelligence !

Mardi 9 septembre.

Mon sommeil a été très agité ; et la pensée que j'étais en Egypte, au milieu des Arabes, des

Turcs, des Musulmans et des créatures de toutes les nations du monde, y contribua beaucoup.

A six heures je me levai; et après avoir prié Dieu, je partis avec l'abbé Poirier chez les Lazaristes, où nous devions dire la messe. Un jeune Arabe nous servit de guide, et j'eus le bonheur d'offrir le Saint-Sacrifice sur l'hôtel de la Sainte Vierge. Il y avait plus de huit jours que j'avais été privé de cette satisfaction, et ce fut pour moi une vraie jouissance. Je demandai de nouveau au bon Dieu force et courage, et lui renouvelai mon désir de mourir un jour pour lui.

Les PP. Lazaristes nous offrirent, après la messe, une tasse de café au lait; et, pendant que nous *la causions*, la conversation vint à tomber sur Joseph Caram, exilé à Alexandrie. Depuis quelques semaines il avait quitté cette ville, et s'était retiré vers Ramhley, sur le bord de la mer. Cette nouvelle fut pour nous comme une étincelle électrique, et il fut résolu instantanément que nous irions rendre visite à cet illustre exilé. Le supérieur des Lazaristes de Tripoli, intime ami de Joseph Caram, se trouvait à la maison d'Alexandrie; il s'offrit de nous accompagner et de nous conduire vers le nouveau Macchabée; cinq minutes après, nous avions loué deux voitures à dix francs chacune, et nous partions à Rambley.

L'*expédition* se composait de Mgr de Bourbon, de MM. le docteur Maupoint, Cortet, Poirier, Crosnier, Benoist, Sochnlin, le Père de Tripoli et moi.

Nous partons comme le vent. Rambley est à deux lieues environ d'Alexandrie. La route, d'abord bordée d'arbres d'un feuillage magnifique, nous étonne par sa beauté. Bientôt des Arabes nus en entier, présentent le spectacle d'une dégradation à fendre le cœur; des femmes, la figure voilée, le reste à découvert, nous donnent l'idée de l'impudicité qui règne dans ce triste pays. Quelques-unes mêmes entièrement nues, et accroupies au bord d'un fossé, lavaient quelques vieilles guenilles et de pauvres nippes, que des bohémiens auraient rebutées. C'est là surtout que nous vîmes jusqu'où allait la dégradation; les enfants n'ont pas de vêtement; les mères se découvrent la poitrine et allaitent leurs enfants en marchant; partout on ne rencontre que sujet de pitié et de dégoût. Les demeures des Egyptiens dans la campagne sont de misérables huttes à pourceaux, où le père, la mère, les enfants et tout le reste du personnel sont étendus pêle-mêle, fainéants et sans soucis.

Après une demi-heure de course, nous nous

trouvons dans une campagne déserte, aride et tellement sablonneuse, que les chevaux ne peuvent plus avancer; il nous faut descendre de voiture et pousser à la roue. Nous passons à côté de la maison de campagne de Mustapha-Pacha; j'admire la pauvreté apparente de cette résidence princière, et nous la quittons pour arriver à de vieux décombres, à d'immenses pans de murs qu'on nomme *camp de César*. Deux minutes après, nous étions sur le bord de la mer, au milieu d'une terre déserte, sans chemin, sans issue et sans apparence d'habitation.

Le Père de Tripoli part à la découverte avec le nègre qui lui sert de cocher; et, après une heure d'attente et d'ennui, nous le voyons revenir, en nous faisant signe que nous étions à peine à moitié chemin, et loin de notre route.

Nous revenons sur nos pas, après avoir toutefois poussé longtemps aux roues d'une de nos voitures, et après avoir rejoint la route principale que nous avions abandonnée pour gagner la mer. Nous partons vers Ramhley que nous découvrions dans le lointain.

Il n'y a pas de chemins dans ces terrains déserts; les voitures passent partout et suivent toutes les sinuosités du terrain, ce qui fait qu'on est horiblement ballotté. Tout le long de la route, on rencontre des files de chameaux chargés de toutes sortes de marchandises ; on rit à la vue de ces ânes sans nombre, trotinant à ravir, et portant tous des cavaliers sur leur dos. Le chemin, par cela seul, est excessivement intéressant, curieux et pittoresque.

Pendant ce temps, le reste de notre caravane avait loué des ânes et était allé faire quelques courses avec ces bidets.

Enfin voici Rambley. Nous apercevons sur une petite colline à gauche trois tentes très modestes que l'œil ne découvre pas sans être prévenu : c'est là que demeure Joseph Caram.

Nos rosses enfonçaient dans le sable jusqu'aux genoux ; nous étions au milieu de la campagne et nous allions à vol d'oiseau, dans la direction des tentes que nous apercevions. Mais ce métier ne dura pas longtemps, car, à bout de forces, nos bidets arabes jurèrent de ne pas aller plus loin ; et, pour éviter un entêtement réciproque, nous mîmes pied à terre et nous montâmes lentement vers les humbles demeures du prince de la Montagne. Monseigneur seul resta en voiture et se fit conduire jusque-là.

Il était onze heures quand nous arrivâmes. Des Maronites vinrent à nous et nous baisèrent les mains. Je cherchais des yeux le jeune héros, quand il sortit tout à coup d'un air enjoué et riant; il vint se mettre à genoux devant Monseigneur et lui baiser la main.

Je fus frappé de cette figure franche, vive et pleine de bonté. Il nous exprima avec tant de suavité le bonheur que lui causait notre visite! Le malheur lui donnait tant de charme, que je sentis mon cœur s'émouvoir, et une larme, sans y songer, roula sur mes joues! Joseph Caram parle facilement le français, mais il fait beaucoup de fautes; il s'exprime assez clairement et sa conversation m'a beaucoup plu.

« Je regrette infiniment, nous dit-il, de vous recevoir sous une tente aussi mal préparée.» Il nous répéta plusieurs fois de suite cette même phrase; et après nous avoir fait asseoir sur les siéges très modestes qui, en forme de canapés, entourent une moitié de sa tente. il prit un siége, et le hasard voulut qu'il se mît à côté de moi.

Il parla très longuement de ses Maronites, des injustices du gouvernement turc, de l'impossibilité de pouvoir jamais s'accorder avec lui, de sa confiance en Dieu, de ses misères, de ses discussions avec les agents turcs, et enfin de ces brouillons de consuls de toutes les puissances qui entravaient tous ses efforts.

« Jamais, nous disait-il, il ne pourra y avoir d'accord entre Daoud-Pacha et nous; on veut que je retourne en Syrie pour me mettre d'accord avec lui ; c'est un piége qu'on me tend ; la chose est impossible, et j'aime mieux vivre en exil. Qu'on nous permette seulement, ajoutait-il, de nous défendre contre nos ennemis et en peu de temps tout sera terminé. Nous ne craignons pas les Druses et les Turcs réunis ; nous les battrons toujours ; *mais nous avons honte d'implorer le secours de la France pour faire ce que nous pouvons parfaitement faire seuls*. Si l'Angleterre, ou une puissance de cette force, nous déclarait la guerre, alors nous aimerions recourir à la France ; mais lui demander aide et protection quand nous sommes assez forts pour vaincre seuls mille fois, c'est nous forcer à la honte et à l'humiliation. J'aime la France, dit-il, oh ! j'aime beaucoup la France.......... Je voulais aller à Paris défendre ma cause, mais on n'a pas voulu. »

Pendant qu'il parlait et qu'il répondait aux questions de toute nature que chacun de nous lui adressait, un domestique nous apporta d'abord à chacun un verre de limonade, puis une petite tasse de café ; et, après trois quarts d'heure d'entretien, nous songeâmes à prendre congé de lui. Je pris la liberté de lui demander son portrait. Malheureusement il ne l'a pas ; et voulant nous donner quelque souvenir de lui, il mit sur le bréviaire de chacun de nous sa signature en arabe et en français. Il se prêta avec la plus gracieuse bonté à cette demande de notre part. Nous prîmes encore chacun une petite cigarette qu'il nous offrit, et que nous conservons très précieusement; il se fit donner par le Père de Tripoli le nom de chacun de nous, et nous lui serrâmes la main avec effusion, heureux de l'avoir vu et de le connaître.

Rien de simple comme cet excellent chef de la Montagne; son costume arabe est des plus modestes comme prince. Il peut avoir environ trente-cinq ans, porte une petite moustache blonde, et sa taille est moyenne. Il a le sourire fin et les manières très gracieuses.

Son habitation se compose de trois petites tentes. Celle qu'il habite n'a point d'autre parquet que le sable des champs; d'un côté se trouvent trois divans et une table de salon, de l'autre est placé son lit au-dessus duquel sont suspendus deux beaux sabres arabes; on y voit aussi une table de travail encombrée de livres et de grammaires, puis quelques chaises.

L'autre tente est pour ses domestiques, et la troisième, plus petite, est celle où l'on prépare ses aliments.

Joseph Caram est profondément religieux. Il a avec lui un prêtre maronite, et rien n'est édifiant comme la vie de ce héros du Mont Liban.

A midi nous retrouvâmes nos voitures, et nous partîmes au galop vers Alexandrie. Je mourais de faim. Après une heure du plus heureux voyage, nos *Barbarins* nous déposèrent à la porte du couvent des Lazaristes. Nos compagnons de route gagnèrent notre hôtel ; je les quittai pour aller trouver M. Cyprien.

Je fis avec lui un excellent déjeuner. Je retrouvai là le chancelier du Caire avec qui j'avais fait la traversée ; il me parla des évènements d'Italie, de la question d'Orient, et nous nous quittâmes bons amis. M. Cyprien, après m'avoir raconté les faveurs dont le prince de Galles l'avait comblé, me parla également du comte de Chambord, qui était resté pendant quelque temps chez lui. Il m'en dit le plus grand bien, m'assurant qu'on ne le connaissait pas, qu'on s'en faisait une fausse idée et qu'il était charmant sous tous les rapports. Il me fit cadeau d'un magnifique portrait de ce prince.

Je quittai M. Cyprien pour aller écrire deux mots à mes parents et à d'autres personnes ; et comme on m'avait annoncé le départ du paquebot pour les cinq heures du soir, je me hâtai de terminer mes petites affaires et de me tenir prêt pour le départ. Je réglai avec le maître d'hôtel ; pour un mauvais lit et un dîner, très bon il est vrai, je dus laisser 12 fr. 50 pour le luxe oriental. J'étais mécontent et je le fis voir au maître d'hôtel par quelques mots très durs qu'il me rendit très poliment. Je m'en tins là. Alors survint une autre misère : c'était à cinq heures du lendemain matin seulement et non à cinq heures du soir que nous partions pour Jaffa. Une partie de la caravane voulut attendre neuf heures du soir pour rentrer à bord ; l'autre, dont je faisais partie, ennuyée et fatiguée, voulut en finir avec Alexandrie. Monseigneur, qui, comme président, devait être avec nous et nous donner ses ordres, nous ayant abandonnés pour rester chez les Lazaristes, se contenta alors de nous dire qu'il était à notre disposition, laissant chacun libre de faire comme il l'entendrait. J'avais le sac au dos ; M. l'abbé Poirier et les MM. Lair étaient désireux de se reposer : nous partons nous quatre, et nous allons rejoindre notre vaisseau.

Pendant la route, nous avons fait rencontre d'une noce, qui, précédée d'une musique à faire sauver tous les diables, nous égaya un peu par le curieux spectacle qu'elle nous donna.

A cinq heures nous étions à bord, et je retrouvais mes habitudes de huit jours.

Après dîner, je passai quelques heures en

causerie avec le bon Frère qui accompagnait le P. Touruel. Notre conversation roula sur l'amour de la Sainte Vierge, et je ne pus qu'admirer la foi et la piété ardente de ce brave soldat de notre armée d'Afrique. Je le quittai pour écrire ensuite quelques notes, et à dix heures je montai sur le pont pour jouir encore de l'air si doux qu'on y respirait. Tout notre monde était rentré et se délassait des nombreuses courses à ânes que plusieurs d'entre eux s'étaient accordées. A minuit je dis bonsoir au bon Dieu, et vins me reposer un peu dans ma cabine.

Mercredi 10 septembre.

La mer est toujours radieuse. Je fais connaissance avec deux franciscains qui vont à Constantinople. Un d'eux m'invite à descendre à mon retour chez ses Pères, au couvent de Sainte-Marie.

Dans la soirée on me fit voir *Damiette*. La vue de cette ville si célèbre par ses souvenirs, me causa une grande impression.

Pendant une heure ou deux, la mer fut complétement trouble : nous passions, à ce qu'il paraît, dans les eaux du Nil.

Je me couchai dans l'espoir de mettre bientôt le pied sur la Terre-Sainte, et dans la pensée que c'était ma dernière nuit à bord avant d'avoir ce bonheur.

Jeudi 11 septembre.

Je ne pus dormir. La pensée qui me préoccupait me donna mille cauchemars, et je me trouvai très-fatigué le matin à mon lever.

Cependant, j'étais gai et radieux. Je folâtrais sur le pont comme un petit enfant, et cent fois je courus sur l'avant pour voir apparaître une terre trop longue à se montrer.

A une heure après midi, une ligne blanche qu'on découvrit à l'horizon attira les regards de tous les pèlerins : c'était la Terre des miracles, la Terre de Jésus, le but de mon voyage.

J'élevai mon cœur vers le bon Dieu et lui rendis grâce de ce bonheur.

Jaffa ne paraissait point encore. Je ne sais comment je me trouvai tout à coup surpris par le sommeil. Je m'endormis près du bon P. Gagarim, et nous étions à dix minutes de Jaffa quand je me réveillai. J'étais furieux contre moi et un peu contre tout le monde de ce qu'on m'avait ainsi laissé dormir.

Je courus sur le pont, et je ne pus retenir l'expression de mes sentiments, à la vue de cette petite ville si jolie, si pittoresque, si féconde en souvenirs pieux. Je saluai intérieurement l'ange gardien de cette première ville de la Terre-Promise, et je méditais en silence ces mots du roi David qui m'étaient alors personnels : *Adorabimus eum in loco ubi steterunt pedes ejus* (Ps. CXXXI, 7).

On jette l'ancre à un quart d'heure de la ville; Fad-Allah, notre guide, vient nous chercher avec deux barques; puis, montés sur des vagues qui nous secouent sans pitié, nous disons adieu au *Sinaï*, et passant entre des rochers où fut attachée Andromède, nous entrons dans le port.

JAFFA. — Arrivés au lieu du débarquement, il faut que des Turcs hissent les passagers sur un pont, en les tirant et les enlevant par les bras. L'abbe Benoist, porteur du sac qui contenait la gabelle, subit cette opération comme tout le monde. Mais, au moment de mettre pied à terre, la courroie de son sac se brise, et notre fortune tombe à la mer.

L'émotion était grande chez ceux qui connaissaient le contenu du naufrage, et le pauvre abbé était pâle comme la mort. Heureusement un Arabe se déshabille, plonge et ramène cette besace précieuse, sans laquelle nous devions tirer la langue.

Point de douane ici, ou, du moins, elle ne vint pas nous rendre visite. Plus honnêtes avaient été les consuls de Jaffa que ceux d'Alexandrie. Tous les drapeaux étaient pavoisés en l'honneur de la caravane; le drapeau de Terre-Sainte flottait sur le couvent des franciscains, et c'était *gentil* de voir tous ces divers étendards de tant de puissances du monde,

Nous avons attendu une grande demi-heure pour pouvoir retirer nos bagages. Nous étions arrivés à Jaffa à quatre heures, et ce n'est qu'à cinq heures et demie que nous fîmes notre entrée chez les franciscains, où nous devions héberger.

Ce couvent est une véritable forteresse, ayant plutôt l'air d'une caserne que d'autre chose. On nous distribua nos logements. On renvoya un vieux juif qui venait de France et allait mourir à Jérusalem. Il voulait comme s'imposer à la caravane, et il était furieux en remportant ses bagages.

Après nous être un peu reconnus et avoir dit adieu au P. Gagarim, nous avons tous été rendre visite à Notre-Seigneur et le remercier du bonheur que nous éprouvions. En entrant dans la chapelle, je baisai trois fois la terre; et Monseigneur dit tout haut cinq *Pater* et cinq *Ave* pour gagner l'indulgence plénière accordée à tous les pèlerins qui font cette prière.

A sept heures nous avons soupé et nous nous sommes un peu promenés ensuite sur la terrasse, jouissant de la vue de la mer, de la beauté du ciel d'Orient et de l'atroce odeur de l'eau marine battue contre les rochers.

A neuf heures nous fîmes la prière en commun; je tâchai ensuite de m'endormir entre les bras du bon Dieu.

Vendredi 12 septembre.

Le P. Duthau se trouva indisposé; et ce malaise, qui provient de la nourriture bizarre de l'Orient, nous prévient de nous tenir sur nos gardes.

Point de moustiques. Après la messe, que j'ai dite sur l'autel de la Sainte Vierge, nous avons pris un avant-garde de déjeuner, puis nous nous sommes rendus chez M. le consul de France. Il n'était point chez lui.

Nous allâmes ensuite visiter l'ancienne demeure de Simon le corroyeur, où saint Pierre demeura quelque temps. Je pris une feuille des plantes qui croissent dans ce lieu, où il n'y a plus que la plus triste masure. De là, parcourant les rues atroces de Jaffa, nous entrâmes dans une église grecque-catholique; puis nous visitâmes les écoles des frères franciscains et des sœurs de Saint-Joseph de l'Apparition, et enfin nous revînmes au couvent pour changer les dispositions de notre toilette.

Rien de comique comme cette transformation. Monseigneur m'appelle d'abord un *maquignon parisien*, et il fut décidé au réfectoire que je m'appellerais le *matelot français*.

Vaincu par le mauvais exemple de la contagion, Monseigneur, qui voulait garder ses vêtements épiscopaux, parut bientôt revêtu comme nous du pantalon et de ses accessoires.

A trois heures nous choisîmes chacun notre cheval; j'en trouvai un petit gris à mon goût; je lui fis mettre mes étriers, et l'enfourchai après lui avoir donné le nom de *Pax* (en souvenir d'une injure que je pardonnais).

Nous traversons le bazar que j'avais déjà vu le tantôt, et où la saleté et l'impudicité sont les principales choses qu'on y trouve étalées; là, un homme, nu comme un ver, se promenait tranquillement, recevant les marques de vénération de la part des Turcs.

Il était trois heures et demie quand la caravane sortit de Jaffa. Rien de joli et de gracieux comme cette bizarrerie de costumes et d'allures.

YAZOUR. — Nous rencontrons le village de Yazour, où était autrefois le temple de Dagon, et nous voyageons dans cette belle plaine de Saron, si louée par l'Écriture. On y voit une grande quantité de bestiaux; elle appartenait aux Philistins qui éprouvèrent si souvent la force de Samson, qui brûla leurs moissons. Les renards sont très communs dans ce pays.

Les moustiques dévorent nos chevaux et nous mordent la figure.

Nous traversons un cimetière, où se fait un enterrement turc; et cinq minutes après, nous faisons notre entrée dans Lydda.

LYDDA. — Il était six heures et demie quand nous entrâmes dans cette ville. Les maisons sortent à peine de terre; ce sont de véritables huttes. Nous gagnons, à travers des ruelles impraticables, auxquelles on donne le nom de rues, les restes de l'église Saint-Georges, dont l'architecture paraît remarquable; puis, faisant volte-face, nous sortons par le même chemin, et nous nous dirigeons vers Ramleh.

Ce qui m'a le plus intéressé à Lydda, c'est le

souvenir du prodige éclatant opéré par saint Pierre, dans la guérison du paralytique.

Pendant le chemin, Charles Lair perd sa petite croix en descendant de cheval pour prendre mon manteau. Il était nuit quand nous arrivâmes. Nous descendîmes chez les bons PP. franciscains qui nous attendaient; et c'est avec bonheur que nous mîmes pied à terre, car nous étions tous très fatigués. Il était huit heures.

RAMLEH. — Le couvent des bons Pères, qui est bâti à l'endroit même où était la maison de Nicodème, ressemble à une forteresse. On nous fit le plus gracieux accueil; nous mangeâmes avec un excellent appétit. Le P. Duthau seul n'était toujours point dans son assiette ordinaire; après diner, Monseigneur se trouva incommodé.

J'eus pour compagnons de nuit MM. Poirier, Crosnier et le P. Duthau.

Samedi 13 septembre.

La nuit fut pour nous très bonne. A quatre heures nous nous levâmes; nous prîmes à la hâte un café noir et nous quittâmes Ramleh.

Nous vîmes en passant une quantité de ruines qui avaient l'air d'avoir été d'anciens couvents. Nous passâmes devant une mosquée qui était autrefois une église consacrée à saint Jean ; et nous fîmes route dans cette belle plaine de Saron, dont la fertilité serait merveilleuse si des mains autres que celles des Turcs en prenaient soin. — Tout contre la ville se trouve une grande fontaine qu'on nomme la fontaine de sainte Hélène, mère de Constantin. On y descend par une trentaine de marches ; l'intérieur est très vaste, on y compte vingt-quatre arcades. Autrefois il y avait de belles peintures que le temps a effacées. Puis nous marchâmes pendant près d'une heure sans voir autre chose que l'immense plaine des Philistins et les montagnes de la Judée, que nous allions franchir.

EL-BIRIEH. — Après une heure de marche, nous vîmes à notre droite quelques huttes sur une petite colline, et dont l'aspect ressemblait moins à des habitations humaines qu'à des étables de pourceaux : c'était El-Birieh. Du reste, c'est un village en ruine, et ne doit être habité que par des gardiens de troupeaux.

El-Kebah, que nous aperçumes trois quarts d'heure après à notre gauche, présente le même aspect et les mêmes réflexions.

EL-LATROUN. — Après avoir chevauché quelque temps, nous vîmes devant nous, sur une hauteur, les apparences d'un autre village : c'était El-Latroun, près d'Emmaüs, où naquit le bon larron.

J'ai lu quelque part cette pieuse et naïve légende : un jour la sainte Famille fuyait Jérusalem et la Judée, pour se soustraire aux fureurs d'Hérode, et se disposait à gagner les déserts de l'Egypte, lorsqu'elle fut rencontrée tout près d'ici par deux larrons. L'un d'eux commençait à dévaliser les pauvres fugitifs en les maltraitant pour s'emparer de leur humble monture, lorsque son compagnon, cédant à un sentiment d'humanité à la vue d'un enfant si gracieux dans les bras de sa mère éplorée, ne craint pas d'intervenir en leur faveur. Il propose à son farouche associé de lui payer la rançon de cette pauvre et intéressante famille. L'offre est acceptée. Joseph et Marie reprennent le sentier de l'exil en bénissant le larron bienfaisant. Jésus a gardé le silence; mais il lui adressera plus tard la plus consolante parole que puisse inspirer la reconnaissance : « Ce soir vous serez avec moi dans le Paradis. »

C'est en quittant ce village que nous commençâmes à entrer dans les gorges des montagnes de la Judée. Monseigneur, qui jusque-là n'avait point observé les règles qu'il avait tracées lui-même pour l'ordre à garder pendant la marche, les transgressa encore pour prendre une tasse de café dans une cahute qui se trouvait à l'entrée de la gorge. C'est là aussi qu'un français malade avait dressé deux tentes en attendant sa guérison.

Nous prîmes là MM. Lair qui chassaient en attendant, et qui avaient laissé leurs chevaux sur le chemin.

Le défilé de cette gorge est extrêmement difficile et périlleux. Les rochers se succèdent sans interruption au milieu du chemin; les chevaux glissent, la pente est rude, le sentier très étroit; le cheval du P. Duthau s'abat et renverse ce bon Père, qui heureusement ne se fait pas de mal.

Nous étions à deux lieues du défilé, et nous nous excitions au courage, quand un accident vint nous causer quelque tristesse. Une bande de gros oiseaux se promenaient tranquillement sur les rochers. M. Lair arriva près d'eux. Descendre de cheval, tirer sur eux fut l'affaire d'un moment. Un de ces oiseaux eut l'aile cassée. Charles Lair et Léon de Chateauvieu sautèrent de cheval et coururent après ce misérable oiseau. Charles ramassa une pierre et la lui jeta au moment où Léon allait mettre la main dessus. Il eut un doigt fracassé par la pierre, et M. Lair coupa avec son couteau la chair pendante de ce doigt frappé. M. le docteur Maupoint vint soigner ce malade qui souffrait avec une gaîté et un calme extraordinaires. On fit une pause vers l'*Eden* d'un Arabe de la montagne, et chacun profita de cette station pour descendre de cheval et se reposer.

C'est alors que M. l'abbé Poirier l'intrépide, qui avait demandé à marcher au premier rang, se trouva pris d'une faiblesse par suite de la fatigue; et, à peine descendu de cheval, il m'appela et se reposa sur mes genoux. Il devint pâle et livide, et ne se trouva mieux qu'après avoir bu une goutte de rhum que je lui fis apporter.

Bien des pèlerins étaient souffrants et fatigués. A part quelques petites douleurs dans certains endroits qui ne se nomment pas, je chevauchais comme un charme, et j'aurais *enfoncé* tous mes compagnons.

Enfin après une demi-heure de halte pour le pansement du blessé, nous repartons. Nous apercevons, après une grosse demi-heure, le village de *Saris*, taupinière sur le haut des montagnes; et, après une nouvelle heure, qui nous parut bien longue, nous arrivâmes enfin à Kuriet-el-Enab, où nous devions déjeuner et faire halte jusqu'à trois heures.

Les montagnes de la Judée sont couvertes de verdure; et, quoique sans terre végétale, elles reposent agréablement la vue. De temps en temps on y rencontre de vieux oliviers qui rappèlent toujours la pensée de ceux qu'on doit vénérer à Gethsémani.

KURIET-EL-ENAB. — Ce village, qu'on nomme aussi Abou-Gosch, à cause du cheick qui y demeure et qui porte ce nom, est l'ancienne Cariathiarim : c'est là que l'Arche du Seigneur demeura quelque temps. Nous fîmes notre déjeuner en face de l'église de Jérémie, sous un mûrier qui sert ordinairement de tente aux pèlerins. Les Arabes vinrent en foule pour nous voir manger. Monseigneur fut encore incommodé de son déjeuner comme il l'avait été de son dîner de la veille.

Nous montrons ensuite nos armes aux Arabes et nous allons, quelques-uns, rendre visite à Abou-Gosch, le chef des villages de la montagne, jusqu'à la porte de Jérusalem. Il nous reçut avec la plus grande courtoisie, fit apporter le chibouk, les rafraîchissements à l'eau de rose et le café, véritable moka; puis nous prîmes congé de lui, enchantés d'avoir fait cette connaissance. Abou-Gosch a la figure grave, imposante et pose comme un souverain.

De Kuriet-el-Enab, on aperçoit *Modin*, petit village où naquirent les Macchabées.

A trois heures nous montâmes à cheval et nous prîmes le chemin de Jérusalem. Rien de désert et de lugubre comme le reste des montagnes qu'on a à traverser; la roche nue fait toute la variété du paysage. Je me tenais seul au milieu de la caravane, afin de penser à mon aise à Jérusalem, où tendait mon cœur. Plus j'avançais vers la Ville-Sainte, plus mon cœur battait; j'étais bien aise de me préparer en silence au jour mémorable de mon entrée dans Jérusalem, jour le plus beau, le plus heureux de ma vie et après lequel je soupire depuis si longtemps!!...

Nous descendîmes la vallée de Térébinthe à pied, tant les difficultés de la route étaient grandes; et il eût été imprudent de s'aventurer sur un cheval dans une descente aussi difficile.

COLONIEH. — A Colonieh nous trouvons M. le Vicaire-Général de Jérusalem, qui était venu à notre rencontre avec trois janissaires du consul. Nous reçûmes des rafraîchissements à la tente de Fad-Allah, qui nous présenta sa femme et ses enfants.

Nous décidâmes Monseigneur à prendre sa soutane violette. J'allai cueillir quatre olives dans la vallée où se livra la fameuse lutte entre Goliath et David.

Une heure et demie après, nous avions gravi les montagnes qui nous séparaient de Jérusalem. Nous laissâmes à notre gauche le tombeau de Samuel et le petit village de Lifta; puis nous vîmes devant nous le dôme d'un édifice: nous nous découvrîmes à cette première vue; et c'est après avoir aperçu la Ville-Sainte, autant qu'il nous était possible, que nous descendîmes de cheval. Nous nous jetâmes à genoux, et, tournés vers Jérusalem, nous chantâmes le psaume *Lætatus sum* de toute l'ardeur et avec toute la foi de notre âme.

Je ne pus achever le chant de la seconde strophe : les larmes coulèrent de mes yeux; je sanglotais de joie, de bonheur et de reconnaissance. Chaque mot me donnait mille pensées, mille expressions que la plume ne peut écrire et que l'âme éprouve dans le ravissement.

Je voyais Jérusalem!... J'étais à Jérusalem!... Jérusalem était devant mes yeux!... C'était bien la Ville-Sainte, la ville du Calvaire que je contemplais en ce moment! C'était là que mon Jésus avait fait pour moi tant de choses! Oh! le cœur ne peut y tenir, au premier aspect de ce sanctuaire si ravissant; l'âme ne peut se rassasier de cette pensée qu'elle va prier sur le tombeau de son Sauveur! O Jérusalem! O Jérusalem! Que ma langue s'attache à mon palais et que ma droite s'oublie, si ton souvenir s'efface de mon cœur!...

C'est le samedi 13 septembre, un des plus beaux jours de ma vie, que je fis mon entrée dans la Ville-Sainte. Il était sept heures du soir.

JÉRUSALEM. — Je veux entrer le dernier dans la Ville-Sainte. La nuit nous empêche de distinguer quoi que ce soit; une foule d'ânes, de chameaux et de mulets obstruent notre passage. Enfin, à sept heures et demie, nous entrons chez les PP. Franciscains.

Après une légère réfection, nous prîmes un peu de repos.

CINQUIÈME SEMAINE.

Jérusalem (suite). — Eglise du Saint-Sépulcre. — Autel de l'Invention de la Sainte-Croix. — Calvaire. — Autel du Crucifiement. — *Improperium*. — Fontaine Probatique. — Torrent de Cédron. — Jardin de Gethsémani. — Grotte de l'Agonie. — Tombeau de la Sainte Vierge. — Piscine Probatique. — Arcade de l'*Ecce Homo*. — Porte Judiciaire. — Grotte de l'Ange. — *Turris Davidica*. — Palais d'Anne. — Porte Sterquiline. — Maison de Caïphe. — Porte de Bethléem. — Vallée de Gihon. — Piscine de Gihon. — Vallée de la Géhenne. — Mont du Mauvais-Conseil. — *Haceldama* ou Champ du Potier. — Jardins de Salomon. — — Mont du Scandale. — Montagne des Prophètes. — Fontaine de Néhémie. — Fontaine de Siloé. — Vallée de Josaphat. — Fontaine de la Sainte Vierge. — Mosquée d'Omar. — Eglise de la Présentation de la Sainte Vierge. — Berceau de Jésus-Christ. — Maison de sainte Anne. — Eglise de la Flagellation. — Montagne des Oliviers. — Mont de Galilée. — Montagne des Prophètes. — Ruines du Temple de Salomon. — Lamentation des Juifs. — Bethléem. — Divers Sanctuaires de Bethléem.

Dimanche 14 septembre.

Dès le matin, j'étais prêt à partir au Saint-Sépulcre. Mon cœur battait : j'étais plein d'émotions. La pensée que j'étais à deux pas du Calvaire me remuait profondément ; je croyais rêver et je craignais de voir mon illusion s'évanouir. Jérusalem, après laquelle j'avais si longtemps soupiré ! Jérusalem, la joie de mes pensées, l'espérance de mon âme, le terme de mes courses! Jérusalem arrosée du sang de mon Dieu!... Et c'est là que je suis! C'est sur ses pas que les miens vont marcher! C'est sous ce ciel où il priait, que moi aussi je vais prier! Rien ne peut dire l'émotion de mon âme à ces pensées.

A six heures et demie nous partons à l'*Eglise du Saint-Sépulcre*. Nous nous prosternons à l'entrée, sur la *Pierre de l'Onction;* je baisai, avec toute l'affection dont j'étais capable, cette pierre sur laquelle mon Dieu fut couché pour être embaumé; puis, après avoir offert à Jésus ma vie, mon âme et tout ce que je suis, nous entrâmes au Saint-Sépulcre; et là, prosternés sur ce Tombeau sacré, j'y collai mes lèvres, et le baisai avec amour.

C'était donc là que mon Dieu avait été enseveli! Là qu'il avait reposé trois jours! Je me tenais là où étaient les Anges, où les Apôtres vinrent le trouver; là d'où il sortit glorieux pour aller au Ciel, préparer une place à son indigne enfant! Que de pensées à cette vue! Que d'émotions! Que de bonheur!

Je désirais offrir le saint sacrifice de la Messe sur l'autel élevé à l'endroit où Notre-Seigneur fut cloué sur la Croix; je n'eus pas ce bonheur, et je me retirai le cœur brisé d'amertume et jaloux de la félicité de mes compagnons de voyage, qui, plus hardis, avaient été plus heureux; et j'allai une seconde fois au tombeau du Sauveur lui offrir de nouveau tout ce que j'avais de foi, d'amour, de bon vouloir. Je fis toucher à ce divin Sépulcre mon chapelet, mon bréviaire, ma petite croix de pèlerin et un petit étui; puis, je retournais à la montagne du Calvaire, quand je rencontrai un bon P. Franciscain qui me conduisit à l'*autel de l'Invention de la Sainte-Croix,* sur lequel je dis la Sainte-Messe pour *moi,* mes *parents* et mes *amis.*

Après avoir célébré la Messe, je montai au Calvaire; et, prosterné à l'endroit où mon Maître avait été crucifié, je méditai longtemps sur l'amour de Jésus, sur ce qu'il avait fait pour moi et ce qu'il voulait que je fisse pour lui. Oh! rien n'est comparable aux sentiments qu'on éprouve au pied du Calvaire. A côté, est l'endroit où se tenait Marie; contre cet endroit est la place où Jésus fut cloué à la Croix. On ne peut plus penser à rien, on se trouve abîmé comme dans mille sentiments qui accablent et qui transportent.

C'est là, me disais-je, oui, c'est là què Jésus fut crucifié; c'est à cette place même qu'étaient ses bourreaux; c'est dans ce lieu qu'ils l'ont élevé sur la Croix, là que Jésus est mort pour moi!... Et il m'était donné de voir ce lieu! Et j'avais le bonheur de contempler ces choses, d'en nourrir mon âme! Je voyais là saint Jean et la Mère de Jésus; c'est là que Jésus m'avait donné sa Mère, là que sa Mère m'avait adopté pour Enfant!... Il me venait à l'idée une si grande quantité de pensées, d'affections, de désirs pieux, que je n'avais pas le courage de quitter ce lieu et de suivre les autres qui étaient déjà sortis. Je gémissais de voir ce lieu sous la rapacité des Grecs schismatiques qui refusent aux Latins la consolation d'offrir le Saint-Sacrifice en cet endroit. Je m'en dédommageai autant que possible par l'effusion de mon cœur, qui alors était tout en Dieu et n'avait point d'autres désirs que ceux de lui plaire, de vivre et de mourir pour lui. — Il fallut quitter ce lieu. Tout en ce monde est séparation : on ne goûte la joie que pour sentir avec plus d'amertume la peine de la séparation. Mais pendant les deux ou trois semaines que je dois habiter Jérusalem, je viendrai le plus souvent que je pourrai prier au Calvaire où Dieu m'appelle, et où j'espère, avant de quitter ces lieux, prendre une résolution qui doit peut-être changer un peu mon âme et la ramener à Dieu.

Après déjeuner nous allons tous de nouveau à l'église du Saint-Sépulcre, pour assister à la grand' messe qui se disait sur l'*autel du Crucifiement*, à cause de l'Exaltation de la sainte

Croix, qu'on célèbre aujourd'hui. Après la messe, il y eut procession générale pour aller recevoir la bénédiction de la Vraie-Croix; et cette cérémonie, que je voudrais voir exécutée avec plus d'ordre et de gravité, a quelque chose d'imposant qui frappe et fait couler les larmes.

Il est dix heures; nous allons rendre visite au révérendissime P. Custode des Franciscains; et nous rentrons ensuite au couvent et nous y restons jusqu'à midi. J'en profite pour écrire ces quelques notes et repasser dans mon cœur les heures de joie et de bonheur que j'ai goûtées aujourd'hui.

La caravane est tout en désunion : tout va de travers; ceux qui sont chargés de faire observer les règles posées sont les premiers à les transgresser. Dieu me pardonnera de le dire; mais j'ai cru devoir le noter comme pouvant tirer à grande conséquence pour les choses à venir.

Combien j'apprécie la faveur qui m'a été faite en me donnant les moyens de venir ici ! Je n'oublierai jamais les personnes qui m'ont aidé dans l'œuvre de mon pèlerinage. M. le curé de Vanvey, qui m'en a donné la première idée; M. Barrachin, qui m'a aidé à obtenir la permission dont j'avais besoin, et Mgr de Dijon, qui me l'a accordée si gracieusement, seront toujours les objets de ma reconnaissance. Dieu fera dignement les choses, et j'espère que dans son immense miséricorde, il rendra au centuple ce qu'on a fait pour le dernier de ses ministres.

A midi, dîner très confortable : le mouton en fait presque tous les frais.

A une heure le P. Bernard nous conduit au Saint-Sépulcre pour nous montrer en gros toutes choses.

Nous visitons successivement la *Pierre de l'Onction,* le *Saint-Sépulcre,* entourés d'une construction en marbre, ouvrage des Grecs, qui en 1808, mirent le feu au temple pour le rétablir et en avoir la possession. La Pierre de l'Onction et le Saint-Sépulcre sont recouverts d'une plaque de marbre, afin de les défendre contre la piété des fidèles qui en détachaient chaque jour quelques parcelles. Au Saint-Sépulcre, l'entrée de la seconde grotte (en forme ogivale, et par laquelle on ne peut entrer qu'en se courbant très profondément), est la roche naturelle; elle n'est point recouverte de marbre. Le petit vestibule qui précède est le lieu où étaient les Anges.

Nous voyons ensuite, en faisant le tour de la grande coupole, l'église des Religieux franciscains, où l'on croit que le bon Dieu apparut à la Sainte Vierge après la résurrection. C'est dans ce lieu que les Religieux chantent leur office, et la *seule église* qu'ils aient actuellement au Saint-Sépulcre.

Nous passons devant l'autel élevé sur le lieu où la tradition dit que sainte Madeleine reçut la visite du Sauveur après sa résurrection ; puis, nous voyons le lieu où Jésus fut mis en prison en attendant son jugement, et celui où les bourreaux se partagèrent ses vêtements. Descendant ensuite dans une espèce de souterrain, nous allâmes visiter l'endroit où sainte Hélène trouva la Vraie-Croix. C'est là que le matin j'avais dit la Messe. Nous étions sous le rocher du Calvaire ; nous détachâmes de ce rocher autant de parcelles que chacun de nous put le faire ; et, remontant au haut de ce souterrain, nous vîmes le lieu où Jésus fut couvert de crachats, appelé l'*Improperium*. Dans la chapelle des Franciscains, nous avons vu, à travers une grille, une partie de la colonne à laquelle Notre-Seigneur fut attaché pour la Flagellation.

Ces lieux, couverts de divers autels, sont très vénérables ; mais, pour la plupart, ils ne présentent que de grandes probabilités, pas de certitude complète, à l'exception de la place où fut trouvée la Sainte-Croix. On nous montra la petite fenêtre qu'occupait sainte Hélène pendant que se faisaient les fouilles.

Nous montâmes ensuite quinze marches d'une raideur assommante et nous nous trouvâmes au Calvaire. Nous baisons l'endroit où fut plantée la Croix : une plaque en vermeil, percée dans son milieu d'une ouverture ronde de six pouces de diamètre, recouvre ce trou; j'y plongeai le bras et déposai sur la roche mon chapelet et ma croix de pèlerin, pour leur faire toucher ces lieux bénis. A côté, on nous montra le rocher qui s'était entr'ouvert lors de la mort de Notre-Seigneur; le Père en arracha quelques petites parcelles qu'il donna à chacun de nous. A un mètre de ce lieu se trouve l'endroit où la Sainte Vierge reçut le corps inanimé de son Fils lorsqu'on le descendit de la croix; et, à quelques pas plus loin, se trouve le lieu du Crucifiement.

Nous descendîmes ensuite dans la chapelle d'Adam, qui se trouve sous le Calvaire. C'est là que fut enterré Godefroi de Bouillon, et où nous vîmes encore une fois, à travers la grille, le rocher fendu dans le sens opposé à la position de la roche. On pourrait aisément mettre la main dans cette ouverture; j'y plongeai la mienne à travers la grille et en retirai un petit grain de pierre. Le long du mur, en face de la Pierre de l'Onction où nous étions, se trouvent les tombeaux des Croisés morts à Jérusalem.

Il était deux heures et demie. Il nous restait encore à visiter l'église du Saint-Sépulcre, qui maintenant appartient aux Grecs schismatiques ; mais comme nous devions assister aux vêpres de la paroisse, dans l'église Saint-Sauveur, chez les Franciscains, nous sortîmes et nous nous rendîmes au couvent. Monseigneur, s'arrêtant à chaque pas pour bénir les petits enfants, nous retarda et nous n'arivâmes qu'à *Magnificat*. Les enfants de chœur chantèrent des litanies qui me charmèrent beaucoup ; j'aimais ce chant oriental, peu varié, mais gracieux. J'ai noté ces litanies afin de les apprendre à mes petits enfants.

Après la bénédiction, nous allâmes rendre visite à M. de Barrère, consul de France. Il fut d'une politesse et d'une courtoisie ravissantes. Après les rafraîchissements d'usage, il fit donner le café et la chartreuse. Monseigneur proposa de boire cette liqueur à la santé du Consul ; tout le monde se leva, les uns ayant leur petit verre à la main, les autres l'attendant, tous frappés de l'embarras du Consul. Ce pauvre monsieur n'avait pas de verres pour tout le monde : on devait servir l'autre moitié après que la première aurait rendu les verres. Le Consul fut obligé, pour terminer l'attente de tout le monde, d'avouer qu'il manquait de petits verres, et je m'étonnai que Monseigneur ne s'aperçût pas de cet embarras.

Le Consul voulut nous rendre visite, et nous devons le recevoir demain à une heure. Il nous proposa de nous faire visiter la mosquée d'Omar, qui renferme des restes précieux de notre foi, et dans laquelle personne ne pouvait entrer, il y a quelques années, sans le payer de sa tête. Il se mit à notre disposition, et donna ordre à ses *cavass* de marcher devant la caravane et de l'accompagner pendant le reste de la journée. Le pavillon français flottait comme aux jours de grande cérémonie, et nous fûmes tous réjouis de cet excellent accueil.

Du Consulat, on nous conduisit au Patriarcat. Mgr Valerga est en ce moment en France, aux Eaux-Bonnes. Son Grand-Vicaire, qui était venu hier à notre rencontre et qui était avec nous chez le Consul, nous introduisit et nous fit les honneurs de la maison.

Là encore il fallut recevoir les rafraîchissements, le café et la liqueur d'usage. Les Orientaux sont de véritables *outres*; et je plains ceux qui ont trois ou quatre visites à faire sans quitter: l y a de quoi en mourir. Refuser est une impolitesse grave en Orient : il est vrai que les tasses sont bien petites, mais c'est toujours fort ennuyeux. On nous offrit ensuite des bonbons confits ; j'en pris un pour le conserver en mémoire de cette visite.

Le Grand-Vicaire proposa à Monseigneur de le faire recevoir *chevalier du Saint-Sépulcre* : Nous avions vu, dans la visite à l'église, ce qu'on nomme l'épée de Godefroi de Bouillon et ses éperons. Monseigneur fut ravi de cette offre; il en parla comme un enfant, s'occupa de l'endroit où se plaçait la croix, et de mille autres détails. Il profita de cette occasion pour dire qu'il était comte romain et assistant au Trône pontifical.

Il était quatre heures. Nous nous hâtons d'aller à l'église du Saint-Sépulcre assister à la grande procession, après laquelle nous devons chanter le *Te Deum* pour remercier Dieu de nous avoir protégés pendant le voyage.

On nous donne à chacun un cierge, et on se dirige en chantant vers chaque sanctuaire dans l'ordre dans lequel nous avons fait la visite le tantôt. Il y a une infinité d'indulgences plénières attachées à cette cérémonie. Elle dura deux heures et se termina par les litanies de la Sainte Vierge et le *Te Deum,* chantés à l'église des Franciscains.

Je voulais me confesser après cette cérémonie; on m'avait indiqué ce moment, et je ne sais si c'est oubli ou négligence, le P. Bernard me laissa encore avec mon petit fardeau.

Je retournai au couvent à six heures moins le quart et j'en sortis à six heures et demie avec M. Martinet, pour aller courir un peu autour de la ville. Nous traversâmes des rues étroites, sales, horribles, telles qu'il est impossible de s'en faire une idée: elles ont pour la plupart six à sept pieds de large, et très souvent moins que cela. On n'y voit presque ni portes, ni fenêtres; on ne peut se tenir sur le pavé, et on ne rencontre que ces vilaines figures de turcs, de juifs, de russes et de toutes sortes de nations déguenillées, les yeux fauves et la mine farouche; ce qui fait que je conseille à M. Martinet de rentrer au couvent, et de remettre à la lumière du soleil nos petites pérégrinations dans l'intérieur de Jérusalem.

A huit heures, dîner. J'écris ensuite ces quelques notes, et vais me disposer par un peu de prières à mériter la miséricorde du bon Dieu.

Je suis ravi de cette première journée passée à Jérusalem. C'est seulement quand on se trouve au Calvaire qu'on juge des sentiments qu'on peut éprouver à cette vue. Ce matin, en assistant à la messe, il me semblait être présent au sacrifice qui avait eu lieu en ce même endroit, il y a déjà plus de dix-huit cents ans.

Il est vrai que la configuration du terrain a

changé: une partie de la montagne a été enlevée; on a entouré toute la colline d'une muraille qu'on a recouverte et qui forme l'immense étendue de l'église du Saint-Sépulcre; mais c'est le lieu, c'est la même distance, c'est la même terre, le même rocher, c'est tout le principal qui existait à l'époque de la mort du Sauveur. Alors tout cela était en plein air et hors de la ville; maintenant c'est recouvert et renfermé dans l'enceinte de la cité. Voilà la seule différence, et ce n'est rien, puisqu'on peut toucher le Tombeau de Jésus, mettre la main sur l'endroit où était sa Croix, et voir les lieux témoins des grands mystères de notre foi et de notre amour.

Je m'étonnai du bruit que l'on fait et du peu d'attention avec lequel on entre dans tous ces lieux. A l'entrée du temple, des turcs assis fument, boivent, mangent, dorment et agissent comme s'ils étaient dans une écurie. Tous les jours ils emportent la clef de cette église de tout le monde catholique, et c'est à prix d'argent que les Franciscains en obtiennent l'entrée.

Les Grecs, les Latins, les Arméniens et les Cophtes ont des sanctuaires dans l'église du Saint-Sépulcre. Le chant des grecs est très bruyant et très nasillard. Je soupire après la nuit que je dois passer au Saint-Sépulcre pour prier à mon aise et donner libre carrière à mon âme. L'âme aime la solitude, et ce n'est point au milieu de ce chaos, de ce bruit, de ces gens de toutes races, de toutes sectes et de toutes nuances qu'on peut se laisser aller à la douce émotion que ces lieux inspirent.

Lundi 15 septembre.

J'ai passé une nuit très agitée, ne rêvant que courses à cheval et embarras de toutes sortes. Et puis mon lit est si peu large, qu'il y a impossibilité physique d'y dormir en paix.

A six heures et demie je dis une messe à Saint-Sauveur, sur un autel consacré à la Sainte Vierge; et en rentrant au couvent, je fais quelques emplètes de chapelets, et me félicite de mes achats.

A sept heures et demie, déjeuner. Après le déjeuner, nous allons faire le Chemin de la Croix et suivre Notre-Seigneur sur la voie qu'il parcourut en allant au Calvaire. Tout le monde a décrit ces lieux : je ne ferai point un travail inutile et incomplet; je dirai seulement l'ordre de notre marche.

Notre première visite fut à la *Fontaine probatique*, qui se trouve à l'extrémité de la ville, en sortant pour aller à Gethsémani et qui existe telle qu'elle était au temps de Notre-Seigneur. Elle est comblée à une grande hauteur ; cependant il y a bien encore vingt pieds de la base au sommet. A côté, se trouvent des pierres appartenant au temple de Salomon, et qui n'ont jamais été changées de place. Elles se trouvent placées dans le mur à côté de la fontaine.

Nous sortons de la ville par la porte Saint-Etienne; et descendant la vallée de Josaphat, nous traversons le petit *torrent du Cédron,* alors complétement à sec; puis nous entrons dans le *jardin de Gethsémani*, où se trouvent les huit oliviers du temps de Notre-Seigneur et dont la grosseur et la caducité attestent vraiment l'âge si reculé qu'on leur attribue. Le jardinier nous offrit quelques fleurs; je détachai, en outre, quelques brins d'hysope et me bornai aujourd'hui à ces petits souvenirs, la faculté nous étant donnée de revenir dans ce jardin à quel moment et autant de fois que nous le voudrions.

Gethsémani est à la naissance de la montagne; c'est le commencement de la colline des Oliviers, au sommet de laquelle on voit une mosquée construite sur le lieu d'où Notre-Seigneur s'éleva dans les cieux.

A un jet de pierre du jardin, selon qu'il est

dit dans l'Ecriture, se trouve l'endroit où Notre-Seigneur tomba dans sa profonde tristesse. Avant d'y aller, on nous fit remarquer le rocher sur lequel dormaient les Apôtres pendant que Jésus priait, et le lieu tout voisin où le traître Judas vint le livrer à ses ennemis.

Le lieu de l'*Agonie* est une grotte naturelle; et quoique dans les Saintes Ecritures rien n'indique que Notre-Seigneur fût descendu là, cependant la tradition tout entière s'accorde à croire que Jésus descendit dans ce lieu pour prier et qu'il y sua le sang.

A côté, se trouve la grotte du *Tombeau de la Sainte Vierge*. Ce tombeau est, comme celui de Notre-Seigneur, recouvert de marbre blanc; j'y fis toucher mon chapelet et ma croix; et le *Grec* chargé de sa garde me donna quelques fleurs placées sur l'autel près de ce tombeau.

Dans cette grotte se trouve une fontaine; nous bûmes tous de cette eau; et, en remontant les nombreuses marches par lesquelles nous étions descendus, nous vîmes à droite le tombeau, ou du moins l'emplacement où l'on croit avoir été déposé le tombeau de saint Joseph, et à gauche ceux de saint Joachim et de sainte Anne.

Nous traversons de nouveau le Cédron; je ramassai quelques pierres de ce torrent. Nous passons à l'endroit où fut lapidé saint Etienne;

nous jetons un regard sur le tombeau d'Absalon, que les enfants ne peuvent voir sans lui jeter des pierres à cause de la rebellion de ce prince. Nous rentrons par la porte Saint-Etienne; nous laissons à notre gauche la *Piscine probatique;* nous nous dirigeons vers l'endroit qu'occupait la maison de Pilate et dans laquelle Notre-Seigneur fut conduit et condamné à mort (cette maison est actuellement une caserne). Nous voyons l'endroit de l'escalier que gravit péniblement l'Homme des douleurs. L'emplacement seul existe : l'escalier est à Rome et c'est ce qu'on appelle la *Sancta Scala*. Nous montons sur le sommet de l'habitation; nous découvrons toute la ville; tout près est *l'Arcade de l'Ecce Homo* où Notre-Seigneur fut présenté à tout le peuple, couvert de son manteau de pourpre et couronné d'épines. Nous entrons dans le lieu de la Flagellation ; nous nous arrêtons à l'endroit où il rencontra sa très sainte Mère, où il tomba, où se trouvait Simon de Cyrène. Ces lieux sont fort près les uns des autres, et un tronçon de colonne, placé par les premiers chrétiens, rappelle le lieu exact de toutes ces choses.

Arrivés à la *Porte judiciaire,* qui portait l'inscription faisant connaître la sentence, la voie douloureuse est interceptée par un énorme pâté d'ignobles maisons, autour desquelles il faut tourner pour arriver à l'endroit où Notre-Seigneur rencontra les filles de Jérusalem, et où il tomba une troisième fois. Revenant par le même circuit à la Porte judiciaire, nous rentrons au couvent, laissant le reste du Chemin de la Croix pour la soirée, les cinq dernières stations étant renfermées dans le Saint-Sépulcre, et la chaleur commençant à devenir insupportable.

Il était dix heures. Jusqu'à midi je passe le temps à causer et à voir les chapelets à la porte du couvent, pendant que Monseigneur recevait la visite du Grand-Vicaire, du personnel de l'Archevêché, celle du P. Custode et des gros bonnets des Franciscains.

Dîner à midi; viande de chameau, à ce que je crois, gaîté franche, fatigue soignée, désirs de repos : — complet.

A une heure et demie nous recevons la visite de M. le Consul et de son chancelier. On leur offre café, rhum et kirsch de l'*Alsace;* nous sommes tous invités à aller dîner au Consulat : huit iront ce soir, le reste demain.

Après cette visite, je sors avec M. Martinet faire une petite promenade dans le bazar, et je rentre passablement fatigué pour écrire ces quelques notes.

A cinq heures nous allons achever notre

Chemin de la Croix dans l'église du Saint-Sépulcre, et je reste pour passer la nuit dans cette église avec le P. Duthau, l'abbé Tenaille et MM. Charles Lair, de Chateauvieu et Jules Senil.

Après dîner, nous nous récréons un peu avec les bons Pères, qui, ne sachant pas le français, comprenaient un peu notre latin ; puis à huit heures chacun de nous se sépare pour aller se coucher ou prier dans le lieu où il se sentait attiré.

Quel bonheur de passer la nuit sous le toit qui recouvre le Calvaire et qui abrite le Tombeau du Sauveur ! Je bénissais presque la sauvagerie des Turcs qui refusent la clef de l'église, et obligent ainsi de passer la nuit pour pouvoir le lendemain célébrer la Sainte Messe sur le Tombeau de Notre-Seigneur.

La même pensée nous guida tous : après nous être quittés, nous nous retrouvons tous au Saint-Sépulcre pour y offrir à notre bon Maître nos pensées, notre amour, nos affections. Il fait bon prier ainsi dans le silence : l'âme se nourrit des plus douces pensées ; le cœur y trouve mille choses à dire : il ne peut venir à l'esprit que bientôt il faudra quitter ces lieux pour ne plus les revoir, sans une pensée de tristesse. Pourquoi donc toujours les épines avec la rose ? Pourquoi la séparation trouble-t-elle le bonheur de la jouissance? Venir de si loin, voir si peu, jouir si peu de temps, et dire qu'on se sépare pour toujours!....

Je contemplais cette pierre sur laquelle autrefois le corps de Jésus avait reposé. Partout il y a quelque divergence sur le lieu *exact* où tel ou tel mystère fut accompli; mais ici, c'est bien l'endroit où son corps fut enseveli, c'est bien à l'entrée de cette grotte que les Anges se tenaient, c'est bien devant cette même pierre que les Apôtres vinrent pour trouver leur divin Maître. Et j'étais prosterné dans ce lieu, et mes mains touchaient ce que les Apôtres avaient touché; mes yeux voyaient ce qu'ils avaient vu, et mon cœur soupirait après sa conversion.

Mais c'est surtout au Calvaire que je me trouve à mon aise; c'est surtout sur ce rocher où Jésus expira que je me sens attiré. Plus encore que le Saint-Sépulcre, ce lieu me frappe et me ravit. Aussi j'y montai aussitôt, et je me trouvai heureux de méditer en moi-même tout ce que ce lieu sacré inspire de foi, d'espérance, de respect et d'amour.

En entrant à Jérusalem, je m'étais réjoui d'entrer dans la maison de Dieu, dans la Ville-Sainte; et la pensée de ce bonheur avait été pour moi comme un parfum pendant tout le voyage. Si je souffrais, le souvenir de Jérusalem me donnait du courage ; si j'étais triste, je me consolais à la pensée de Gethsémani, et mille fois le jour j'entendais mon âme se dire à elle même : « Quel bonheur ! *in domum Domini ibimus* !... Bientôt je serai à Jérusalem !...

C'est pour tant de choses que je suis venu ici ! J'ai tant de choses à demander, tant de grâces à implorer, tant de remerciements à faire ! Et je suis muet devant ces sanctuaires ; le bonheur et la jubilation m'accablent ; je ne sais plus rien demander, je ne puis rien dire, et je me tiens comme un être sans raison devant ce Tombeau, cette Croix, ce Calvaire, ce Golgotha, ces Souvenirs !...

Oh ! avec quelle effusion on embrasse, pour la première fois, ce rocher mille fois béni ! Avec quelle ivresse on touche ce lieu où se dressa la Croix qui sauva le monde ! Rien ne peut dire ce qu'on éprouve ; pour le comprendre, il faut l'éprouver soi-même. Bien des fois on m'avait dit que les impressions étaient inexprimables ; c'est plus encore que tout cela ; et tout ce qu'on peut dire, c'est que personne ne peut comprendre l'étendue du bonheur que Dieu donne à ceux qui viennent le visiter dans les sanctuaires de la Terre-Sainte.

Je ne voulais point me reposer cette nuit ; je

voulais profiter de la grâce qui m'était donnée pour méditer tout le temps au pied de la Croix et devant le Saint-Sépulcre. Hélas ! la pauvre nature est si faible et mon courage si peu ardent, que la fatigue l'emporta : je fus obligé d'aller me reposer un peu; mais je ne pus dormir; j'étais agité, troublé, inquiet; je ne pouvais me faire à la pensée que je dormais au pied de la Croix, et que je me dorlotais où mon Dieu avait souffert et était mort ! Il me semblait entendre une voix céleste m'adresser ces terribles paroles : « Enfant de mes larmes et de mon sang, couleras-tu tes jours jusqu'au moment de la mort dans la mollesse, dans les délices, dans la vaine joie, dans les plaisirs du monde et dans l'éloignement de la Croix ?... Enfant de ma tendresse et de mon amour, travaille à ton salut : il n'y a plus de temps à perdre... Plus tu as vécu, plus tu es prêt du tombeau... Ce corps que tu flattes sera étendu dans un cercueil où il deviendra la pâture des vers... Enfant de mon cœur, les joies du monde passent vite, et se changent en pleurs éternels. Cette nuit, cette nuit peut-être, il te faudra dire adieu à ce monde et à ses folles jouissances ! Tout sera fini, le prestige sera dissipé, les amis se seront enfuis, et l'éternité se présentera avec tout ce qu'elle a de redoutable. »

A minuit je descendis de nouveau pour prier au Saint-Sépulcre ; mais il était déjà trop tard : Les Grecs schismatiques y préparaient les choses nécessaires pour leur cérémonie. Alors tout pour moi devint curiosité; la foi et la pensée de la prière firent place au désir de voir les rites de ces pauvres aveugles; et je restai pendant deux heures et demie assis devant le Saint-Sépulcre, écoutant chanter les Grecs, plaignant ce culte tout d'extérieur, où les prostrations, les signes de croix à l'envers et les saluts de mains font tous les frais. Les prêtres grecs ne paraissent pas avoir bien de la foi, et rien ne dénote chez eux qu'ils croient à ce qu'ils font. Ce que je dis des prêtres grecs, je pourrais le dire, hélas, de bien d'autres que j'ai vus et qui ne sont pas grecs. Leur chant n'a rien de grave : c'est une série de roucoulades; l'on a peine à y comprendre quelque chose. La bénédiction que le prêtre vient donner avec le Saint-Ciboire au milieu du chœur, n'a rien de digne; elle m'a fait peine. Les espèces de grelots qui sont attachés aux encensoirs font un bruit dont j'ignore la signification, mais qui est certainement très désagréable. Deux femmes ont reçu la communion ; le prêtre est sorti du Saint-Sépulcre et leur a donné le précieux sang en le leur versant dans la bouche avec une petite cuiller; elles baisent ensuite le Calice, et vont à côté purifier leur bouche.

Pendant que le prêtre vient chanter l'évangile dans le chœur, les hommes et les femmes assistant à la cérémonie sont venus s'incliner sur le livre des Évangiles qu'il tenait à la main. Rien ne m'a touché dans cette cérémonie, et l'impression qui reste est la peine de cette désunion entre l'église d'Orient et l'église de Rome.

Je croyais à trois heures en être quitte avec les rites schismatiques; mais j'avais compté sans les Arméniens, qui, à leur tour, vinrent célébrer leur office au Tombeau de Notre-Seigneur. Le prêtre seul me parut convenablement habillé; tout le reste dénotait une misère qui me frappa; et cependant les Arméniens sont très riches, et, en fait d'églises et de couvents, possèdent ce qu'il y a de mieux à Jérusalem.

En chantant, ils miaulaient comme des chats, parlaient du nez d'une manière féroce; et plus que les Grecs encore, leur chant a quelque rapport avec celui des marchands de complaintes. Un encensoir dix fois plus *grelotté* que celui des Grecs se fait entendre aux extrémités les plus reculées du temple. Ils ajoutent encore à ce bruit celui d'une espèce de chapeau chinois qu'ils agitent, et qui donne immédiatement l'envie de se boucher les oreilles. Pour cloches ils ont une large planche et une barre de fer sur lesquelles ils frappent d'une manière toute spéciale, et qui produisent un bruit criard et fatigant. Eux aussi, ils ont des prostrations. Je ne compris rien à toutes leurs cérémonies; elles m'ont beaucoup ennuyé, et je quittai même un instant pour aller sur le Calvaire déposer quelques chapelets.

A quatre heures leur office fut terminé, et j'eus le bonheur d'offrir le Saint-Sacrifice de la messe sur le Tombeau de Notre-Seigneur Jésus-Christ. (Par privilége, on dit toujours sur ce Tombeau la messe de la Résurrection.)

C'était toute mon ambition. Dire la messe au Saint-Sépulcre était le comble de tous mes vœux, le *nec plus ultra* de mes rêves; et puisque les Grecs, à qui appartient le Calvaire, ne permettent jamais aux Latins d'y célébrer, tous les autres autels me touchent beaucoup moins, et ne me donnent pas autant de désirs d'y offrir le Saint-Sacrifice.

Ce qui m'étonna, c'est le calme avec lequel je célébrai. Je savais bien que je priais sur le Tombeau de Jésus; mais aucune émotion particulière ne me saisit, et ne produisit cette extase dans laquelle je me laisse si facilement aller et qui m'ôte tout pouvoir d'agir.

Quand le bon Dieu fut descendu sur l'autel, il me semblait le voir sur son Tombeau comme au jour de sa résurrection; mais hélas! ce n'était point un ange qui était témoin de cette merveille, et je priai ardemment pour ma conversion.

Après cette messe mes deux compagnons de captivité volontaire offrirent les leurs. Pendant ce temps j'étais entré dans la première grotte du Saint-Sépulcre, dite la *grotte de l'Ange*, et j'étais tellement fatigué que je m'endormis. Ce sommeil fut pour moi le présage d'une fin prochaine.

A cinq heures et demie, nous prîmes le café chez les PP. du Saint-Sépulcre, et nous rentrâmes au couvent.

Mardi 16 septembre.

Après déjeuner le P. Bernard vint nous prendre pour continuer notre visite dans l'intérieur de Jérusalem.

Nous voyons, à côté de la porte de Jaffa, le château de David, dont il ne reste que les premières assises. Les pierres sont des blocs énormes; les Croisés ont construit des murailles sur ces restes, et ont figuré l'ancien édifice. C'est ce qui dans la sainte Écriture est appelé *turris Davidica*. Cette tour est carrée et a des proportions gigantesques. Elle se trouve sur le sommet le plus élevé de la ville, et elle en est la partie la plus ancienne.

Au pied de la tour de David commence le mont Sion, aux cyprès si renommés. Les deux cyprès qu'on y voit sont forts beaux. La Sainte Vierge, dans la sainte Écriture, est comparée à la beauté de ces arbres : *quasi cypressus in monte Sion*. Ils appartiennent aux Arméniens; et le couvent que ces schismatiques possèdent en ce lieu, est le plus beau de Jérusalem. L'entrée de l'église est ornée de peintures murales; l'intérieur est de même entièrement recouvert de mauvais tableaux. C'est dans cette église que nous vîmes le lieu où saint Jacques fut décapité par ordre d'Agrippa; la chapelle construite sur le lieu du martyre est à gauche, à l'entrée de l'église.

Le mont Sion est très peu élevé. Nous montâmes sur la terrasse du couvent; mais la vue est très peu de chose : on embrasse ce qu'on peut appeler le *quartier de David*.

Le couvent des Arméniens est bâti sur le mont Sion, dans l'emplacement du *palais d'Anne;* et pour y aller on passe dans le chemin que suivit, bien sûr, Notre-Seigneur, quand il fut traîné, lors de sa passion, chez ce gouverneur.

Au couvent, les schismatiques nous reçurent avec grande courtoisie; le P. Gardien nous fit visiter le patriarcat arménien, qui est vraiment magnifique et bien supérieur à tout ce qui existe dans ce genre à Jérusalem.

Nous passons par la porte de Sion, qu'on nomme aussi la *porte sterquiline*, et nous allons visiter le Saint-Cénacle. Cette demeure bénie, dans laquelle Notre-Seigneur institua le divin sacrement de l'Eucharistie, et où les Apôtres reçurent le Saint-Esprit le jour de la Pentecôte, est maintenant convertie en Mosquée. Le cœur se serre à cette vue, et j'avais mal en foulant ces lieux bénis par tant de souvenirs. Je ne pouvais m'arracher de cette vaste salle: et je tournais la tête à chaque seconde pour voir encore l'intérieur de cette maison. Les Turcs veulent que le tombeau de David y soit enfermé. Nous récitâmes à haute voix, mais sans nous mettre à genoux, à cause des Turcs qui étaient avec nous, le *Pange lingua*, et le *Veni Creator*, en mémoire de l'institution de la Sainte-Eucharistie et de la descente du Saint-Esprit sur les Apôtres. Je pris une pierre dans cette salle, comme souvenir de mes regrets. Nous allâmes de là visiter les cimetières chrétiens.

Ces cimetières, sur un rocher désert, sans verdure, sans abri, sans croix apparente, à cause des Turcs qui les brisent, sont du plus triste aspect. Dans le cimetière latin, nous vîmes des tombes de grand nombre de pèlerins morts à Jérusalem, et de religieux de divers ordres. On récita à haute voix pour le repos de leurs âmes, un *De profundis*.

En sortant du cimetière, nous entrons dans la *maison de Caïphe* qui maintenant est un couvent appartenant aux Arméniens. L'entrée de ce couvent est remplie de pierres tumulaires. Dans l'église, la pierre qui sert d'autel est celle qui autrefois fermait l'entrée du Saint-Sépulcre. A côté de l'autel est un petit réduit d'un mètre carré environ: c'est là, selon la tradition, que Notre-Seigneur fut emprisonné pendant la nuit qu'il passa chez Caïphe.

Revenant sur nos pas, nous passons de nouveau sous la porte de Sion, et nous traversons le quartier des lépreux. Les réduits où sont logés ces malheureux, sont de misérables huttes ayant à peine cinq pieds d'élévation; l'on n'y voit point d'ouverture.

La solitude de ces lieux effraie l'étranger qui les voit. Personne n'eut la tentation d'aller voir ces infortunés; nous pressâmes le pas et nous ne sortîmes de ce lieu empesté que pour rentrer dans le cloaque immonde du *quartier juif*.

Pour me servir d'une expression qui peigne un peu ce quartier, on peut dire qu'il est plus que hideux; on voit jusqu'où va la dégradation de ce peuple maudit et qui porte sur sa figure l'empreinte de la réprobation. Nous traversons leur bazar qui est d'une saleté à donner des nausées; ce qui meurt au milieu de la rue y pourrit sans que personne s'en occupe; aussi la peste y est-elle très fréquente. Le bazar turc fait suite à celui des Juifs; je le traverse avec le P. Bernard, qui me fait remarquer un café chantant; pour tout dire, c'est quelque chose d'ignoble. A dix heures nous rentrons à la *Casa nuova* chez les PP. Franciscains.

Là se borne pour ce matin nos excursions. J'étais roué de fatigue; je dis mes petites heures et je me jetai sur mon lit pour me reposer un peu; mes yeux se fermaient malgré moi, mais je ne pus dormir.

Après dîner, je restai au couvent, causant un peu de droite et de gauche, et je mis en note mes courses de ce matin.

A quatre heures et demie le P. Bernard, qui devait nous conduire en exploration, n'étant point venu, nous sortons avec Joseph.

Nous quittons Jérusalem par la porte de Jaffa, qu'on nomme aussi la *porte de Bethléem*, et nous nous trouvons dans la *vallée de Gihon;* cette vallée est étroite, mais les oliviers qui y croissent la rendent assez agréable. En face, sur la montagne, de l'autre côté de la vallée, on aperçoit une construction toute fraîche, ayant une grande longueur et paraissant n'avoir qu'un étage, mais tout plein de fenêtres et d'ouvertures ogivales. C'est l'hospice des Juifs.

A l'extrémité de cette vallée, se trouve la *Piscine de Gihon* dont les côtés sont fermés par la roche nue et descendent insensiblement au fond en pente assez douce. Cette piscine clôt la vallée de Gihon par le mur qui arrête les eaux qui y viennent.

La même vallée prend le nom de *vallée de la Géhenne,* ou vallée de l'enfer, après avoir quitté la piscine de Gihou. C'est dans cette vallée de Géhenne que les Juifs jetaient leurs bêtes mortes. C'était leur voirie. La rive droite est formée par le mont du *Mauvais-Conseil*, où les Juifs se réunirent pour aviser aux moyens de se saisir de Jésus-Christ. Au pied de cette montagne est *Haceldama* ou le *champ du potier*, qui fut acheté avec les trente deniers, prix de la trahison de Judas. Ce champ, qui est très long, s'étend tout le long de la vallée de Géhenne jusqu'à la vallée de Josaphat, avec laquelle elle forme un angle droit. Il est tout planté d'oliviers, et il y en a de tellement gros, qu'entre trois nous avons eu peine à les enlacer de nos bras; ils paraissent, pour la plupart du moins, aussi anciens que ceux de Gethsémani. Toute la droite d'Haceldama est une série de rochers qui sont remplis de tombeaux. La sainte Écriture nous dit que le peuple juif ne voulut point que le prix du sang fût pour eux de quelque utilité, et on en fit un cimetière pour les étrangers. Ces tombeaux que l'on voit sont extrêmement nombreux. Un des plus remarquables est celui du Grand-Prêtre Ananus, qui servit de refuge aux Apôtres après la mort du Sauveur.

La descente depuis cet endroit dans la vallée de Josaphat est très difficile, à cause des rochers sur lesquels il faut sauter, au risque de se casser le cou.

La vallée de Géhenne, à l'endroit où elle se croise avec la vallée de Josaphat, est embellie par les *jardins de Salomon,* qui devaient, par les restes qu'on en voit aujourd'hui, être autrefois très remarquables. Ils sont disposés en étages et présentent, par leur verdure au milieu de cette nature aride, déserte et pleine de rochers, un aspect qui fait plaisir. Nous étions alors au pied du *mont du Scandale,* où Judas se pendit. En laissant la vue aller à gauche, on voit quatre montagnes qui se lient entre elles, et qui toutes sont remarquables; ce sont : le mont du Scandale, la *montagne des Prophètes,* à cause des sépultures de ces hommes de Dieu, le mont des Oliviers et le mont de Galilée, où étaient les Apôtres quand Notre-Seigneur monta au ciel.

Dans la vallée de Josaphat se trouve la *fontaine de Néhémie* appelée aussi *puits de Job*. De pauvres femmes viennent ici emplir leurs outres pour les porter au village de Siloé, qui se trouve sur le penchant de la montagne, en face de Jérusalem, dans la vallée de Josaphat.

Nous voyons, en remontant cette vallée, la *fontaine de Siloé;* un Turc y faisait ses ablutions. Cette petite fontaine, qui n'a de remarquable que son nom et les souvenirs qui s'y rattachent, est précédée d'une petite piscine qui porte son nom.

Nous continuons de monter la *vallée de Josaphat,* en suivant le torrent de Cédron. Je communiquai à plusieurs mon étonnement à la vue de cette vallée si étroite : c'est à peine si on peut trouver un bout de terre plein dans le milieu. Elle forme à peu près un V assez étroit, et inspire la pensée de se demander comment tiendraient tous les hommes dans cet endroit au jugement dernier, si nous ne savions que la puissance de Dieu n'est bornée ni par les lieux, ni par les étroites pensées des hommes.

Nous voyons encore dans cette vallée la *fontaine de la Sainte Vierge*. La tradition rapporte que Marie venait à cette fontaine laver les langes de son divin Fils.

Il était six heures, et nous étions tous très fatigués. Nous gravîmes la montagne, et comme je devais aller dîner chez le Consul, avec six de mes compagnons de route, nous prenons les devants, afin de pouvoir arriver à l'heure voulue par les convenances. Nous jetons un coup d'œil très rapide sur les tombeaux des Prophètes; nous arrivons en nage à la porte Saint-Etienne. Mais nous avions compté sans les Turcs: la porte était fermée, et on se figure difficilement la grimace que nos lèvres exécutèrent et la *pirouette* que notre corps se mit à faire devant cette difficulté imprévue.

— « Ouvrez! ouvrez! cria le P. Duthau, en frappant avec sa canne, — ouvrez! *Franchis*! *Franchis!* ouvrez! » — Un jargon turc baragouina des mots que personne ne comprit. — « Ouvrez donc! criait toujours le bon Père; *Franchese, Franchis, Français*! Caravane! ouvrez! » — Le baragoin turc seul répondait à ses exclamations parties du cœur; et le nom de Français, décliné dans tous les jargons, nous laissait toujours à la porte. Il était presque nuit, et nous étions attendus chez le Consul, et nous devions encore auparavant changer de costume! On pestait contre les Turcs, mais la porte ne s'en ouvrait pas davantage. Après dix minutes le reste de la caravane nous rejoignit. C'était notre ressource, car elle avait avec elle Joseph, qui sait l'arabe et un peu le turc, et nous avons confiance qu'il fera ouvrir. Aussitôt qu'on l'aperçut on l'appela pour qu'il hâtât la marche, et nous nous mîmes tous à rire en nous voyant à la porte; on riait, mais on eût certainement préféré ne pas rire: pour nous la chose n'était pas trop risible. Il n'y avait pas de danger que nous couchions dehors, car la porte de Jaffa était ouverte pour deux heures encore, et nous pouvions y aller; mais nous étions tous pressés: les uns pour aller coucher au Saint-Sépulcre, qui devait être déjà fermé, les autres pour le dîner du Consul; c'était donc à cause du retard seulement que nous pestions.

Enfin Joseph s'adressa aux gardiens, qui au nom du Consul nous crient d'attendre, en disant que les clefs sont chez le gouverneur et qu'on va les chercher immédiatement. Leur diligence n'est pas électrique, et la vapeur ne commande pas à leurs mouvements; car ce n'est qu'après vingt-cinq minutes d'attente que nous entendîmes les clefs grincer dans la serrure, et que nous finîmes de compter les trous des balles qui avaient traversé la plaque de fer dont la porte est entièrement garnie. Le P. Duthau, croyant parler turc quand nous étions seuls, au lieu de Franchis avait fini par crier *Bacchis! Bacchis!* croyant que cette langue serait plus tôt goûtée, aussi donna-t-il un franc à Joseph pour le remettre au Turc; mais Monseigneur voulut qu'on fût plus généreux et fit donner deux francs.

Nous partons au galop à la *Casa nuova;* on se frotte un peu, on se débarbouille à la hâte, et nous allons à pas de course chez le Consul, qui ne savait que penser de notre retard. Vingt fois je faillis tomber et me casser le cou sur ce pavé horrible. — Je marchais sans voir une goutte. Heureusement que Jules Senil me donna le bras; je marchai plus sûrement, et nous arrivâmes enfin ruisselants de sueur chez le Consul. Il était sept heures.

Avant dîner, on nous offrit des rafraîchissements et nous eûmes pour compagnon de table le chancelier et l'architecte français envoyé par le gouvernement pour étudier la réparation de la coupole du Saint-Sépulcre. M. de Barrère fut charmant; son petit dîner fut délicieux, et j'y fis grand honneur. La cuisine orientale ne me va que très médiocrement; la mauvaise viande qu'on nous donne au couvent m'avait laissé avec un appétit à tout démanteler. On but le champagne à la santé du président de la caravane, de l'Empereur et du Consul, et on se sépara à neuf heures après avoir décidé que le lendemain, dès les six heures, nous nous rendrions tous au Consulat pour aller visiter avec le Consul la fameuse mosquée d'Omar, où personne, je veux dire nul chrétien, il y a quelques années encore, ne pouvait entrer sans avoir la tête tranchée. Les cavass nous ramenèrent à la *Casa nuova*, et je fus heureux de trouver mon petit lit avec une furieuse envie de dormir.

Mercredi 17 septembre.

Je passai une nuit excellente, et je me sentis tout dispos quand le bon M. Lair vint à cinq heures nous dire qu'il était temps de nous lever.

A six heures nous nous rendons chez le Consul, et nous partons tous, avec son chancelier et l'architecte, visiter la mosquée d'Omar. Pour y arriver, nous traversons ce que je puis appeler le bagne des Turcs, car nous avons vu dans un réduit de pauvres diables, la chaîne au pied et pas fiers du tout.

M. le Consul fit preuve de son érudition dans les constructions hébraïques, et il nous donna avec un aplomb merveilleux les dates, les mesures et les endroits précis de chaque chose.

Avant d'entrer dans la *mosquée d'Omar,* on nous fit subir une cérémonie que je trouvai très humiliante et qui me répugnait énormément. On nous fit quitter nos chaussures, et il fallut aller sans souliers, ou du moins avec des babouches neuves dans cette mosquée musulmane. Monseigneur fut plus adroit que nous, car, pour faire voir qu'il changeait de chaussures, il prit les souliers de son frère, et son frère prit les siens. Cela du moins avait le sens commun, et nous agîmes tous comme des ânes.

La mosquée d'Omar, dont on m'avait fait un récit émouvant de beauté, de luxe et de splendeur, et dont tous les écrivains avaient parlé avec emphase, parce qu'ils ne l'avaient pas vue, fut pour moi une grande déception. Cette mosquée renferme de belles verrières, une coupole riche, mais voilà absolument tout; et l'œil cherche en vain quelque chose qui se rapproche davantage des merveilles qu'on espère y trouver. Il est vrai qu'on y montre un creux où les musulmans croient voir les dimensions de la tête de Mahomet; des débris de je ne sais quoi, qu'ils donnent pour sa selle et la forme d'un pied d'une dimension extraordinaire qu'ils vous disent, sans rire, être de la dimension du sien.

La seule chose intéressante et vraiment digne d'être vue, c'est la grande roche qui se trouve sous le dôme; elle est entourée d'une balustrade qui empêche d'y pénétrer. Ce rocher, de dix-huit mètres de long sur quatorze de large. est le lieu qui, dans le temple de Salomon, était le *Saint des Saints*. Tout le prouve; et ce rocher rappelle des souvenirs bien touchants, qu'on regrette bien vivement de voir entre les mains des Turcs. Le dessous du rocher forme une excavation; on y descend par plusieurs marches; et sous ce rocher, on montre l'endroit où ont prié David et d'autres prophètes.

De la mosquée d'Omar, nous passons dans une autre mosquée qui autrefois était *l'église de la présentation de la Sainte Vierge*. Cette église a sept nefs, et elle est, à mon goût, infiniment supérieure à celle d'Omar.

Il nous arriva un épisode qui nous amusa beaucoup. Le vieux prêtre turc, qui nous précédait et nous montrait toutes choses, nous fit remarquer deux colonnes de marbre noir très rapprochées l'une de l'autre, et nous dit que tous ceux qui pouvaient passer entre ces colonnes allaient nécessairement en paradis. La chose était si amusante que chacun voulut essayer d'y passer. Les *gros ventres* n'osèrent pas, et de là force quolibets. Le Turc, ayant gros ventre et grandes dimensions, ne paraissait pas effrayé de se voir exclus de passer entre les colonnes; nous lui fîmes dire par Joseph de donner le bon exemple à l'évêque des chrétiens, qui avait comme lui des dimensions peu élastiques, et de le conduire à sa suite dans le paradis. Alors notre Turc se retourne, saisit Monseigneur par le bras, l'emmène comme l'eût fait le plus galant homme du monde, et, fier comme on peut se le figurer, il le conduisit dans un endroit où un homme comme un tonneau eût pu facilement passer; il franchit la barrière le premier; et regardant Monseigneur avec un air de triomphe à ravir : « Très bien ! cria-t-il, très bien ! » Et il promenait radieux son regard sur nous tous : «Très bien !» lui répondait-on, « très bien ! » et il répéta encore « très bien ! très bien ! »

Par une porte latérale, on peut de cette église entrer dans la *salle d'armes des Croisés*. Cette salle est immense, et n'est aujourd'hui qu'un vaste désert. En rentrant dans l'église, le Turc nous montra une pierre qu'ils ont volée, dit-on, au mont des Oliviers et qui porte l'empreinte plus ou moins parfaite d'un pied gauche. On dit que cette empreinte est celle du pied gauche de Notre-Seigneur lorsqu'il monta au Ciel depuis le mont des Oliviers, où l'on voit la trace du pied droit.

Nous avons visité, en sortant, l'entrée des écuries de Salomon, ou du moins le lieu par lequel les chevaux arrivaient. Il y a de grandes et grosses colonnes ; et à chacune notre Turc criait de toutes ses forces : « Monolithe, *Mister Consoul,* monolithe ! et à cette parole française, nous disions : Très bien ! très bien ! et le Turc criait de toute son âme : Très bien ! très bien !... monolithe ! *Mister*, monolithe !... quatre pierres... » Et il indiquait quatre blocs gigantesques de l'époque de Solomon.

On nous rendit nos souliers après ces diverses courses à travers l'humidité, les pierres, la poussière, l'obscurité ; et il était temps, car depuis longtemps déjà chacun de nous commençait à murmurer.

Nous visitons tout le *mont Moria*, tout l'emplacement du temple, le caveau souterrain où les Turcs montrent le *berceau de Jésus-Christ,* qu'ils sont heureux de croire enleur possession ; le lieu où priait encore David, où pria Noé, et mille choses qui, bien qu'elles soient plus que douteuses, n'en témoignent pas moins de leur respect pour les principales choses de notre sainte religion.

A l'angle du mont Moria, vis-à-vis du tombeau de Josaphat, et sur les murailles de Jérusalem, on voit une colonne qui, couchée sur le mur, se prolonge à l'extérieur : c'est là que doit être attachée l'une des extrémités du fil sur lequel doivent passer les hommes au grand jour du jugement dernier (croyances musulmanes).

A quelques pas, toujours dans l'enceinte de la montagne, se trouve un petit monument où l'on dit que Salomon est mort; des rideaux verts entourent ce monument. Aux grilles de la fenêtre sont suspendus une quantité de guenilles, de morceaux de fils et de nippes de toutes sortes. Ce sont des *ex-voto* musulmans.

En longeant la muraille, nous arrivons à la Porte-Dorée, où Notre-Seigneur fit son entrée triomphante à Jérusalem, le jour des Rameaux. Cette porte est de toute beauté; il ne reste du temps de Notre-Seigneur qu'un immense pilier taillé dans la roche, et la traverse de la porte de droite. Tout le reste fut construit par les Romains.

Nous sortons du mont Moria par une porte qui donne sur la Piscine probatique, que nous admirons encore une fois, et nous allons visiter la *maison de sainte Anne*, où naquit la Sainte Vierge.

Une église a été construite sur ce lieu et cette église appartient entièrement aux Français. Le Consul nous montra la roche où l'on dit que la Sainte Vierge naquit; nous disons un *Pater* et un *Ave* pour gagner l'indulgence plénière attachée à la récitation de cette prière en ce lieu; et, comme souvenir, le Consul nous donna à chacun quelques petites pierres taillées dans la roche, et l'architecte, une branche de l'olivier planté sur le terrain de la maison.

Nous sortons de Jérusalem par la porte Saint-Etienne, et nous faisons le tour des remparts jusqu'aux *Carrières royales*, que nous visitons en entier avec beaucoup d'intérêt.

Nous rentrons par la porte de Damas, laissant sans la visiter la grotte de Jérémie, en face des Carrières royales, qui elle-même, n'est qu'une partie de ces carrières divisées par le fossé qui entoure la ville; et, tout haletants, rompus par la fatigue, nous rentrons à la *Casa nuova*. Il était dix heures.

Je dis mon office; après dîner, je me reposai un peu, et je dormis jusqu'à trois heures. La caravane avait congé, et chacun était libre d'agir selon ses caprices; le mien fut de me reposer le mieux possible. Je ne sortis point du couvent, m'occupant à causer de droite et de gauche. Le soir, je ne me sentais pas à mon aise; j'étais sans appétit, je mangeai peu et sans goût; il est vrai que la nourriture est si mauvaise qu'il est difficile de manger avec appétit. Je craignais une indisposition pour la nuit. Grâce à Dieu, tout se borna à la crainte, et je ne tardai pas à m'endormir.

Jeudi 18 septembre.

A cinq heures, M. Lair vint frapper un énorme coup de poing à ma porte. Je me réveillai en sursaut, et me levai bien à regret, car j'avais passé une si bonne nuit que je l'eusse volontiers prolongée plus longtemps encore.

A cinq heures et demie le P. Bernard nous emmène à l'*église de la Flagellation* où nous devons tous offrir le Saint-Sacrifice.

A sept heures et demie, déjeuner; et à huit heures M. le Vicaire-Général de Jérusalem vient à la *Casa nuova* chercher Monseigneur pour aller le nommer chevalier du Saint-Sépulcre. Nous l'accompagnons tous, heureux de voir cette cérémonie, et souriant de la joie enfantine de Mgr l'évêque, qui ne voulait pas convenir de sa jubilation. Cette cérémonie n'a rien d'intéressant, et fut heureusement fort courte.

Du Saint-Sépulcre nous allons successivement rendre visite aux sœurs qui tiennent l'hôpital, et aux religieuses de Saint-Joseph de l'Apparition, où je m'ennuyai à mourir.

Nous entrons à Saint-Sauveur pour voir en détail toutes les écoles; l'imprimerie m'a paru assez remarquable, et j'ai vu avec grand plaisir le soin qu'on prend pour apprendre des états aux petits enfants de la ville. Notre dernière visite fut pour les Dames de Sion. J'en avais plein le dos, et je n'ai jamais rien trouvé d'aussi ennuyeux et d'aussi insipide que ces courses chez des personnes que je ne connais pas et que je ne dois jamais revoir.

Nous rentrons à onze heures au couvent. Après dîner, il me prit fantaisie d'aller voir un photographe afin d'essayer de lui soutirer quelque petit secret. J'en arrachai un qui me semble précieux, s'il réussit (1).

A trois heures la caravane française accompagne le convoi d'un pauvre pèlerin polonais qui était tombé mort devant le Saint-Sépulcre.

(1) L'abbé Magdelaine était lui-même assez habile photographe. Les tableaux qu'il a laissés témoignent aussi de son avenir comme peintre, s'il eût vécu. — (N. E.)

Le matin j'avais vu son cadavre à l'hôpital, et jamais figure de mort ne m'a semblé si belle, si pure, si calme et si sublime. Dans cette circonstance, plus que jamais, j'ai désiré mon appareil photographique pour conserver cette figure toute céleste.

Je passe le reste du jour à courir avec l'abbé Poirier chez les marchands de chapelets; j'achète des vues de Jérusalem, et j'écris une lettre à M. le curé de Vanvey (1).

Sept membres de la caravane allaient dîner ce soir au Patriarcat. M. l'abbé Crosnier a eu

(1) Voici cette lettre :

Jérusalem, le 18 septembre 1862.

« Monsieur le Curé,

« J'aurais bien voulu satisfaire plus tôt le désir que j'avais de vous apprendre mon heureuse arrivée dans la Ville-Sainte; mais le départ des paquebots-poste n'ayant lieu que tous les quinze jours, j'ai préféré attendre quelques jours avant d'écrire, puisque ce délai ne retarde en rien le départ de cette lettre.

« Nous sommes arrivés à Jérusalem le 13 septembre, à sept heures du soir. Impossible de vous dire l'impression qu'a faite sur nous tous la vue de cette ville des souvenirs. Le Grand-Vicaire du Patriarche était venu à notre rencontre jusqu'à la ville de Térébinthe, et avant d'entrer à Jérusalem, nous sommes tous descendus de cheval, et nous avons baisé la terre, et chanté le psaume *Lœtatus sum*. L'émotion était bien grande chez chacun de nous; jamais je n'ai mieux senti le sens des paroles de ce psaume que devant Jérusa-

cette nuit une indisposition ; la nourriture paraît y avoir contribué pour quelque chose ; mais cela ne l'a pas empêché d'assister ce soir au dîner du Patriarche. Nous qui restons, nous élisons

lem. Les larmes ruisselaient sur mon visage, et on n'exagère certainement pas quand on dit que la vue du Calvaire produit un effet extraordinaire.

« Le lendemain, dès le matin, nous avons été à l'église du Saint-Sépulcre, et nous avons pu adorer le bon Dieu là où il est mort pour nous. Rien de triste comme cette Pierre de l'Onction qui se trouve à l'entrée du temple et qui rappelle tout de suite la mort. Mais le cœur se serre quand on voit toutes les profanations qui ont lieu à chaque minute devant ces objets de notre foi.

« J'ai pu dire la messe sur le Saint-Sépulcre mardi dernier ; pour cela, il faut coucher la nuit dans le temple, les Turcs fermant les portes le soir, et ne voulant pas en donner les clefs. Je me fais une fête de vous raconter toutes les choses qu'on voit, tout le bonheur qu'on goûte dans ce plus beau de tous les sanctuaires.

« Je suis au comble de la joie, et jamais je n'ai goûté plus de calme et de tranquillité que depuis mon arrivée en Terre-Sainte.

« Nous avons déjà visité toute la ville, et la mosquée d'Omar, où le Consul de France à Jérusalem nous a introduits. Hier, nous avons vu Haceldama, Siloé, la vallée de Josaphat, Gethsémani ; et, les jours précédents, nous avions visité l'intérieur ; demain nous allons à la montagne des Oliviers ; après demain à Bethléem, de là à Saint-Jean-du-Désert, etc.

« Mgr Maupoint vient d'être reçu au nombre des chevaliers du Saint-Sépulcre ; il en est tout fier. Nous restons chez les PP. Franciscains, à la *Casa nuova*, tout près du Saint-Sépulcre.

M. Martinet pour présider notre dîner; le P. Bernard se met à table avec nous, et jamais dîner ne fut plus gai et plus mal servi. Personne ne mangea; la viande empoisonnait, le

« Ma santé est excellente; je ne sens pas la moindre indisposition; la chaleur est assez grande, la nourriture mauvaise: et nous courons toujours.

« Je sens la privation d'être sans nouvelles de Vanvey et de mon frère. Si nous faisons nos excursions par le grand soleil que nous avons tous les jours, je reviendrai noir comme un nègre.

« Je ne vous donne aucun détail sur notre caravane et sur les lieux que nous voyons: ce sera pour le retour. Mais je puis vous dire en attendant qu'il est impossible de se figurer Jérusalem aussi sale qu'elle l'est; la plus belle rue, sans aucune exagération, n'est pas comparable à tout ce qu'il y a de plus laid à Vanvey; aucune voiture ne pourrait y passer, aussi n'y en a-t-il aucune; tout se porte à dos de chameau; quand un chameau passe dans une rue, il la remplit entièrement, et il faut se coucher sous les sacs qu'il porte pour pouvoir passer.

« Je ne sais pas trop quand je pourrai écrire; il n'y a pas de poste, un courrier part tous les quinze jours des principales villes pour les porter au port, et il peut se faire que nos excursions nous retiennent loin des villes les jours de dépêches. Mais soyez sans inquiétude, il n'y a pas l'ombre de danger pour le moment.

« Donnez, je vous prie, de mes nouvelles à mes parents, et présentez-leur mes respects.

« Agréez, Monsieur le Curé, l'assurance de mes sentiments respectueux et de mon affection toute filiale.

« Votre enfant tout dévoué.

G. MAGDELAINE, *prêtre.* »

bouillon était réchauffé; mais, c'est égal, la joie était ravissante : il ne fallait rien de plus.

Après dîner, récréation très amusante sur la terrasse; c'était à qui ferait le plus d'esprit; les MM. Lair nous amusèrent beaucoup. Après avoir résumé cette journée, je pris mon repos, il était dix heures et demie.

Vendredi 19 septembre.

J'ai très bien reposé cette nuit. A cinq heures M. Lair vint encore nous réveiller, et nous partons dire la messe à la Grotte de l'Agonie. Par hazard, je pus dire la messe sur le grand autel. Cela m'a beaucoup surpris, car ici comme en Europe je ne suis pas l'homme des chances.

Après les messes, déjeuner au jardin de Gethsémani.

A huit heures nous gravissons la *montagne des Oliviers;* et bientôt après, arrivés au sommet, nous entrons dans la petite mosquée où se trouve la roche qui porte l'empreinte du pied droit de Notre-Seigneur. Cette empreinte est très bien formée et très visible; le P. Bernard chanta l'évangile qui a rapport à l'Ascension de Notre-Seigneur; et tous pendant ce temps nous nous livrions à nos réflexions particulières.

L'impression que j'ai éprouvée fut très profonde, et rarement j'ai eu plus de désir de suivre Notre-Seigneur au Ciel qu'en ce moment. Un rien me touche ; il n'est pas étonnant qu'à la vue de ces vestiges mêmes de Notre-Seigneur je sente mon cœur palpiter et mon âme s'émouvoir. Je pleurai et m'abstins de chanter dans la crainte d'éclater en sanglots.

J'aurais bien volontiers passé ma journée à méditer en ce lieu, et c'est avec bien du regret que je dus suivre tout le monde et voir la porte se fermer à clef. Il est dans ce monde des sacrifices qui font souvent bien mal au cœur, et les plus douloureux ne sont pas toujours ceux qui paraissent l'être.

Nous montons sur le minaret de cette mosquée, et de là nous avons un panorama magnifique d'aridité et de désolation.

A nos pieds Jérusalem, sur laquelle la vue plane; devant nous les montagnes de la Judée, la mer Morte, le Jourdain, le mont Nébo, la montagne de la Quarantaine, et une foule d'autres montagnes célèbres et de lieux remarquables. La mer Morte, qui ne semble éloignée du mont des Oliviers que d'une heure ou deux, tant elle semble rapprochée, est cependant à huit heures de marche.

Du village des Oliviers, nous allons au *mont*

de Galilée, où se tenaient les Apôtres quand Notre-Seigneur monta au ciel, et où un ange voyant leur surprise vint à eux et leur dit : « Hommes de Galilée, que faites-vous ainsi à regarder le ciel? Ce Jésus que vous avez vu monter aux cieux, reviendra de même un jour... »

Là, nous faisons une prière; et, revenant au sommet des Oliviers, nous allons visiter le lieu où sainte Pélagie vint faire pénitence; puis, descendant la colline, nous chantons le *Pater* dans le lieu où la tradition rapporte que Notre-Seigneur l'enseigna à ses Apôtres. Il est plus probable que ce fut près de Nazareth, sur la montagne des Béatitudes, que Notre-Seigneur enseigna cette prière.

Un peu plus bas, nous récitons le *Credo*, à la place même où les Apôtres le composèrent. L'église qui avait été autrefois construite en ce lieu, est complétement ruinée. Le chemin est rempli de débris de la mosaïque qui était dans cette église.

Nous quittons un instant le mont des Oliviers; et, à la naissance de la montagne dite *montagne des Prophètes*, nous allons visiter les tombeaux de ces hommes inspirés de Dieu. Les places existent; mais elles sont veuves de leurs tombeaux et des ossements qu'ils renfermaient.

Aux deux tiers de la hauteur du mont des Oliviers, nous allons sur une roche, où se trouve une mosquée en ruines. C'est sur cette roche que Notre-Seigneur pleura sur Jérusalem et prédit la destruction de son temple. De cet endroit Jérusalem est magnifique; et, comme on en découvre parfaitement tous les détails, on peut parcourir à merveille tous ses monuments du regard. C'est là que, pour la première fois, je m'aperçus que les habitations du mont Sion étaient à côté de la ville et semblaient en faire un village séparé.

Il était dix heures quand nous rentrâmes au couvent; la chaleur était presque intolérable, et je fus heureux de me jeter sur le canapé et de faire un petit somme en attendant midi.

Après dîner je continuai mon somme jusqu'à trois heures.

A trois heures, Joseph nous mène vers le reste des murailles du *temple de Salomon;* et là, chaque vendredi, les Juifs viennent pleurer la ruine de Jérusalem, la destruction de son temple et leurs misères. Je fus touché des douleurs de ce peuple déicide; les sanglots, les marques de douleur qu'il donnait inspirèrent à chacun de nous des sentiments de compassion. C'était vraiment touchant de voir ces pauvres Juifs baiser les vieilles pierres du temple, se prosterner à terre, éclater en sanglots en chantant quelques versets de la Bible ; les Juives étaient plus tristes encore, et leur douleur plus forte. Combien je désirais que le bon Dieu ouvrît leur cœur à la foi et leur montrât la vérité! Je fis cette remarque : c'est que les Juifs et les schismatiques, quand ils prient, le font avec beaucoup plus de ferveur que nous. Au Saint-Sépulcre, je vis un pauvre homme, schismatique grec, fondre en larmes à la vue du Tombeau de Notre-Seigneur. C'est immense ce que l'on voit de pèlerins russes et grecs ; les femmes elles-mêmes viennent à pied et ne craignent pas les plus grandes fatigues pour satisfaire leur piété. J'étais édifié de cette affection qu'ils portent à Notre-Seigneur, et je crois que les trois quarts de ces braves gens sont dans la plus grande bonne foi et doivent être bien agréables à Dieu.

A quatre heures, nous assistons à la procession au Saint-Sépulcre.

Avant dîner, M. le Vicaire-Général de Jérusalem vient causer un moment avec nous. C'est là que je lui remis la lettre de M. Allard ; elle a été lue en public.

Depuis le tantôt je me sens peu à mon aise : je souffre de l'estomac, et je me laisse trop impressionner par la pensée qu'il peut arriver malheur à la caravane.

Samedi 20 septembre.

Grâce à Dieu, je ne sens plus rien de mon indisposition, et je me suis levé à cinq heures et demie avec la meilleure santé du monde.

A six heures je dis la Sainte-Messe à Saint-Sauveur; je donne la communion à deux femmes et je rentre à la *Casa nuova* à sept heures. Le déjeuner venait de sonner: je prends ma petite réfection avec un excellent appétit; je vais avec quelques pèlerins me mettre en frais d'acquisition à Saint-Sauveur et au bazar. Je ne fais point de commerce; et je reviens m'ennuyer dans ma chambre jusqu'à midi.

Monseigneur, qui a passé la nuit au Saint-Sépulcre et qui s'est mis en quête d'idées pour composer son mandement de carême, se trouve indisposé aujourd'hui. M. Cortet n'est pas trop fier non plus, et plusieurs autres pèlerins baissent un peu l'oreille.

Après dîner, chacun se prépare à partir pour Bethléem où nous devons aller coucher. Je me repose en attendant trois heures; et quand le moment fut venu, j'allai choisir un cheval, le P. Duthau ayant eu l'indélicatesse de prendre le mien quand j'allais le retrouver. Je vis encore une fois combien l'esprit de charité était peu ardent chez la plupart des pèlerins. Je ne pus m'empêcher de le faire remarquer à quelqu'un qui se plaignait d'être victime du même procédé; et c'est énorme combien j'ai eu d'occasions de murmures et de plaintes depuis quinze jours que nous sommes en caravane.

A quatre heures nous sommes tous à cheval et nous partons le cœur joyeux, et ravis de quitter un moment ces odieux visages des Juifs, des Turcs, et de ces gens dont on ignore l'origine. Le voyage de Bethléem a en soi quelque chose de doux et de suave qui met l'âme à l'aise et lui fait éprouver un bien-être tout autre que les émotions du Calvaire et du Saint-Sépulcre.

Nous sortons par la porte de Jaffa; nous passons devant la porte de l'hôpital juif fondé par M. Rothschild; un monde d'Israélites sort pour nous contempler à son aise. Le P. Bernard est avec nous.

Après un quart d'heure, nous voyons devant nous une montagne couverte de verdure, embellie par un couvent qui se présente aux regards. On nous fit remarquer, à droite, dans une petite vallée, le lieu où était le *Térébinthe* qui abritait la Sainte Vierge quand elle allait à Jérusalem.

A moitié chemin, c'est-à-dire après une heure de marche, nous arrivons à une colline couverte d'oliviers et de toute sorte d'arbres. C'est là que nous voyons sur le bord de la route la roche où le prophète Elie venait pleurer sur Jérusalem. Cette grotte a pris l'empreinte du corps du prophète; mais je crois peu à cela, malgré la grandeur de l'empreinte qu'on y remarque; car les plis du manteau sont trop visibles, et il est sûr que si le fait que l'on rapporte est vrai, ce n'est pas ce que l'on voit qui peut le faire croire.

Quelques minutes auparavant, nous nous étions arrêtés pour prier à l'endroit où l'étoile avait apparu une dernière fois aux Mages.

Depuis le rocher d'Elie, on aperçoit la petite ville de Bethléem, et Jérusalem commence à disparaître aux regards. Il y a quelque chose de touchant dans cette vue. On aperçoit le lieu où est né Notre-Seigneur, le Saint-Cénacle où il institua l'Eucharistie, et le Calvaire où il est mort. Cette coïncidence me frappa et me suggéra les plus douces pensées.

A la vue de Bethléem, nous chantons les cantiques de la Nativité, la prose *Votis Pater annuit, Venite adoremus*, le *Gloria in excelsis*, et tout ce que notre foi, notre piété et notre dévotion nous suggéraient. Tout le reste du chemin ne fut qu'un chant de triomphe et d'amour; la beauté de cette petite ville sur le penchant de la montagne, ces oliviers qui croissent à l'entour, ces petits enfants, ces bonnes femmes qui nous saluent comme étant de la même religion, tout nous annonce que notre âme peut se livrer à la joie, et que ces paroles que le bon P. Tournel m'avait dites le matin à son retour de Bethléem étaient bien vraies : *Annuntio vobis gaudium magnum,* disait-il; à Bethléem la joie est pure, simple, douce. C'était vrai, et mon cœur se dilatait.

BETHLÉEM. — Nous entrons à Bethléem. Les habitants se pressent pour nous voir; les petits enfants nous baisent les mains, les femmes, un peu plus modestes qu'à Jérusalem, nous présentent un visage plus gracieux; leur costume plus chrétien me rappelle un peu le costume que l'on donne quelquefois à la Sainte Vierge; tout réjouit le cœur. A Jérusalem c'est le poids d'un tombeau, ici c est la joie d'un berceau.

Nous mettons pied à terre chez les PP. Franciscains, qui nous attendaient. Après les rafraîchissements, nous allons rendre visite au Saint-Sacrement; on nous distribue ensuite nos lits comme à la caserne; et, en attendant le souper, nous allons, nous deux M. Martinet, faire une petite promenade dans Bethléem.

Le dîner fut excellent, et infiniment mieux préparé et servi qu'à Jérusalem. A la fin du dîner, on règle la question des messes pour le lendemain. Les Grecs possédant le droit de disposer des principaux autels, et les Latins ne pouvant célébrer que deux messes à la grotte de la Nativité, il fallait que l'un d'entre nous célébrât la Sainte-Messe dès les quatre heures du matin; et les Pères ayant obtenu privilége de plusieurs autres messes le même jour pour nous, il fallut s'entendre pour savoir qui dirait sa messe demain et qui la dirait lundi, et dans quel ordre ces messes seraient dites. Monseigneur, de son autorité, décida que lui ayant dit sa messe à sept heures, M. Cortet dirait la sienne le premier après, à dix heures. M. Poirier demanda d'un ton sec qu'on tirât au sort pour savoir dans quel ordre les autres messes seraient dites. Monseigneur comprit que l'abbé Poirier voulait que M. Cortet eût comme les autres le partage du sort, et il signifia immédiatement à l'abbé Poirier qu'il n'avait pas d'ordre à recevoir de lui ni comme Evêque, ni comme Président. L'abbé Poirier voulut justifier des mots qu'on avait mal compris. Monseigneur lui imposa silence, et lui ordonna de ne pas dire un mot de plus. Chacun était stupéfait de cette sortie inattendue.

Nous allâmes après dîner adorer Notre-Seigneur dans la grotte où s'opéra le mystère de l'Incarnation. Les Latins possèdent l'endroit où Notre-Seigneur vint au monde. Nous vîmes successivement le lieu où étaient la crèche et les animaux; l'endroit où les Rois mages vinrent adorer l'Enfant Jésus, où se tenait saint Joseph lors de l'enfantement de la très sainte Vierge; l'*autel des SS. Innocents*, le tombeau *de sainte Paule* et de *sainte Eustochie*, le tombeau de *saint Jérôme* et son oratoire, et d'autres petits sanctuaires.

La grotte de Bethléem est vaste; elle est divisée par plusieurs petits compartiments qui se sont faits successivement, afin que chacun pût avoir quelque chose et n'empiétât plus sur la possession des autres.

J'éprouvais, en visitant ce lieu vénéré, quelque chose de suave qui réjouissait mon âme : je n'avais là aucune pensée triste; j'étais heureux au contraire, aussi passai-je une soirée ravissante.

SIXIÈME SEMAINE.

Bethléem (suite). — Grotte du Lait. — Champ des Pasteurs. — Champ de Booz.— *Hortus conclusus.* — *Fons signatus.* — Beit-Djallah. — Fontaine de Saint-Philippe. — Saint-Jean-du-Désert. — Grotte de Saint-Jean. — Tombeau de sainte Elisabeth. — Retour à Jérusalem.

Dimanche 21 septembre.

Je me reposai parfaitement cette nuit, et je me levai à sept heures. Je tuai le temps comme je pus jusqu'à dix heures et demie en visitant les églises du couvent des Franciscains, l'église des Grecs, bâtie par sainte Hélène, restaurée par les Croisés et volée aux Latins. J'assistai à la messe des Arméniens, et montai sur la terrasse, où je pris un violent mal de tête qui dura jusqu'à midi. Je souffrais un peu de l'estomac; le jeûne que je gardais pour célébrer la Sainte-Messe sur l'autel de la grotte où était la crèche de Notre-Seigneur m'avait beaucoup fatigué. Au bonheur que j'éprouvais d'offrir le Saint-Sacrifice, se joignait l'idée que je calmerais les tiraillements de la faim.

Sur l'*autel de la Crèche*, on dit toujours la messe de l'octave de la Nativité. Nul sentiment pénible ne vint troubler la joie si douce que j'éprouvais depuis la veille. J'eus presque regret de retourner si tôt à Jérusalem; le berceau du Sauveur a quelque chose de si doux, qu'il fait en quelque sorte oublier le Calvaire, et l'âme qui s'est attristée au pied de la croix éprouve le besoin de se délasser dans la contemplation des mystères joyeux. Et le berceau du divin Maître est la plus douce des jouissances que l'âme puisse éprouver.

L'abbé Benoît souffre d'une affreuse migraine, et c'est à peine s'il peut dire sa messe. Il ne peut assister au dîner, et il est tellement abattu qu'il est à craindre qu'il ne tombe malade.

Après diner, je me jette sur mon lit pour me reposer un peu; j'éprouvais quelques tiraillements d'estomac qui m'ennuyaient. Je dormis jusqu'à trois heures. L'abbé Soehnlin me réveilla et j'assistai aux vêpres et à la bénédiction du couvent. Je fus frappé de la foi qui semble animer tous ces Bethléemites qui assistent avec un recueillement édifiant aux offices. J'aime beaucoup ce chant de tous ces hommes; la simplicité de ces chrétiens me rappelle celle des Apôtres, et j'en garderai un délicieux souvenir.

Après la bénédiction, nous allons visiter la *grotte du Lait*. C'est là que la Sainte Vierge allaitait son divin Fils quand elle était obligée de quitter sa demeure. Tout le monde, les Turcs même, a cette grotte en grande vénération. On fait prendre de la poussière de cette grotte aux femmes qui éprouvent quelques difficultés dans l'allaitement de leurs enfants, et c'est presque toujours avec succès.

Nous revenons ensuite prendre nos chevaux et nous partons tous au *champ des Pasteurs*. L'abbé Benoît seul ne put nous accompagner.

Cette petite course est très pittoresque; le chemin est très difficile, à cause des rochers sur lesquels il faut marcher presque continuellement, mais il n'est pas sans dangers, et nos chevaux eurent à en souffrir.

Nous passons sur le *champ de Booz;* le souvenir de l'humble et pauvre Ruth rappelle à notre âme mille pensées douces et agréables. Il nous semblait voir cette pieuse Israélite glanant les épis du maître de ce champ; et rien n'est touchant comme la pensée de se trouver là où se passèrent les choses que nous avons apprises dès l'enfance.

Le champ des Pasteurs est le lieu où les bergers entendirent les anges chanter le *Gloria in excelsis* à la naissance de l'Enfant Jésus. La grotte où l'on dit qu'étaient ces bergers lorsqu'ils entendirent les anges, appartient aux Grecs schismatiques. Nous ne la vîmes point, par suite de la négligence de Fad-Allah à se procurer la clef. Du reste, il n'y a rien de sûr dans cette opinion, et nous n'eûmes aucun regret. Le champ des Pasteurs est planté d'oliviers : il faisait partie du champ de Booz. Je cueillis une branche d'olivier en souvenir de cette course.

Nous avions rencontré le curé du *village des Pasteurs*, petit hameau situé à dix minutes du champ que nous venions de voir, et que nous avions laissé sur notre droite en allant. Le curé nous ramena par ce village. Tous les habitants, catholiques et Grecs schismatiques, étaient là pour nous voir arriver. A la cure, les femmes catholiques étaient montées sur la terrasse, et chantaient notre bien-venue en battant des mains. Ces bonnes âmes riaient, jubilaient, étaient heureuses; elles pivotaient sur elles-mêmes, et chantaient en arabe mille choses gracieuses pour remercier les pèlerins français, et surtout l'Evêque qui venait leur rendre visite.

Il est impossible de se faire une idée de la pauvreté de la cure. Une misérable chambre noire, où une petite lucarne éclaire seulement un petit coin des murs enfumés par l'absence de cheminée; un fantôme de divan : telle est la cure et l'église, car on aperçoit deux rideaux blancs dans une partie de cette chambre. Ces rideaux cachent un autel propre, et c'est là que la cinquantaine de chrétiens qui habitent le village des Pasteurs, vient entendre la Sainte-Messe et invoquer le bon Dieu. A côté de cette pauvre turne s'en trouve une plus triste encore où couche le curé. Cette crèche n'a pas même de fenêtre; et quelques grenades suspendues à la muraille en forment tout l'ameublement, si l'on en excepte le lit le plus modeste du monde.

Quelques-uns des pèlerins firent une aumône au curé pour la construction d'une église, qui est déjà commencée. On nous offrit rafraîchissements et café; puis on écarta les rideaux, on chanta en arabe les litanies de la Sainte Vierge, qui furent suivies de l'adoration de la croix, que Monseigneur donna à baiser à tout le monde qui était là; car tous les catholiques, et bien des schismatiques étaient accourus pour nous voir. Le prêtre grec n'avait pas dédaigné de suivre la foule, dans l'espoir d'accrocher quelques *bacchis*.

C'était pour le village des Pasteurs une véritable fête et un vrai triomphe. J'ai vu bien rarement des figures plus épanouies, plus franchement gaies que celles de toutes ces femmes qui chantaient; et nous ne pouvions nous arracher du milieu de ces bonnes gens.

Il était six heures et demie quand nous partîmes, et il était nuit quand nous arrivâmes à Bethléem. Les chemins si difficiles que nous parcourions sans voir clair m'inspiraient quelque inquiétude, et je fus bien aise quand je descendis au couvent.

A souper nous mangeâmes du raisin d'*Engadde* et des pêches d'*Hortus conclusus,* dont je conservai les noyaux.

Après dîner nous passâmes très agréablement la soirée en écoutant les mille aventures du bon P. curé de Bethléem. J'eusse volontiers passé la nuit à l'entendre, tant ses récits avaient d'intérêt et excitaient d'émotion.

Je me couchai à dix heures; mais, j'étais à peine au lit que l'abbé Tenaille et Charles Lair accoururent, en riant comme des fous, nous raconter les misères de M. Martinet. Ils avaient mis dans son moustiquaire une énorme poignée de *mouches guenilles* qu'ils avaient prises quelque part, de sorte que le pauvre patient avait à peine mis le pied sous la couverture, qu'un essaim de bêtes fondent sur lui et lui arrachent des plaintes à fendre le cœur. Il prend son soulier, frappe de droite et de gauche et essaie de faire une *Saint-Barthélemy*. Mais il avait à faire à forte partie, et l'armée maudite n'en mordait pas moins. Ses bourreaux veulent lui porter secours; mais il craignait d'être joué, et défendit qu'on ouvrît son moustiqaire, afin, disait-il, de ne pas donner entrée à de nouvelles mouches. C'était un vacarme de rires peu édifiant. Pendant ce temps j'essayais de dormir, peu alléché par ces sortes de plaisanteries que je n'aime voir faire à personne.

Mais les misères n'en voulaient pas à M. Martinet seulement. D'abord, on avait jugé à propos de laisser nos lits dans l'état où nous les avions quittés le matin. Ensuite, il y avait à peine dix minutes que j'étais couché quand une odeur atroce, dans le goût de l'urine pourrie, vint fondre dans les rayons de l'atmosphère que je respirais, et mettre un obstacle invincible à tout repos. M. Lair et l'abbé Sochnlin se plaignirent bientôt de la même misère. On quêta, on fureta et on flaira partout pour connaître la source de cette abominable odeur; mais rien ne parut sur l'horizon. L'abbé Sochnlin changea de lit; M. Lair prit son parti en brave; mais moi, plus délicat et moins courageux peut-être, je pris ma couverture et mon oreiller, et j'allai tout bonnement me coucher sur un des siéges du divan. Il était onze heures.

Lundi 22 septembre.

Sur ce divan aussi dur que la planche, je passai une nuit très fatigante; je dormis peu, je remuai beaucoup, et m'occupai à me mettre en garde contre les moustiques. Je fis des rêves très fatigants, et j'eus bientôt, par suite de la mauvaise position que j'occupais, les reins rompus, les bras cassés et la tête lourde.

Je me levai sans peine à six heures quand le P. Bernard vint réveiller ceux qui, moins délicats du nez que moi, avaient pu s'endormir dans leur lit. Je me confessai à lui à six heures et demie; je dis la Sainte-Messe sur l'autel des saints Innocents, dans la grotte de la Nativité. Tout me promettait une journée heureuse; j'étais gai plus qu'à l'ordinaire, et à part la fatigue de la nuit, que j'éprouvais même en disant la messe, je voyais le soleil se lever radieux pour mon âme.

A huit heures, après un déjeuner à l'arabe, qui me fait aller immédiatement en *pèlerinage*, nous montons à cheval et nous disons adieu à Bethléem. Avant de quitter la ville, nous entrons en passant chez les sœurs de Saint-Joseph; et bientôt après, reprenant nos montures, nous nous dirigeons vers les jardins de Salomon, appelés *Hortus conclusus*. L'abbé Benoît devait aller à Beit-Djallah à cause de son indisposition, qui ne lui permettait toujours point de nous accompagner. De là, il devait, dans l'après midi, retourner à Jérusalem.

Nous étions à un gros quart d'heure hors de Bethléem, quand nous nous apercevons que trois d'entre nous manquent à l'appel : c'étaient MM. Crosnier, Tenaille et Martinet. Où s'étaient-ils dirigés? Personne ne le savait; on fit halte un moment, mais personne ne parut et chacun de nous fit mille commentaires sur l'objet de cette absence. On ne redoutait pas un accident, mais on eût désiré que personne ne s'absentât sans dire au moins qu'il s'absentait. On crut que ces messieurs avaient conduit l'abbé Benoît à Beit-Djallah, et on continua la route sur cette supposition. Cependant on envoya Joseph à leur recherche, et le reste de la caravane s'engagea au milieu des montagnes.

Après une demi-heure, nous apercevons au loin l'abbé Tenaille qui accourait au galop. Nous l'attendons; il ignorait où étaient les autres. Il nous avait, dit-il, attendus longtemps hors de Bethléem ; ne voyant rien venir, il s'était informé de nous et avait appris notre départ.

Bientôt nous avançons le long d'une montagne stérile et escarpée, et nous longeons l'aqueduc d'une fontaine qu'on apercevait de temps en temps à travers les jours qu'y ont faits les Arabes. Les montagnes élevées et serrées les unes contre les autres sont couvertes de roches nues; quelques plantes desséchées apparaissent comme des points jaunâtres à travers les vides des rochers; tout y respire l'affreuse image de la mort.

Tout à coup, cependant, au fond d'une vallée étroite, resserrée et presque étouffée par les montagnes, un jardin se montre radieux de verdure, de beauté et de culture : c'est l'*Hortus conclusus;* c'est ce jardin de la sainte Ecriture auquel est comparée Marie, le lys de la vallée. *Hortus conclusus, soror mea, sponsa, hortus conclusus, fons signatus,* disait Salomon, et je fus frappé de l'heureux contraste qui existe entre cette petite vallée perdue dans les gorges des montagnes, et Marie, la reine de l'humilité, inconnue aux grandeurs du monde, cachée par les remparts de sa modestie, environnée des montagnes de l'abnégation, et appelée *Hortus conclusus,* parce que personne ne peut pénétrer dans une propriété scellée du sceau de l'inviolabilité.

Sur les coteaux d'une montagne qui aboutit à ce jardin, se trouvent groupées plusieurs petites maisons, ou plutôt quelques *souricières* où demeurent quelques personnes. Le toit de ces maisons, établi en plate-forme, connue dans tout l'Orient, sert lui-même de jardin, et nous avons admiré ces jardins, à l'instar de ceux de Babylone, qu'on suspendait à tant de frais. Bientôt va venir le temps des pluies ; ces toits de maisons vont s'écrouler, et les hommes qui demeurent là iront fixer leur séjour dans quelque grotte où ils vivront pêle-mêle avec leurs femmes, leurs enfants, leurs chevaux, leurs chèvres et tout ce qui a vie.

Le jardin *Hortus conclusus* est rafraîchi par le *Fons signatus,* dont les eaux, admirablement distribuées, arrosent le jardin et lui donnent une fécondité merveilleuse. Cette fontaine scellée va jusqu'à Jérusalem : elle devait alimenter le temple. Elle suit les flancs de la montagne ; et malgré l'incurie des Arabes, qui ne se sont jamais donné la peine de rien restaurer, cette fontaine coule toujours et porte la fécondité partout où elle passe. Si l'Arabe savait s'en servir, il en tirerait des merveilles, dans une terre peu abondante, il est vrai, mais d'une fertilité extraordinaire.

A peu de distance de l'*Hortus conclusus,* nous

trouvons trois énormes bassins superposés les uns au-dessus des autres, et qui, construits par Salomon, servaient à recevoir la magnifique fontaine dont il avait creusé profondément le lit en terre, et qu'il avait ensuite recouvert d'énormes pierres scellées de son sceau, afin que personne n'y touchât. Ces bassins sont immenses, comme tout ce que faisait Salomon; à peine sont-ils dégradés, et on s'extasie devant ces antiques souvenirs.

Près du plus élevé de ces réservoirs, se trouve le *Fons signatus;* nous bûmes tous de son eau, quelques-uns en emplirent des flacons pour les emporter en France. Pour moi, je me contentai d'en boire, n'attachant pas grand prix à une eau dont tout le mérite est d'avoir été consignée dans le *Cantique des cantiques* par Salomon.

Au pied de cette fontaine, où une grande quantité de personnes des pays environnants viennent puiser de l'eau qu'elles emportent dans des outres, se trouve comme une espèce de forteresse assez étendue, et très bien conservée. Je demandai au P. Bernard quelle était cette construction; Monseigneur lui fit la même demande. « Monseigneur, dit-il, quand on dit à ceux qui viennent visiter le Saint-Sépulcre et le Calvaire, que c'est le lieu où est mort Notre-Seigneur et qu'il a été enseveli, il y en a qui semblent douter et qui demandent des preuves; mais quand on leur dit que cette construction est bâtie au lieu même où Salomon avait établi son sérail, personne ne doute, et les preuves sont inutiles. »

Après une demi-heure de repos, pendant laquelle personne ne se reposa, on reprit le chemin de Beit-Djallah, et c'est là que nous arrivâmes après une promenade délicieuse. Il était midi.

BEIT-DJALLAH. — La cloche du Patiarcat sonne à toute volée; M. le Vicaire-Général de Jérusalem était là pour nous recevoir dans son petit séminaire, et tous les élèves nous attendaient à la porte de l'église avec leurs professeurs; le curé de la paroisse s'y trouvait aussi avec son surplis et son étole. On reçut Monseigneur avec toute la pompe possible; à l'église on chanta le *Magnificat*. Toutes ces choses m'émeuvent beaucoup, et je ne puis retenir mon émotion dans ces diverses circonstances. Je me rappelle la *France*, mes *Parents*, mes *Amis;* je pleure et je suis content.

Après le *Magnificat*, M. le Chancelier nous offrit un magnifique dîner; j'eus pour voisin de table l'excellent curé de Beit-Djallah, avec qui je causai en latin, et le bon curé du village des Pasteurs. Nous fûmes bientôt grands amis, et je regrettai de ne pouvoir plus longtemps rester avec eux.

Après dîner, nous fîmes jouer les séminaristes à la main-chaude, au sifflet et à d'autres petits jeux de France, ce qui nous amusa tous énormément. M. Lair fut le héros des farces, et je passai, au milieu de ces jeunes lévites à soutane noire, ceinture et calotte rouges, un moment de récréation ravissant. Avant de partir, un de ces jeunes lévites m'offrit une fleur que je désire conserver comme souvenir d'un beau jour de mon pèlerinage.

A quatre heures, il fallut dire adieu à cette maison où nous avions reçu une si gracieuse hospitalité. Nous nous embrassâmes, le curé de Beit-Djallah, celui des Pasteurs et moi; puis, enfourchant ma rossinante, nous filons vers Saint-Jean-du-Désert.

La vallée que nous suivons pendant une demi-heure est très agréable, non quant aux chemins, car il faut marcher sur des rochers, mais quant à la vue, car les oliviers sont cultivés dans cette vallée, et ils font contraste avec la dureté des montagnes et de leurs rochers.

Après une heure de marche, nous arrivons vers la *fontaine Saint-Philippe*, où l'on croit que saint Philippe baptisa le serviteur de la reine Candace. Je ne partage en aucune façon cette opinion, pour plusieurs raisons : la première, parce que c'est en sortant de Gaza qu'eut lieu la rencontre de l'eunuque avec saint Philippe, et de cette fontaine à Gaza, il y a loin; ensuite, parce qu'il est dit dans l'Écriture, que l'un de ces hommes conduisait un char, et il est physiquement impossible à un char de passer en ces lieux, qui devaient être au moins aussi resserrés à cette époque qu'actuellement. Il est bien plus probable, à ce que j'ai entendu dire à quelques personnes, que la véritable fontaine où eut lieu le baptême en question se trouve vers Hébron. Cette fontaine n'eut donc pour moi qu'un intérêt fort mince, et ce fut une petite halte pendant laquelle nos chevaux se rafraîchirent.

Revenant sur nos pas pendant un bon quart d'heure, nous quittons enfin la voie déjà parcourue, pour gravir une montagne qui se présentait à notre gauche, et dont les rochers commencèrent à nous inquiéter un peu.

Lestes comme des chats, nos chevaux gravissaient la montagne avec une ardeur à ravir; à chaque instant ils avaient à marcher sur la roche nue, escarpée, semée d'aspérités, et longeant des précipices; il fallait fermer les yeux, se confier à la Providence et à l'instinct de son cheval.

Il y avait dix minutes à peine que nous opérions notre ascension, quand tout à coup se présente une roche de deux pieds et demi d'élévation, et sur laquelle les chevaux doivent grimper pour en retrouver plusieurs du même genre immédiatement après. Ceux qui me précédaient pressent les flancs de leur cheval, l'excitent et arrivent sans accident à la dernière roche. Moins courageux peut-être, ou plutôt dirigé par une main inhabile, mon cheval s'arrête, flaire à droite et à gauche, semble peu décidé à faire le saut, et me laisse dans l'embarras de savoir si je dois le presser et le forcer de grimper au dessus. En dernier ressort je me fie à son instinct, et je le laisse aller où il croit trouver moins de danger. Il contourne la roche; mais à peine à-t-il fait quatre pas, qu'il glisse, s'abat et tombe au bas du rocher. J'avais heureusement pris la bonne précaution de ne mettre que l'extrémité de mes pieds dans les étriers. A peine le cheval fut-il à terre, que je m'élance de côté, et sans savoir comment j'ai pu agir si lestement, je vois le cheval dégringoler pendant que je me tenais là avec une légère contusion au genou. Tout le monde fut effrayé; mais, en me voyant debout, on se rassura bien vite, et mon cheval, aussi heureux que moi, en fut quitte pour la peur.

Au même moment, le cheval de l'abbé Sochnlin, par une reculade imprévue, était arrivé à cinq centimètres à peine d'un énorme précipice, et pendant que le bon abbé me regardait dégringoler, il ne se doutait pas qu'il allait peut-être faire le saut périlleux. Ceux qui le voyaient ne respiraient plus et n'osaient rien lui dire, de peur qu'un mouvement involontaire ne lui fît tirer les rênes de son cheval qui l'eût culbuté. Dieu nous protégea, et le mal se borna à la frayeur.

Cependant, je n'osais plus remonter à cheval. Fad-Allah faisait serrer les sangles à cause de la difficulté du chemin, qui, jusqu'alors, n'était rien; et certes, cela ne me rassurait guère. Je me hasardai pourtant; mais le moindre faux pas de mon cheval me donnait la chair de poule; j'étais d'une prudence à ravir; mon cheval n'était plus solide, il buttait à chaque pas; au moindre rocher il s'arrêtait et semblait hésiter. Je craignais un nouvel accident; je demandai un autre cheval. Fad-Allah me donna le sien; et après une heure et demie à travers des chemins horribles, ou plutôt à travers des rochers à se tuer mille fois pour une, car il n'y a pas de chemin; après des descentes à cheval sur des côtes de la rapidité d'un toit; après être descendu et remonté vingt fois de cheval pour éviter les plus grands dangers, nous arrivons à Saint-Jean-du-Désert, à sept heures du soir.

SAINT-JEAN-DU-DÉSERT. — J'étais bien heureux de pouvoir me reposer; ma chute m'avait tellement impressionné, que j'avais besoin de repos. J'étais triste, je ne causais pas et j'étais ennuyé de tout.

Le dîner me fit du bien ; et après dîner, sans prendre part à la causerie que tout le monde alla faire sur la terrasse, j'allai me coucher. Il avait été décidé que nous nous diviserions en deux sections pour les messes du lendemain; quatre devaient aller offrir le Saint-Sacrifice à la *chapelle de la Visitation,* à dix minutes du couvent, les quatre autres, car l'abbé Benoît avait dû retourner à Jérusalem pour sa santé, devaient l'offrir au couvent sur l'*autel de la nativité de saint Jean-Baptiste*. Il avait été également décidé que ce serait sur ce dernier sanctuaire que je dirais la messe avec l'abbé Sochnlin, l'abbé Poirier et Monseigneur, mais on ne régla pas l'heure de chacun de nous; ce qui avait été réglé, c'est que toutes les messes devaient-être dites pour sept heures.

Mardi 23 septembre.

Je suis réveillé à cinq heures par la cloche du couvent, qui sonnait je ne sais ni pour qui, ni à quelle occasion. Comme je me doutais que Monseigneur ne dirait pas sa messe le premier, je me lève et je descends à la grotte où était né saint Jean. Personne n'occupait l'autel. Je célébrai la Sainte Messe; et, malgré la douleur que j'éprouvais au genou, je pus cependant encore, tant bien que mal, faire les génuflexions. Comme je demandais, avant de commencer, à mon servant de messe, d'aller prier un Père du couvent de me dire s'il y avait une messe propre à dire sur cet autel, mon drôle va trouver M. Martinet, et lui demande de ma part s'il veut communier à ma messe. M. Martinet arrive tout empressé me dire que *cela lui était égal;* le servant de messe m'apporta une petite hostie, et M. Martinet fait une communion un peu improvisée, mais que je crois agréable au bon Dieu par la simplicité de celui qui la recevait.

Après ma messe, je montai sur la terrasse, où je dis mon bréviaire. Je fis après une petite étude des mœurs du pays dont je ne fus point édifié. Je m'ennuyai un peu en attendant que tout le monde fût prêt, et il était sept heures et demie quand on sortit du réfectoire.

A huit heures nous étions à cheval et nous partions au désert visiter la grotte où vécut saint Jean.

Le chemin, dans plusieurs endroits, est très difficile et extrêmement dangereux. Je fus encore obligé de changer de cheval et de prendre celui de la veille pour éviter de nouveaux accidents. A toute montée et à toute descente qui offraient des dangers plus graves, je descendais sans respect humain, et j'étais convaincu que la prudence est la mère de la sureté.

La vallée que nous avons suivie des yeux en longeant les flancs de la montagne, paraît extrêmement fertile et mieux cultivée que partout ailleurs; nous y rencontrions des jardins, de petites propriétés, de petits enclos; et, sur la montagne elle-même, on avait utilisé le peu de terre qu'on y trouvait.

A une demi-heure de Saint-Jean, on nous montra le lieu où le saint Précurseur prêchait la pénitence à ses compatriotes.

La Grotte de saint Jean n'est qu'à une heure et demie du couvent. Avant d'y arriver, la montagne offre de si sérieuses difficultés, qu'il faut descendre de cheval, et cheminer avec prudence jusqu'à un endroit où s'élève une petite hutte ; c'est là que demeure un bon Arabe possesseur du champ où se trouve l'ancienne habitation du plus grand des enfants des hommes.

Pour atteindre la grotte qu'il habitait, il faut descendre une vingtaine de marches, en gravir sept ou huit, et prendre garde de se casser le cou. La grotte est très étroite ; on y a placé un autel plus que modeste, et on a creusé dans la roche vive quelques siéges pour s'asseoir pendant qu'on célèbre la Sainte Messe. Je brisai quelques morceaux de cette grotte comme souvenir de cette demeure sanctifiée par la présence de cet ange du désert. Je pris aussi quelques fruits de caroubier qu'on avais mis sécher sur une roche à côté ; je bus de l'eau de la fontaine où saint Jean avait bu, et je me laissai un peu aller aux impressions que me causait la vue de tous ces lieux. J'étais sur la roche où l'ami du Sauveur avait prêché ; je voyais les mêmes lieux qu'il avait contemplés autrefois, et, la terre que je foulais, il l'avait lui-même foulée. J'étais dans les mêmes conditions que lui pour sentir mon cœur s'élever comme le sien vers le bon Dieu, et cependant il était loin d'en être ainsi : j'en rougis de honte, et je ne sais que penser de ma froideur.

Le mot latin qui signifie *sauterelle*, et dont il est dit que saint Jean se nourrissait, a aussi pour signification le fruit du caroubier que j'ai conservé. Sainte Elisabeth, la mère du saint Précurseur, vivait à une lieue de son fils, et je crois qu'elle devait veiller à ce que ce fils bien-aimé ne fût pas entièrement privé des choses qu'une mère aussi bonne sait toujours procurer à son enfant.

A deux minutes de la grotte de saint Jean, se trouve le *Tombeau de sainte Elisabeth*. Après avoir visité la demeure du fils, il était tout naturel d'aller prier sur la tombe de la mère. J'eus le bonheur d'avoir quelques parcelles de ce précieux tombeau creusé dans la roche ; et nous revînmes au couvent de saint Jean par le même chemin.

A dix minutes du village, se trouve une chapelle bâtie à l'endroit où la Sainte Vierge rencontra sainte Elisabeth quand elle vint lui rendre visite, et qu'on nomme la *chapelle de la Visitation*. Nous y entrâmes pour y chanter le *Magnificat*. J'avais tellement chaud que je fus obligé de sortir pendant ce chant, à cause de l'humidité de la chapelle. On rendit ensuite une visite assez longue aux sœurs de Sion, dont la maison fait face à la chapelle ; je n'entrai pas pour le même motif, et je restai à la porte, occupé à m'ennuyer en attendant que tous ces Messieurs aient pris les rafraîchissements d'usage. Enfin on rentra au couvent. Il était onze heures et demie.

Il était près d'une heure quand on se mit à table ; je mourais de faim et de soif. En attendant que je pusse apaiser ces besoins, je m'étais mis à la fenêtre du vestibule pour prendre un peu l'air et regarder le village ; je pus, pendant les quelques minutes que je restai là, avoir un petit aperçu des mœurs du pays, et je fus loin d'en être édifié.

Après dîner, je me reposai ; ma chute m'avait un peu dérangé, et je ne me sentais pas trop à mon aise. A mon réveil, j'éprouvais toujours les mêmes embarras gastriques, et un mal de tête assez violent. J'étais un peu tourmenté, et la tristesse commença à me saisir ; je ne causais qu'à regret, et je ne trouvais plus d'agréments dans les récréations que Charles nous donnait. La bande des amis de la joie avait pris fantaisie de mettre de l'eau dans le lit de M. Martinet, et cet incident fut l'objet de mille plaisanteries, et aussi de quelques ennuis pour plusieurs.

A quatre heures nous quittons Saint-Jean-du-Désert, et nous reprenons le chemin de Jérusalem. Nous gravissons des roches affreuses ; mon cheval montrait un courage à ravir, et il avait le pied extrêmement sûr ; cette faveur m'ôta toute crainte et me soulagea un peu.

Nous avancions très vite, la caravane était assez joyeuse, et le chemin passait gaiement.

A cinq heures, nous visitons le *couvent de sainte Croix*, où fut, dit-on, coupé l'arbre sur lequel on crucifia Notre-Seigneur. L'église, chargée de mille peintures, comme toutes les églises grecques, est pavée de mosaïques ; ce pavé est encore tout noir dans deux endroits par l'immense quantité de sang qui y fut versé il y a un siècle, lorsque les Turcs vinrent y massacrer les popes. Après la visite de cette église, Monseigneur et quelques autres pèlerins visitèrent l'intérieur du couvent; la grande majorité sortit, et alla s'asseoir près des chevaux, ne se souciant pas du tout de visiter un couvent grec; et puis, nous n'étions point en avance, et on devait craindre de trouver la porte de Jérusalem fermée à notre retour.

Après une demi-heure, Monseigneur sortit enfin. Nous remontons à cheval, et, quittant Sainte-Croix et ses séminaristes, nous gagnons la Ville-Sainte.

A peine étions-nous à deux minutes du couvent, que Charles, Léon et le P. Duthau poussent leurs chevaux au galop; le reste de la caravane se trouve excité à faire de même; et on allait se donner cette fantaisie, quand, tout à coup, un bruit sourd frappe la terre; on pousse un cri, et chacun effrayé, s'arrête pour voir ce qui arrive. Un cheval n'avait plus de cavalier, la selle elle-même était par terre, et, sous la selle, le P. Bernard, à cinquante centimètres du mur, sans mouvement et sans parole, la figure blanche et décomposée.

« C'est le Père ! C'est le Père ! » s'écrie-t-on; et tout le monde d'accourir et de descendre de cheval.

Cependant il n'y avait aucun mal; la chute n'avait aucune gravité. Après avoir retiré le cheval, qui avait les pieds sur la robe du Père et l'empêchait de se relever, chacun prit haleine en voyant le bon moine sans fracture et tout prêt à remonter à cheval. La sangle s'était brisée, et la selle, ayant tourné par le mouvement que fit le cheval pour aller plus vite, fut cause de cet accident.

Le vice-Président adressa d'amers reproches à ceux qui étaient partis au galop; et, jusqu'à Jérusalem, il ne fut question que de mesures à prendre pour éviter de pareils désagréments; ce qui rendit la route triste, et fit faire à plusieurs des réflexions peu charitables peut-être, mais bien vraies et bien senties.

Il était six heures quand nous fîmes notre entrée à Jérusalem par la porte de Jaffa.

JÉRUSALEM. — Le reste de la journée se passa comme de coutume, avec la différence qu'on sentait plus de fatigues qu'à l'ordinaire, et qu'on avait, pour moi du moins, une envie plus qu'ordinaire de reposer le plus tôt possible. C'est ce que je fis dès que je pus avoir mis mes affaires en ordre.

Mercredi 24 septembre.

Je passai une nuit aussi mauvaise que possible ; cependant je ne me sentais pas trop fatigué le matin, et je pus, dès les six heures, aller dire la messe à Saint-Sauveur. J'avais pris en me levant la résolution de me reposer parfaitement toute la journée et d'en profiter pour écrire quelques lettres que je devais joindre à celle de M. le curé de Vanvey, et qui devaient partir le lendemain pour Jaffa. J'eus à peine le courage d'écrire à mon frère, à Mme Bazile et à Mme Barrachin. J'envoyai le reste des correspondances aux calendes grecques, et je fis de mon mieux pour me persuader que je ne pouvais pas écrire. J'y réussis.

(*Toutes les lettres de notre pieux pèlerin m'ont été confiées ; je cite ici seulement celle adressée à Mme Barrachin.*)

Jérusalem, le 24 septembre 1862.

MADAME,

J'ai bien regret de vous avoir conseillé de ne point m'écrire pendant mon voyage : j'ignorais que les correspondances, quoique plus rares, fussent si faciles; et au milieu des joies que j'éprouve, je sens qu'il me manque le bonheur d'avoir des nouvelles de France.

Le Calvaire apprend bien des choses, l'âme s'y trouve plus à l'aise que partout au monde; la Croix est un livre qui parle au cœur, et chaque fois que je vais prier sur la roche où est mort Notre-Seigneur, je me sens la force de tout souffrir pour le bon Dieu. Il y a huit jours, j'ai couché au Saint-Sépulcre; je devais dire la Sainte-Messe sur le tombeau de Notre-Seigneur, et, comme cette messe doit être dite à quatre heures du matin, et que les Turcs, qui ont la clef du temple, n'ouvrent la porte que quand il leur plaît, j'ai dû passer la nuit dans l'intérieur de l'église, afin de pouvoir offrir le Saint-Sacrifice. Je bénissais intérieurement la sauvagerie des Turcs qui me forçaient par là à demeurer longtemps dans ces lieux que je suis venu visiter de si loin, et toute la nuit, je l'ai passée à genoux sur le Calvaire et en pleurs sur le Tombeau de Jésus. J'étais bien heureux, et j'aurais bien voulu qu'il me fût possible de ne plus jamais retourner en France. Le temps m'eût bien duré de mes chers amis, mais je sais qu'ils auraient conservé un petit souvenir du pauvre curé de Rochefort, qu'ils auraient prié pour lui, et c'eût été pour moi une immense consolation. Ici, du moins, je prierais le bon Dieu de tout mon cœur; je ne serais utile à rien, mais au moins je ne tiendrais pas la place d'un autre qui pourrait faire beaucoup plus de bien que moi, et je pourrais un peu mieux faire pénitence. Je sais bien qu'à Rochefort, il y a amples occasions de sacrifices; mais il y a aussi, dans votre si bonne et si pieuse famille, des consolations, des jouissances qu'on ne trouve nulle part, et en résumé les douceurs surpassent les peines. J'ai promis de revenir; j'espère donc vous revoir à mon retour, ce qui arrivera dans la première quinzaine de décembre. Peut-être, à cette époque, serez-vous à Servigny; mais alors je reviendrais à Châtillon lorsque vous y seriez vous même de retour.

Je suis arrivé à Jérusalem le 15 septembre, après une traversée extrêmement mauvaise : je n'ai n'ai point eu le mal de mer et n'ai point éprouvé, pendant le voyage, d'accidents fâcheux. Hier, pour la première fois, il m'est arrivé un petit accident : mon chéval s'est abattu en sautant sur une roche : je pouvais être tué, mais le bon Dieu ne l'a pas permis.

Je suis bien aise d'avoir avec moi le portrait de vos excellentes demoiselles ; chaque fois que je les regarde, elles me rappellent les beaux jours de Rochefort, et j'éprouve une sensation de bonheur bien agréable.

Peut-être êtes-vous tous en ce moment réunis à Rochefort. Je ne puis avoir toutes les jouissances à la fois ; mais je voudrais presque que vous n'y soyez pas afin que vous puissiez y revenir plus tôt. Je suis bien égoïste, mais c'est un peu de votre faute, car ce sont vos bontés qui en sont la cause.

Veuillez, je vous prie, présenter mes respects à M. Barrachin, et me rappeler au souvenir de mesdemoiselles Suzanne et Juliette.

Agréez, Madame, l'assurance de mes sentiments respectueux.

G. MAGDELAINE, *prêtre* (1).

Vers les neuf heures, je vais avec quelques-

(1) Quelle foi, quelle piété, quelle humilité, quelle confiance en Dieu respirent dans cette lettre !... Et aussi quelle délicatesse de sentiments on y voit !... Les nobles pensées et leur expression délicate et naïve sont les échos des âmes d'élite. — (N. E.)

uns de ces messieurs voir le pauvre abbé Benoît, qu'on avait été obligé de conduire chez les bonnes sœurs de Saint-Joseph pour y être mieux soigné, et qui se trouve menacé d'une fièvre typhoïde. Nous entrons en revenant dans la maison des Grecs-unis pour en visiter l'église; puis je rentre à la *Casa nuova*, où je dors jusqu'à dîner.

Après dîner, je reprends mon somme; et, quand je me réveillai à trois heures, je me trouvai beaucoup mieux et presque quitte de mon indisposition. Ce petit sommeil m'avait parfaitement reposé; ma jambe souffrait à peine, et, pour essayer mon nouveau bien-être, j'allai faire une petite promenade sur le bazar, où je rencontrai Léon et Joseph. Tous les Juifs sont en liesse aujourd'hui; leurs boutiques sont fermées et ils célèbrent la veille du premier de l'année juive. Je rentre au couvent après une demi-heure de courses et je passe le reste de la journée à rôder de côté et d'autre dans l'intérieur de la maison.

Monseigneur, qui se trouve toujours indisposé, ne descend plus à la salle à manger avec nous: il ne sait pas commander à son appétit et à sa soif, et il lui faut pour cela payer le tribut d'usage en pareilles circonstances.

Après dîner, le P. Bernard nous donne, sur

les mœurs et les coutumes des Arabes, une foule de petits détails qui m'ont infiniment intéressé, et qui me mettent à même d'avoir sur ces singulières créatures des idées justes et très intéressantes.

Jeudi 25 septembre.

Le nuit a été superbe : j'ai dormi comme un loir et je me trouve dispos comme jamais. A six heures et demie, je vais dire la messe à Saint-Sauveur; et, après déjeuner, comme c'est encore aujourd'hui jour libre, je vais avec M. Lair me promener jusqu'à Bethléem, dont j'avais emporté un délicieux souvenir, et que je tenais beaucoup à revoir. Charles et Léon veulent faire cette promenade à *bourriquauds;* nous prenons les devants, persuadés que ces messieurs nous rattraperont aisément.

Je revois avec bonheur les souvenirs qui se trouvent le long de la route, le Térébinthe, le Puits des Mages, la roche du prophète Élie, le *champ des Pois,* où nous nous reposons un instant pour ramasser quelques-unes de ces pierres traditionnelles qui, là seulement, ont la forme de pois par suite d'une parole que la Sainte Vierge adressa, dit-on, à des Juifs qui plantaient ce légume dans leur champ; puis enfin le *tombeau de Rachel,* où les Juifs viennent encore pleurer.

Il faut deux petites heures de Jérusalem à Bethléem; nous en avons mis trois, et nous sommes encore arrivés avant les *bourriquauds*. Avant d'entrer à Bethléem, je passai près d'un berger qui jouait des airs *patriotiques* sur un chalumeau; je lui achetai ce petit flageolet comme souvenir de mon voyage à Bethléem, et aussi comme souvenir de la musique que les bergers entendirent dans ces lieux à la naissance du Sauveur.

Arrivés au couvent, nous allâmes d'abord adorer l'Enfant Jésus au lieu même de sa naissance; et pendant qu'on nous préparait quelque chose à la cuisine, Charles et Léon, accompagnés de M. Martinet qu'ils avaient rencontré en route, firent leur apparition dans le vestibule. J'eusse préféré rester seul avec M. Lair, et l'arrivée de ces enfants et de M. Martinet nous contrariait un peu

Pendant le dîner, M. Martinet manifesta le désir d'aller voir M. le curé des Pasteurs chez lui; comme cette idée était la nôtre, et que nous voulions aller seuls rendre visite au bon curé, nous laissons M. Martinet prendre son café, et nous partons au village des Pasteurs. Chemin faisant, M. Lair trouva un petit caméléon qu'il recueillit dans l'intention de le conserver.

Nous trouvâmes le curé chez lui, le maître d'école nous y offrit le café; et, pendant deux grosses heures, nous causâmes de mille choses.

En partant, le curé nous montra ses propriétés, l'emplacement où il veut bâtir son église et son presbytère.

Il était trois heures quand nous lui dîmes adieu.

Le temps était chargé de nuages; la pluie menaçait et on voyait qu'elle avait dû déjà tomber près de Jérusalem. Nous partons à Bethléem retrouver les *bourriquauds* des deux enfants, et, laissant aller devant nous ces gentilles bêtes, nous partons, M. Lair et moi, craignant à chaque pas d'être surpris par les gros nuages noirs qui suivaient la vallée, mais qui ne la dépassaient pas.

J'étais très fatigué. Ces cinq lieues m'avaient donné un appétit ravissant, et cependant j'eus le courage de ne pas manger un délicieux raisin que Léon me donna à Bethléem. Je le mis sur une roche vers le monastère de Saint-Élie, pour la dévotion du premier passant; et je sus m'abstenir de satisfaire ma soif, dans la crainte d'accident.

Je me reposai parfaitement jusqu'à huit

heures. Je mangeai peu à souper par prudence, et je ne fis qu'un bond de la salle à manger à ma chambre.

Pendant le dîner, il avait été question du voyage à Béthanie qu'on devait faire le lendemain. Comme ce voyage devait se faire aux frais particuliers de chacun, et que personne ne connaissant cette clause tousse disposaient à prendre leurs mesures pour partir, je me défiai du tour : je chargai l'abbé Tenaille de s'informer de la chose vers M. Cortet ; et j'allais me mettre au lit, quand on vint me dire qu'il en était comme je l'avais pensé. Alors je dis tout simplement que je resterai chez moi pendant qu'on fera ce voyage, puisque nous devons passer par Béthanie en revenant de la Mer Morte, et que je ne vois pas la nécessité de payer la dépense d'un cheval pour une course qu'on doit faire sans nouveaux frais.

Ceci arrêté, je posai mon oreille droite sur l'horrible oreiller de mon horrible lit, et j'appelai le sommeil de tous mes vœux.

Vendredi 26 septembre.

Le sommeil était venu sans retard ; et, malgré les mille invitations qui me sont faites à cinq heures pour partir avec la caravane, je me tiens raide sur ma résolution; et, pendant que le jour arrive, je m'évertue encore à dormir; mais je fus moins heureux, et je dus entendre les râclements de gorge que l'abbé Poirier faisait, pour mettre à l'essai un petit bout de rhume qu'il avait ramassé je ne sais où. Ce n'était rien moins que poétique; et cela, joint aux chants de l'infâme coq que j'ai pour voisin, et à un certain bélier dont j'ignore le repaire, n'était point fait pour engager Morphée à me donner la main: il était fâché, et il fallait s'y résigner.

L'abbé Poirier avait fait la mauvaise tête comme moi, et il était furieux qu'on eût ainsi décidé un voyage sans consulter, comme le règlement l'ordonne, tous les membres de la caravane.

Dès que je suis levé, je pars au Saint-Sépulcre, alléché par l'odeur des Grecs, qui devaient y célébrer, *in pompibus*, la fête de l'Exaltation de la sainte Croix. Il n'est pas possible de prier sur ces sanctuaires divins où Notre-Seigneur est mort, quand la foule s'y porte comme aux cérémonies de cette nature; aussi je dis que c'est la curiosité qui m'y appelait, et je voulais avoir une idée de ce qu'était une *fête grecque*.

J'étais depuis peu occupé à regarder les cérémonies de l'office, et, debout à l'entrée de la porte, je plaignais intérieurement ces pauvres schismatiques qui s'étaient séparés de la Mère-Eglise pour obéir à des ambitieux que l'orgueil avait égarés. Tout à coup une espèce de religieuse grecque, comme on en voit tant, mais mise avec une distinction et une richesse peu communes, se présente à la porte et entre avec la foule. Elle paraissait assez distraite et me regarda en passant avec une attention si marquée, que je m'en aperçus. Elle me fixa carrément, s'arrêta un peu, et s'éloigna comme à regret. De mon côté, quand je vis qu'elle me regardait de la sorte, je plantai aussi carrément mes yeux sur elle, et je me dis en moi-même que je serais aussi impoli qu'elle. C'était bête de ma part; mais j'étais vexé qu'une femme me regardât de la sorte. Enfin, à force de petites reculades, elle finit par s'éclipser. Mais je la vois bientôt revenir; elle dit quelques mots à une vieille dame, puis elle vient tout bonnement se planter vers l'autre côté de la porte, en face de moi, et se met à me toiser du regard des pieds à la tête.

Cette fois je fus intrigué, et j'étais bien sûr qu'elle me voulait quelque chose. Je fis semblant de n'avoir rien vu et de ne pas la savoir à côté de moi. J'attendais qu'elle m'adressât la parole, et en effet cela ne tarda pas.

Voici notre fameuse conversation : « Monsieur, me dit-elle, parlez vous français? Oui, Madame. — D'où êtes-vous? — Je suis de la Bourgogne. — Ah! vous êtes français? — Je suis français. — Alors, Monsieur, je vous prie de m'excuser, je vous prenais pour quelqu'un que je connais. Je suis russe et je croyais vous reconnaître pour un compatriote. Adieu ! »

Voilà comment se dénoua le mystère, et comment on voit souvent bien des choses où il n'y a rien.

Les Grecs m'ennuyaient. En attendant la grande procession qu'ils devaient faire, j'allai prier le bon Dieu, me recueillir un instant; puis je dis la Sainte-Messe sur l'autel où l'on dit que Notre-Seigneur apparut à la Sainte Vierge après sa résurrection, et qui est actuellement l'autel où les PP. Franciscains conservent les Saintes-Espèces, et je revins après prendre un petit déjeuner à la *Casa nuova*.

Après déjeûner je reviens à la cérémonie grecque. J'étais à peine arrivé, — et cette fois j'étais entré dans l'intérieur de l'église, — que je me sens tiré par le bras. Je me retourne et je me trouve en face d'une autre femme, à visage de cinquante ans, et qui, sous l'habit des femmes religieuses grecques schismatiques, me présente un sourire des plus gracieux. En un français assez pur : « Vous êtes catholique ? me dit-elle. — Oui, je suis catholique. — Bien! mais je voudrais savoir si je pouvais être permis de voir... comment dites-vous en français!... (et elle frappait de sa main droite de tous côtés)... de *Godefrides*. —L'épée de Godefroi de Bouillon?—Oui, c'est cela; et puis l'... (autre mot russe); et elle levait la jambe pour me montrer son talon. — Ses éperons? Oui, c'est cela. — Etes-vous catholique?— Oh!... non, je suis russe; je pars après-demain pour la Russie et je serais bien aise de voir... — Alors demandez aux Pères latins, je crois qu'ils vous feront voir ce que vous demandez.»

Et, sur une nouvelle instance, je la conduis à la sacristie, où elle satisfait sa curiosité, et nous nous quittons bons amis.

Je reviens à mes *moutons*, qui, entre nous soit dit, sont de *fameux boucs*. C'est une vraie mascarade que leur fête. Ils hurlent comme des chiens, chantent des gammes de *kyrie eleison;* n'ayant pas d'orgue, ce sont des popes qui, avec certains sons, essaient de remplacer la musique; tantôt c'est une série d'*oins* qu'ils roucoulent pendant un quart d'heure; puis les *nié* succèdent; à ces *nié* d'autres consonnances aussi harmonieuses. Le Patriarche officiait avec plusieurs Evêques, et tous les assistants à l'autel étaient bien au nombre de quatre-vingts. Leurs ornements sacerdotaux sont très riches, et pour cette cérémonie, toutes les lampes, tous les cierges du Saint-Sépulcre étaient allumés.

Rentré à dix heures, je passai le reste du temps jusqu'à midi à prier, à dormir et à ne rien faire. La caravane revint à onze heures et demie, et presque tous furent étonnés en apprenant que le voyage était à leurs frais particuliers.

Les chevaux étaient loués pour la journée. Il fut convenu qu'on irait visiter, dans la soirée, les *tombeaux des rois*. Comme je n'avais pas loué de cheval, je restai encore au *bureau*, sachant que j'avais bien le temps de voir ces choses dans mes moments de loisir.

A trois heures, j'allai dire mes vêpres au Saint-Sépulcre, et de là je voulus retourner aux lamentations des Juifs. J'eus mille peines de trouver le lieu ; j'errai longtemps d'abord dans un quartier où je fus très heureux de n'être pas pillé et assommé; enfin je vis mes recherches couronnées de succès, et pendant un quart d'heure, je m'arrêtai en face de ce peuple maudit, occupé à demander un Sauveur qu'ils n'ont point voulu reconnaître, et à pleurer la perte d'un temple dont la destruction est le signe de leur aveuglement. Cette fois la foule des Juifs était nombreuse, moins recueillie; et, à part une bonne femme qui pleurait en chantant, tout le reste se contentait de dandiner la tête en lisant la Bible.

Je revins à la *Casa nuova,* et rien, jusqu'à l'heure du dîner, ne vint interrompre la monotonie du couvent.

Après le dîner, à une heure nous avions eu un entretien assez intéressant sur les Arabes et diverses interprétations de la Sainte Ecriture, entre le P. Tournel, M. Cortet, l'abbé Crosnier et l'abbé Poirier. Je note en passant cet endroit où Notre-Seigneur dit qu'il est plus facile à un chameau de passer par le trou d'une aiguille qu'à un riche d'entrer au Ciel. — A Jérusalem il y avait autrefois un endroit dont l'entrée était très basse et par laquelle les chameaux ne pouvaient passer qu'en leur ôtant leurs bagages et qu'en se mettant presque à genoux. Cet endroit se nommait le *Trou de l'aiguille*. La comparaison de Notre-Seigneur n'avait donc rien que de très naturel en voulant qu'à l'exemple du chameau, le riche se détache des bagages de sa fortune, et s'humilie pour arriver au ciel.

Samedi 27 septembre.

Cette nuit a été excellente. Je commence à m'habituer à mon mauvais lit, et je crois que le sommeil dont je jouis depuis quelques jours, tient à ce que je ne prends plus de café le soir. Pour les Arabes, l'abondance du café peut être utile, mais, pour des estomacs qui n'y sont point habitués, cette boisson, prise sans modération, peut devenir funeste.

A sept heures je dis ma messe à Saint-Sauveur, et, après déjeuner, M. Cortet me propose de l'accompagner à Gethsémani.

J'accepte cette offre avec grand plaisir, persuadé que je n'aurais qu'à gagner dans cette circonstance. Et en effet, le gardien, *Fra Angelo*, fut tout d'abord d'une courtoisie ravissante. Sur la demande de M. Cortet, il nous donna des fleurs charmantes que je mis dans ce petit livre (1), et, poussant ses largesses à l'héroïsme, il nous fit entrer dans sa petite habitation. Il nous donna des graines de fleurs de toutes espèces, récoltées dans son jardin de Gethsémani.

Nous allions pousser plus loin notre ambition, quand M. Martinet et l'abbé Sochnlin firent apparition dans ces lieux; et, en attendant que ces messieurs quittent la place, M. Cortet m'engagea à faire une petite promenade dans

(1) Le carnet de ses notes; ces fleurs sont conservées avec tous ses souvenirs de Terre-Sainte. Les graines ont été semées dans mon clos; elles ont des couleurs plus vives que celles de notre climat. — (N. E.)

les allées du jardin. Pendant ce temps nous nous entretenons de la joie qu'on éprouve en visitant des lieux si pleins de souvenirs, du bonheur de parcourir un pays si cher à notre foi ; et c'est après dix minutes que, nous trouvant seuls, nous demandons à *Fra Angelo,* des branches d'olivier, qu'il nous donne, et les olives tombées au pied des oliviers. Pendant que je m'occupe à en emplir mon sac, M. Cortet profite du moment où le Frère, à demi confiant, nous laisse seuls autour de ces arbres, pour en couper quelques petites branches; et fiers de notre pieux larcin, nous quittons la place, avec promesse d'y revenir avant de quitter Jérusalem.

En sortant de Gethsémani, nous descendons le torrent de Cédron jusqu'au tombeau d'Absalon, en face duquel se trouve un pont dont l'arche repose sur une roche. Ce fut là très probablement que Notre-Seigneur tomba quand il fut conduit dans ses jours de souffrances; je brisai de la roche et en emportai une assez grande quantité.

A dix heures, nous rentrons au couvent, et jusqu'à midi je restai chez moi occupé à mettre en note mes petites aventures passées.

A trois heures et demie nous allons tous, sur la demande du P. Bernard, visiter la classe dont il est le professeur. Le Père Vicaire était là pour nous recevoir, et le Père Carme et le Père Dominicain vinrent avec nous.

Le P. Bernard, qui, dans tout ce qu'il dit, met une certaine solennité et une emphase qui fatiguent, nous lut un discours assez long, dont les phrases ampoulées, visant à l'effet, n'avaient pas même le mérite de dire quelque chose. Chacun fut soulagé quand ce discours fut fini; on portait ce pauvre Père sur les épaules; et, dans une circonstance où il n'avait rien, ou presque rien à dire, je remarquai encore une fois de plus combien il manquait de tact et de jugement. C'est en voulant être trop gracieux que l'âne de La Fontaine fit la culbute. Cette circonstance fut un vrai culbutis pour le bon Père, tout en lui tenant compte de son bon vouloir.

Pendant deux heures, on nous bourra de français, d'italien, de grammaire, de chiffres; j'avais une envie de dormir démesurée; le P. Tournel s'en alla, le P. Félix l'avait déjà devancé depuis longtemps; et si nous eussions été libres, nous nous serions tous évaporés les uns après les autres. Enfin le bon Dieu voulut nous délivrer et nous pûmes en finir.

De cette école, on nous fit entrer dans une autre où l'on enseigne l'arabe; cette séance fut moins longue, et par conséquent plus intéressante. Les petits enfants nous chantèrent le

Salve Regina en arabe, firent une petite lecture et nous permirent de nous retirer.

Nous sortons de là pour aller chez le Père Vicaire, où on nous offre des rafraîchissements et le café. Les Arabes de l'école française nous apportent leurs cahiers et nous donnent à chacun une page de leur écriture.

J'avais besoin du grand air, et ce fut bonheur quand on leva la séance. Cette visite fut, pour la plupart, très ennuyeuse, et ce fut un petit tribut que nous pûmes déposer au pied de la Croix.

De Saint-Sauveur j'allai avec l'abbé Sochnlin au Saint-Sépulcre; nous eûmes le temps d'aller dire une petite prière sur les lieux principaux de ce temple; et de là, remontant le bazar, j'allai à la porte de Jaffa acheter un sac de nuit dont j'avais grand besoin pour placer mes souvenirs de Terre-Sainte.

Depuis notre retour de Saint-Jean-du-Désert, le frère Liéven, qui habituellement conduit les caravanes françaises et est leur cicérone, a remplacé le P. Bernard, qui paraît peu satisfait de cette mutation, d'autant plus que leurs opinions sur certains lieux et sur l'authenticité de certaines choses sont complétement en désaccord : par exemple sur les lieux où fut lapidé saint Étienne, sur la fontaine Saint-Philippe et plusieurs autres choses.

Le frère Liéven me paraît plus instruit sur ce sujet que le P. Bernard: il est moins absolu dans ses idées; il donne l'opinion des Pères et des personnages les plus recommandables sur les lieux qu'on visite, lorqu'il y a doute; s'il donne son opinion, ce n'est jamais comme règle définitive. Aussi l'apprécie-t-on beaucoup. Il joint à cela un caractère très enjoué, une bonté toute fraternelle et ne cherche pas à poser et à être solennel comme le P. Bernard.

SEPTIÈME SEMAINE.

Jérusalem (suite). — L'Autel du Crucifiement. — Saint-Sabas. — Mer Morte. — Jéricho. — Fontaine d'Elisée. — Jourdain. — Montagne de la Quarantaine. — Béthanie. — Betphagé. — Rentrée à Jérusalem.

Dimanche 28 septembre.

Je me lève à six heures, et pendant que l'abbé Crosnier dit la messe dans la chambre de l'abbé Benoît, je me sauve vite au Saint-Sépulcre, afin de pouvoir dire la Sainte-Messe sur l'*autel du Crucifiement*. Les autres prêtres de la caravane étaient pour la plupart à la messe qui se disait chez notre pauvre malade; je craignais de ne pouvoir satisfaire ma dévotion en négligeant la belle occasion qui se présentait.

J'eus le bonheur que je convoitais : l'autel était libre et je pus célébrer la messe des *Sept douleurs de la Sainte Vierge*, à deux pas du lieu où elle était quand on lui remit son divin Fils entre les bras, après qu'il fut descendu de la croix. Je me tenais là où les bourreaux le couchèrent sur l'arbre; là, où ils enfoncèrent les clous dans ses pieds et ses mains; et c'est au même endroit que je le fis descendre, que je le contemplai dans mes mains, que je le reçus dans mon cœur, et le priai pour ceux dont le souvenir m'est si cher.

On éprouve à Jérusalem des émotions qu'on n'éprouve nulle part ; le cœur a beau être froid, quand on arrive là, où tant de choses parlent d'elles-mêmes, il n'y a pas à dire, l'âme se sent émue et remuée de fond en comble. C'est ce que j'éprouve presque toujours quand je suis seul ; autrement les grimaces et les mascarades des Grecs et des Arméniens vous ennuient tellement, qu'il est impossible à l'âme de prier et de sentir autre chose que le dégoût de tels voisins.

Je revins au couvent prendre un petit déjeuner ; et, pour employer autant que possible mes loisirs du matin à des choses pieuses, j'allai à Saint-Sauveur avec MM. le d[r] Maupoint, Lair, Senil et Martinet, pour assister à la grand'messe.

Je me trouvai à l'église à côté de plusieurs dames européennes. La vue des costumes français et de l'horible crinoline elle-même me fit un plaisir incroyable ; je me trouvais bien à côté d'une coiffure française, d'un vêtement français, de quelqu'un qui me rappelait la France, au milieu de ce peuple en guenilles et de l'aspect le plus repoussant.

Après la messe, je rentrai à la *Casa nuova*, et passai mon temps à causer de côté et d'autre, chez moi, chez M. Lair, en société du P. Tournel, dont les conversations m'intéressent toujours beaucoup.

Après déjeûner, Monseigneur me conduit chez lui pour m'apprendre que j'étais invité à aller ce soir dîner avec lui, son frère et l'abbé Sochnlin chez le Patriarche. Il avait cru que nous étions les deux seuls prêtres qui n'avions point participé au premier dîner, et aucune invitation ne fut faite ni à l'abbé Tenaille ni à l'abbé Benoît, qui n'y avaient point pris part.

A deux heures nous allons tous rendre visite à Fad-Allah qui nous reçoit avec un luxe tout oriental. Il fait lui-même avec M. Martinet une partie de *dominos*, qui nous amuse beaucoup. La famille de Fad-Allah est très intéressante; ses petits enfants ont une figure candide, bonne, spirituelle, qui fait plaisir à voir; sa femme a ce beau type arabe qu'on trouve si peu, et cette famille fait sur nous tous la plus heureuse impression.

En quittant la maison de Fad-Allah, nous nous sommes rendus chez Joseph, où nous avons trouvé également le plus gracieux accueil. Les femmes arabes ont l'air bête avec les européens, parce qu'elles ne comprennent pas et ne parlent pas d'autre langue que l'arabe. La jeune femme de Joseph a une figure extrêmement bonne. Elle a dix-neuf ans à peine. Ici on se marie à l'âge de douze à treize ans, ce qui fait qu'à trente ans une femme est déjà vieille et décrépite.

Il est un usage qui me déplaît. Les femmes baisent la main des prêtres, et je n'aime pas quand j'entre dans une maison voir accourir toutes les femmes, me prendre la main, la baiser dévotement et y poser également leur front. Ne pas se prêter à cette manœuvre serait impoli; et franchement je l'ai été bien des fois, ma main n'étant pas une *patène,* et n'étant pas toujours disposé à me mettre ainsi à la disposition de ces usages arabes.

Il était quatre heures et demie quand nous revînmes à Saint-Sauveur; le salut était terminé; nous avions passé la soirée en païens; le Saint-Sépulcre était fermé, il fallut rentrer au couvent. Là je me débarbouillai et je fis un fantôme de toilette pour aller m'asseoir à la *table patriarcale.*

A six heures un *cavass* vint nous quérir. Monseigneur, mécontent de voir son indisposition se prolonger indéfiniment, soit qu'il se mît à la diète, soit qu'il satisfît son appétit, prit la résolution de ne plus rien se refuser, et il paraît bien résolu de commencer dès ce soir.

Nous retrouvons au Patriarcat le curé des Pasteurs; Mlle Valerga dîne avec nous. Le dîner était simple mais bien conditionné et bien servi; on n'y but que d'excellent vin de Bethléem et de Chypre. Mais ce qui fut pour moi le plus précieux, fut la connaissance que je fis d'un prêtre Arménien catholique, économe du Patriarcat, qui me témoigna la plus grande affection. Je lui donnai le portrait de ma sœur et celui de papa, ce qui lui fit une joie extrême (je n'avais plus ma photographie ni celle de mon frère). Il voulut se mettre en relation avec moi, et il fut décidé que nous nous écririons très souvent.

A huit heures et demie Monseigneur éprouvant quelque malaise leva la séance, et nous rentrâmes à la *Casa nuova* avant que les autres pèlerins eussent achevé leur dîner.

Quand ils vinrent nous rejoindre, on parla du voyage de la mer Morte que nous devons commencer demain; chacun témoigna ses appréhensions; on parla des braves et des poltrons; je me suis mis avec ceux-ci; et, ce qui nous fit le moins plaisir, c'est que le Consul, ne voulant pas nous laisser partir sans escorte, va nous donner une quarantaine de soldats turcs qu'il nous faudra payer et nourrir, et qui ne seront fidèles qu'autant qu'ils ne trahiront pas. Pour les grosses bourses, cet incident passe inaperçu ; mais pour les petits boursicots, il y a à réfléchir, et je ne sais pas encore quelle sera ma résolution.

M. Cortet fit ensuite une observation relativement aux persécutions dont M. Martinet est en butte depuis longtemps de la part de quelques uns, et des sottises qui avaient été faites à Saint-Jean-du-Désert. Les coupables promirent plus de réserve et un peu plus de sagesse, ce qui n'offre pas encore de bien grandes garanties. M. Martinet avait jugé prudent d'aller se coucher immédiatement après dîner, afin d'éviter les langues des *moustiques français ;* on avait effrayé ce brave homme par le récit exagéré des dangers du voyage.

Lundi 29 septembre.

Je commence à me faire au lit sur lequel je repose : on s'habitue à tout dans ce monde.

Je partis à six heures et demie dire ma messe à Saint-Sauveur, après quoi je revins déjeuner avec un excellent appétit et allai avec quelques pèlerins faire un tour sur le bazar. Je les quittai bientôt pour rentrer à la *Casa nuova*, où j'achève de dire mon bréviaire et j'écris mes petites notes. Je fis une visite au P. Tournel, qui me donna deux bouteilles pour rapporter de l'eau du Jourdain et de la mer Morte; je rentrai ensuite dans ma chambre attendre l'heure du dîner.

A une heure, tout se remue au couvent; chacun se dépouille de ce qu'il a, et se revêt du costume le plus mauvais possible. On charge les fusils et les pistolets. On nous a tant parlé de précipices et de Bédouins, que nous voyons dans notre voyage des dangers sérieux, et chacun prend ses dispositions en conséquence. Pour ma part, je n'étais point rassuré du tout, et je ne pouvais me persuader que nous reviendrions tous sains et saufs et que les Bédouins nous laisseraient tranquilles. C'est dans cette disposition d'esprit que je quittai ma soutane et m'affublai de la blouse légère qui m'a déjà rendu de si grands services.

J'achevais mes préparatifs et j'allais, avant de monter à cheval, dire mes vêpres et le reste de mon office, quand l'économe du Patriarcat, fidèle à sa promesse, vint m'apporter la bouteille du vieux chypre dont il m'avait parlé. Je n'eus garde de l'emporter, et je la réserve comme un souvenir de Jérusalem, pour célébrer mon retour en France avec mes parents et mes amis.

A deux heures le signal est donné. Nous quittons la *Casa nuova* et nous nous dirigeons à la porte de Jaffa, en attendant les bachi-bouzoucks qui doivent nous servir d'escorte pendant le voyage. Rien de laid et d'effrayant comme les figures de ces Arabes du désert. Ces hommes à demi sauvages, portant les uns de grandes lances, les autres tout jonchés de sabres, de fusils et de pistolets, ne me rassurent pas le moins du monde, et je crains qu'ils n'offrent plus de dangers que de défense.

La suite, du reste, doit bientôt nous édifier à ce sujet.

Nous côtoyons les vallées de Gihon et de la Géhenne; je jette en passant un regard sur Haceldama aux tristes souvenirs; je revois les jardins de Salomon, Siloé, la fontaine de Néhémie, borne des tribus de Juda et de Benjamin, puis nous longeons le torrent de Cédron, dans la vallée de Josaphat.

Nos Bédouins caracolent un peu et s'amusent à galoper dans les rochers. Tout va bien. A trois heures nous trouvons sur notre route un cimetière de Bédouins. Au milieu d'un amas de petits *tumulus* en pierres se trouve un tombeau plus grand et plus élevé que les autres. Les Bédouins le vénèrent comme le tombeau d'un saint, et ce tombeau est tout couvert et entouré d'*ex-voto* de la gent bédouine. Ces *ex-voto* sont tout simplement des pots cassés, des débris de toute sorte d'ustensiles, de la chaux, des guenilles et autres choses qui ne valent guère et coûtent moins encore.

A cinq heures nous entrons dans le chemin qui conduit à Saint-Sabas. A gauche du chemin se trouvent des gorges d'une beauté remarquable. Le Cédron coule au fond sur une étendue de huit pieds de largeur à peine; de chaque côté les bords s'élargissent peu à peu à une largeur de deux cents mètres et une hauteur de trois cents, à peu près. De sorte que ces gorges, qui forment des sinuosités très rapprochées, sont tout à la fois gigantesques et effrayantes. Elles sont remplies de petites grottes naturelles et un peu travaillées, où les anachorètes se retiraient autrefois. Nous passions devant la demeure des saints; les choses qu'ils avaient vues à Jérusalem et aux environs les avaient détachés du monde et avaient conquis leur âme à Dieu. Pour moi, j'ai vu les mêmes choses, et mes pensées ne sont point comme les leurs. O mon Dieu, daignez me convertir!

A cinq heures et demie, nous voyons devant nous, dans les flancs du rocher, apparaître quelques toits et l'indice d'une habitation. C'est Saint-Sabas.

SAINT-SABAS. — Ce couvent, qui depuis bien longtemps est habité par des schismatiques grecs, ne reçoit point les caravanes françaises sans que celles-ci soient munies d'une lettre du patriarche grec de Jérusalem. Nous étions en mesure, et, pour entrer, il fallut descendre une grande quantité de marches. Nous laissons nos chevaux à moitié chemin; et, sans m'en douter, j'arrête dans sa chute l'abbé Poirier qui dégringolait de son cheval, ce qui fit que le mien me marcha sur le pied; mon soulier seul en souffrit.

Nous entrons dans le couvent au milieu des Grecs à figure commune et peu sympathique. Cela m'était fort égal, d'autant plus que nous n'avions à leur demander que le logement, Fad-Allah se chargeant des vivres. Deux Grecs nous présentèrent les rafraîchissements et quelques figues; après quoi nous fîmes la visite du monastère. Nous visitons le tombeau de saint Sabas, la grotte où sont empilés une quantité de crânes des chrétiens martyrisés par Chosroès, l'église et les choses qui s'y rapportent. On y voit de très beaux pavés. Tout est rempli de dorures, de tableaux pour la plupart insignifiants quant au mérite; j'ai cependant trouvé, en fait de peinture, des têtes extrêmement fines et jolies.

Nous courons ensuite à travers le couvent. Nous montons, descendons, remontons une foule d'escaliers ; on nous montre un palmier qu'on dit planté par saint Sabas, et qui a peut-être trois ou quatre cents ans moins que lui. Avec des bacchis, on peut avoir de la graine de cet arbre.

Enfin, après être monté jusqu'au sommet de la grande tour, nous revenons à la salle à manger, où nous trouvons un dîner très confortable, et dans lequel Fad-Allah avait mis toute sa rhétorique.

Pendant le dîner, je fis connaissance avec deux capucins qui profitaient de la caravane pour aller au Jourdain, et d'un religieux polonais. Cette connaissance me fit plaisir ; je suis assez heureux pour me créer des ressources un peu partout, mais j'en profite rarement ; je n'ai pas l'esprit d'utiliser les moyens que je pourrais en tirer, et en cela je me mords quelquefois les doigts.

Je désirais me bien reposer pendant la nuit ; mais les choses étaient tellement disposées qu'il n'y eut pas moyen. Charles, Jules et l'abbé Poirier firent tellement les fous qu'il n'y eut pas de repos possible. L'abbé Poirier s'écorcha la jambe en courant ; Jules sautait et dansait comme un enfant dans la salle ; et il arriva, pendant cette bagarre, que le pauvre M. Martinet reçut un coup de poing sur le nez. La chose était grave. Il se lève, prend ses habits, et, sans avoir dit un seul mot, il se rend vers M. l'abbé Cortet pour se plainde très sérieusement cette fois, et demande à quitter la caravane ou à n'être plus en butte à ces vexations. Le docteur, comme délégué, entre dans la salle et vient annoncer les résolutions du blessé. La manière dont les choses se traitent nous amuse beaucoup; les torts sont donnés à la tête trop ardente du bon jardinier de Réthel qui a pris feu comme une pierre à fusil; et toute la nuit se passa dans les cris, les piaillements des uns qui réclamaient le silence pour dormir, les rires bruyants des autres qui s'amusaient à voir et à entendre les lazzis et les petites farces de plusieurs, et l'enjouement du reste de la caravane qui dormait d'un œil et riait de l'autre.

Mardi 30 septembre.

A quatre heures les *bedites mougres* (petits mouckres) de Fad-Allah vinrent, non pas nous réveiller, — on ne dormait pas, — mais nous dire qu'il fallait bientôt se mettre en route. La toilette fut bien vite faite pour la plupart. Je ne m'étais pas déshabillé et j'étais roué de fatigue. On rit peu quand la nuit a été mauvaise; les yeux sont toujours gros, et ce matin, les miens sont comme des tambours. Je fais subir plusieurs ablutions à ma face; et après avoir *cassé la croustille et sucé la soucoupe,* nous allons visiter la boutique des industrieux popes qui venaient de nous étaler les échantillons de leur savoir-faire. Ils ne furent pas raisonnables dans leurs prix, personne ne fit commerce avec eux.

Je reprends mon cheval; chacun en fait de même; et tout le monde attendait le signal du départ, quand on s'aperçut que la rossinante de Fad-Allah, rêvant la liberté, s'était enfuie sur la montagne. On voyait à peine clair; un mouckre alla à la recherche et fut assez heureux, après une demi-heure, de rencontrer la bête.

A cinq heures et demie nous quittons Saint-Sabas; nous revenons par le chemin de la veille jusqu'au lieu ou nous avions trouvé les gorges si remarquables; tournant à droite, nous entrons sur le territoire des Bédouins. Là commençaient les dangers sérieux, là nous courions risque de revenir à Jérusalem complétement dépouillés; je fis le signe de la croix, et fis marcher mon cheval, me confiant à l'amour du bon Dieu.

Après trois quarts d'heure de marche sur la montagne, nous apercevons la mer Morte. Nous la touchions presque du doigt ; sans exagération aucune, elle paraissait être éloignée à peine de dix minutes, et nous avions encore quatre heures pour y arriver. C'était à ne pas y croire et personne n'y croyait.

Nous avançions dans le désert. Ces montagnes de sable, cet aspect triste, silencieux, sauvage, ces lieux inhabités, ces ravins profonds, et avec tout cela la pensée d'être cerné à chaque minute par une invasion de Bédouins, tout inspirait à mon âme mille pensées fantastiques et mille regrets si je ne pouvais revoir ma chère Patrie. Les chemins que nous suivions n'étaient pas non plus sans dangers ; nos chevaux ou marchaient sur la crête des montagnes, ou longeaient les flancs escarpés des précipices sur un sentier de deux pieds à peine de largeur. Je fermais les yeux à chaque instant, et j'aimais mieux rouler au fond des ravins sans voir ; car à chaque instant je sentais les pieds de mon cheval glisser sur un caillou qui roulait dans l'abîme. Heureusement que ces chemins aériens ne durèrent pas trop longtemps. De cette voie dangereuse nous arrivâmes dans une plaine du désert. Là nos Bédouins exécutèrent une *fantasia* ravissante ; ils imitèrent la petite guerre, et nous étions tous dans l'admiration devant ces hommes du désert : nous ne savions lequel admirer le plus, ou du cavalier ou du cheval.

A neuf heures et demie nous arrivons sur le bord d'un torrent. Une compagnie de perdrix qui s'ébat sous les arbustes qui croissent dans ce torrent, excite l'ardeur de M. Lair, qui, succombant à la tentation, descend de cheval et court sur les montagnes, à la poursuite de ces pauvres petites bêtes. Les aigles planaient sur nos têtes, et tout nous disait que nous étions loin de la Patrie. M. Lair ne fut pas très heureux dans son expédition, et il revint avec une seule victime.

Sur le bord du torrent se trouve une magnifique roche dont l'ombrage nous invitait au repos et au déjeuner. Tous le monde, sur l'ordre de Fad-Allah, s'y était arrêté, parce que n'ayant plus qu'une demi-heure jusqu'à la mer Morte, il serait facile d'y aller après le repas et le repos. Mais la caravane ne fut point de cet avis : chacun voulait faire l'expérience de l'eau de la mer Morte; on voulait s'y baigner, et pour cela il fallait le faire avant déjeuner. Peu importe la chaleur dont on nous menace, on veut avoir le cœur net de tout cela; le déjeuner n'est qu'un accessoire du voyage : on ne vient pas de si loin pour rien; on tourne bride, et on marche en avant.

MER MORTE. — Jusqu'alors la chaleur était très ordinaire et très supportable, une petite brise adoucissait les excès de la température et tout allait à merveille.

Les pierres que nous rencontrions dans les cendres qui forment le territoire environnant la mer Morte, avaient l'air d'avoir été brûlées ; la végétation, qu'on disait n'exister d'aucune façon en ces lieux, était au contraire très luxuriante sur le bord de la mer; de grands roseaux et des arbustes verts faisaient un doux contraste avec les montagnes stériles que nous venions de quitter, et avec la plaine nue et les montagnes de Moab, que nous avions en face de nous. Le sable était trituré par les pas des lièvres et des chacals; quelques traces de panthères s'y faisaient voir aussi : je ne reconnaissais pas les récits exagérés des voyageurs qui avaient écrit sur ces parages.

A dix heures nous touchons enfin les rives de la *mer Morte*; mon cheval, trop altéré, veut boire en longeant le bord; mais à peine a-t-il mis le bout du nez dans l'eau qu'il le retire et fait des signes non équivoques de mécontentement.

Après quelques minutes de repos, chacun déposa ses habits sur le sable et se jeta à l'eau ; je me contentai de prendre un bain de jambes.

L'eau de cette mer est extraordinaire : elle est d'une amertume infiniment plus désagréable que l'eau des autres mers, et il est impossible à ceux qui s'y baignent d'aller au fond, quand on avance jusque vers le cou ; aussi est-il impossible d'y nager. Cette mer n'a aucune vague ; elle est claire comme la plus belle eau de source, et son lit, resserré entre les montagnes du désert et celles de Moab, forme une glace magnifique. L'eau de la mer Morte ne sèche point ; et il faut se laver dans l'eau douce pour enlever cette eau, qui est comme une couche d'huile répandue sur le corps ; il en est de même des vêtements qui en sont imprégnés : j'ai fait cette expérience.

A onze heures, on étend les tapis sur le sable du rivage, et, à six pieds de cette mer si fameuse, nous prenons notre petit déjeuner. Nous étions à une demi-lieue de *Sodôme*, et à peu près à une distance semblable du lieu où était *Gomorrhe*. Les tombeaux qu'on trouve sur le bord de la montagne confirment cette croyance.

A midi et demi on plie bagages, et, saluant une dernière fois les eaux de la vengeance de Dieu, nous partons pour Jéricho.

A peine avons-nous quitté le bord de la mer, où une brise douce tempérait la chaleur du soleil, devenue vraiment suffocante, que nous entrons dans les sables de la plaine du Jourdain; et alors une chaleur féroce vint nous accabler. Pas une seule apparence de brise; et, thermomètre en main, nous comptons 55° centigrades.

Nous marchions déjà depuis une heure et demie sous ce ciel de feu, quand tout-à-coup on nous signale, dans la direction de Jéricho, une troupe d'hommes armés venant à notre rencontre. Chacun de nous sentit son cœur battre, et au cri de Fad-Allah, de préparer nos armes, les Bédouins partent en avant, et ceux d'entre nous qui étaient armés se préparent à la défense. Comme un des poltrons, je me place au centre avec les ânes et les bagages; le reste des peureux gagne le même endroit, et, les yeux fixés sur la troupe qui avance, nous marchons, incertains de ce qui va survenir. Cinq minutes après, nous entendons des coups de pistolet échangés entre notre escorte et la troupe que nous allions rencontrer, puis tous ensemble arrivent au grand galop vers nous. Grâces à Dieu, c'étaient des amis, ou plutôt, c'était le reste des Bédouins qui devaient former notre escorte; ils s'étaient reconnus en s'approchant et s'étaient salués par une petite salve d'artillerie. Ils exécutèrent alors une autre *fantasia* au milieu des sables. et nous aidèrent en nous récréant, à supporter plus facilement cette chaleur intolérable de la plaine du Jourdain.

Cependant nous étions encore à une petite lieue de Jéricho, et nous n'en pouvions plus de soif et de lassitude. Il fallait prendre courage, et nous le prenions en silence, car nous n'avions plus la force de causer. Nous apercevions de loin une vieille tour carrée, et nous devions arriver là pour commencer à croire que nous serions bientôt délivrés. Cette tour, c'est Jéricho, et nous y arrivons enfin à trois heures.

JÉRICHO. — Il ne reste rien de l'ancienne Jéricho; ce qu'on y trouve aujourd'hui, ce sont de véritables huttes disséminées de toutes parts; quelques trous entourés de murs, et qui ont l'apparence de monceaux de décombres; des arbustes couverts d'épines et desquels on ne peut s'approcher sans être déchiré. C'est ici qu'on trouve les petites pommes jaunes appelées *pommes de Sodôme*, et qui ne sont bonnes à rien.

A Jéricho nous n'avions point encore fini nos misères, et il nous faut aller jusqu'à la *fontaine d'Élisée* pour y trouver le lieu de notre campement. Nous chevauchons encore pendant une demi-heure, et il était près de quatre heures quand nous pûmes enfin descendre de cheval et entrer sous nos tentes.

Une excellente limonade nous attendait. Nous nous précipitons tous comme des furieux sur cette bienheureuse boisson, et quand je me sentis le gosier un peu moins sec, je vais m'asseoir un instant à la fontaine d'Elisée, à quelques pas de nos tentes. Cette fontaine, dont les eaux étaient autrefois aussi mauvaises que celles de la mer Morte, fut changée en une fontaine d'eau douce par le prophète Elisée, et depuis cette époque, elle n'a jamais cessé d'être délicieuse.

J'étais accablé de fatigue et je ne trouvais pas de lieu convenable pour me reposer : je vais me coucher sur mon lit sous une tente que j'avais choisie ; mais la chaleur est tellement insupportable, qu'il me fut impossible de reposer une demi-heure ; le thermomètre marquait 38° sous la tente et 50° au dehors, à quatre heures et demie du soir. Je me glisse dans les massifs de jujubiers et de baumiers ; je trouve là une place ravissante, près du ruisseau que forme la fontaine. M. Cortet vint m'y trouver et nous prenons ensemble un bain complet qui me mit dans un bien-être indicible; je me trouvai soulagé et délassé, et je me promis d'y revenir encore.

Après le bain, je mets en note ma journée, et je vois avec bonheur arriver l'heure du dîner; j'avais un appétit dévorant et je me promettais de lui lâcher toutes les rênes : je le fis comme je l'avais pensé; et, pendant que chacun va rôder de côté et d'autre, je vais tout simplement me jeter sur mon lit.

Mais j'avais compté sans mon hôte. J'étais à peine prêt à dormir, quand messieurs nos bachi-bouzoucks viennent se mettre à danser et à chanter près de nos tentes. Je me lève et vais contempler ces scènes du désert. Rien de lugubre et de sauvage comme cette *danse sainte* qu'ils exécutaient ; le sabre brandissait sur leurs têtes ; et en frappant des mains ils se prosternaient sous cet instrument de mort. Tout cela dura une heure. Je vins me coucher une seconde fois quand je fus rassasié de ce spectacle, et, sans l'aide de quelqu'un qui les emmena plus loin, ces gaillards-là eussent chanté et sauté toute la nuit à notre porte. Les cigales et les chacals mêlaient leurs chants aux leurs, et nous avions dans tout son lustre le grand orchestre du désert.

Mercredi 1er octobre.

La nuit pour moi a été accablante. Je ne pus dormir un seul instant ; le lit que j'avais pris par charité, en cédant le mien à quelqu'un, était par terre : j'avais les reins brisés ; et cette souffrance, jointe à celle de la nuit précédente, me faisait envisager avec quelque appréhension les fatigues de la journée.

A quatre heures et demie nous quittons le lit, et à cinq heures et demie, après toutes les bagarres qui arrivent toujours quand il faut se mettre en route, nous montons à cheval, et nous partons pour le Jourdain.

Au moment du départ, la curiosité me fit subir une rude épreuve. Je voulais savoir s'il était vrai que les pommes de Sodôme n'eussent dans l'intérieur que de la cendre. Je détache une de ces pommes, je la presse, pour l'ouvrir, entre le pouce et l'index ; comme il me fallut presser très fort pour y arriver, j'approchai sans y faire attention mes mains de ma figure ; et au moment où la pomme s'ouvrit, il me sauta de son contenu dans l'œil gauche, ce qui me fit souffrir horriblement pendant toute la journée.

Nous traversons le village de Jéricho. Après nous être engagés dans la plaine du Jourdain, il s'éleva sous le pas de nos chevaux une poussière qui nous aveugla et nous dessécha la poitrine.

A moitié chemin, nous rencontrons deux Anglais revenant du Jourdain, et qui, moins peureux et moins à plaindre que nous, n'étaient escortés que de deux drogmans. Quelques-uns de nos bachi-bouzoucks se détachent de la bande et vont les accompagner pendant cinq minutes, afin d'en soutirer quelques bacckis.

A huit heures, une riche végétation que nous apercevons nous promet un prochain repos ; des roseaux magnifiques nous annoncent l'approche du Jourdain ; et quelques minutes après nous arrivons au lieu où Notre-Seigneur fut baptisé.

JOURDAIN. — A peine descendu de cheval, je voulus voir ce fleuve dont les eaux servirent à baptiser Jésus. Elles sont toutes boueuses, et le F. Liéven nous dit qu'elles n'étaient pas souvent aussi limpides. Le Jourdain a une rapidité extrêmement dangereuse ; sa largeur est très peu considérable ; un gué où personne ne soupçonne le danger a déjà noyé un grand nombre de pèlerins, et c'est là que Charles Lair, qui le premier sauta à l'eau, courut risque de se noyer.

Mais avant de prendre le bain, on dressa la tente. L'abbé Sochnlin, jugé le plus robuste, avait été chargé à Jéricho de dire la Sainte-Messe sur les bords du Jourdain. On commença donc par assister au grand sacrifice, et, immédiatement après, les amateurs se jetèrent à l'eau. Charles, qui sans y songer se trouva emmené par le mince courant du gué, fut repêché par un nègre, et ce premier incident donna de la prudence aux autres baigneurs. Quant à moi, je me contentai de regarder les autres dans l'eau, peu soucieux de me baigner dans un fleuve si dangereux. Plusieurs firent comme moi.

Dans ce moment, chaque pèlerin se livra à ses réflexions pieuses. L'heure était grave et solennelle: je me rappelle les promesses de mon baptême; j'entends ma conscience qui me crie de renoncer de nouveau à Satan, à ses pompes, à ses œuvres, et de suivre entièrement la loi de Jésus-Christ. Ici le Très-Haut a fait entendre ces paroles : « Celui-ci est mon Fils bien-aimé en qui j'ai mis toutes mes complaisances: Ecoutez-le ». O mon Dieu, que je l'écoute toujours, que je le suive toujours!

Après que chacun eut satisfait sa dévotion, et que les coups du soleil eurent forcé plusieurs à se revêtir, on se campa sous la tente et on déjeuna. On se couche pour cela à la manière des Orientaux, et je n'aime cette façon d'agir que très médiocrement.

Je voulais faire un petit somme après déjeuner; j'en sentais le besoin, et je me mettais en devoir de commencer, quand l'abbé Tenaille vint faire la causette et empêcher tout repos possible. Force fut de prendre patience et de se remettre entre les mains du bon Dieu.

Pendant que tout le monde se baignait, j'avais été cueillir quelques roseaux. Chacun alla ensuite faire des expéditions de ce genre, et on me donna bien mieux que je n'avais trouvé. Je pris deux roseaux, deux autres bâtons en bois des bords du Jourdain; et, après avoir rempli mes vases d'eau du fleuve, et ramassé quelques pierres, je me tins tranquille en attendant l'heure du départ.

A deux heures on plia bagages, on reprit ses montures, et on revint à Jéricho par le même chemin. Mais cette fois nous n'eûmes pas autant de poussière, la chaleur n'était pas excessive, et le voyage fut plus agréable que je l'avais trouvé le matin. Mon œil allait mieux et j'en souffris moins.

A Jéricho, les femmes et les enfants se mirent dehors pour nous voir; ces Bédouins ont tous les cheveux rouges et sont laids à payer patente.

A quatre heures, nous retrouvons nos tentes et nos rafraîchissements. Après un repos d'une demi-heure, les hommes de bonne volonté suivent le F. Liéven, et nous allons visiter la grotte où Notre-Seigneur jeûna quarante jours et fut tenté par le diable.

MONTAGNE DE LA QUARANTAINE. — Nous étions peu nombreux pour cette expédition ; les courages trop faibles restèrent sous la tente, et de ceux qui commencèrent l'ascension, il n'y eut que le docteur Maupoint, l'abbé Crosnier, M. Martinet et moi qui suivirent le Frère. M. Lair et son fils, avec le Père Capucin et l'abbé Sochnlin, restèrent au bas, occupés à attendre le passage des gazelles.

La montée n'est pas dangereuse, elle est seulement pénible et extrêmement rapide, malgré les sinuosités que l'on fait pour arriver à l'endroit où s'était retiré Notre-Seigneur. Cependant, parvenus au niveau de la grotte, il faut, pour arriver dans l'habitation, franchir un passage extrêmement dangereux. Un petit sentier d'un pied et demi de largeur, sur une longueur de quinze pieds, et à une hauteur de 200 mètres au-dessus de la vallée, au bord d'un rocher droit comme un mur, est le seul endroit par lequel on puisse y arriver. Il est imprudent de le faire quand on a quelque disposition pour le vertige; quoique je ne me sente pas le courage d'un lion en face des fusils, dans ces circonstances je ne recule jamais : le F. Liéven passe, et nous le suivons tous trois. Mais, ce n'est pas tout : la grotte dans laquelle on arrive n'est point celle où Notre-Seigneur demeurait. Il faut, pour parvenir à celle-là, monter un escalier qui donne sur le précipice, et dont les quatre premières marches n'existent plus, ce qui rend la chose impossible, excepté pour les chats et les Anglais; ou bien il faut se faire hisser d'une manière quelconque, en passant par un conduit taillé dans le roc de la voûte, d'une largeur à peine suffisante pour ne pas y étouffer. F. Liéven ôte sa robe, monte sur mes mains et mes épaules; et, arrivé à l'orifice du conduit, fait comme un ramoneur, et arrive enfin au sommet. De là, il devait, au moyen de la corde qui lui sert de ceinture, nous tirer les uns après les autres et nous introduire ainsi dans le lieu de la pénitence.

Personne n'osant monter le premier, je commence l'ascension. Je saisis la corde, et gravissant sur le dos de M. Martinet, j'arrive, après un peu d'efforts, à moitié chemin. Alors la corde fit entendre un petit cri, et il me sembla qu'une moitié voulait rester entre les mains du Frère, et l'autre descendre avec moi. C'était un peu émouvant; et, vraiment, il fallait de la foi dans la corde pour achever la route. Je l'achevai, et je fus content quand je fus arrivé.

Ce fut alors au tour des autres. M. Martinet, n'ayant plus personne pour lui soutenir les jambes, attendit qu'un de nous fût descendu après visite faite, pour opérer l'ascension à son tour.

La Grotte de Notre-Seigneur est assez vaste. On y célébrait la messe autrefois, et les murs sont encore pleins de peintures représentant des sujets analogues à la vie de Jésus en ces lieux. Dans cette grotte, nous avons trouvé le squelette d'une jeune femme; le crâne seul manquait; la mâchoire inférieure était privée de toutes ses dents. D'où venait ce cadavre? Avait-il été apporté morceaux à morceaux par les aigles qui y habitent? Un meurtre avait-il été commis là? C'est ce que nous ne pûmes savoir.

Il y avait une demi-heure que nous étions dans la grotte quand M. Martinet nous exprima son ennui et sa résolution de partir. Alors je pris la corde; je me hasardai de nouveau dans le trou, et M. Martinet me reçut comme une échelle protectrice; et, grâces à Dieu, j'étais encore en bonne santé, mais je ne me sentais point la force de hisser seul mon bon citoyen de Réthel. *Fourchambault* descendit, et nous prîmes M. Martinet dans les endroits maniables ; il s'accrocha lui-même à la corde, et il fut enlevé comme le mouton dans les serres de l'aigle.

Je voyais la nuit s'avancer : je quitte la petite société, et me remets en route pour rejoindre la caravane. Chemin faisant, je rencontre M. Lair et son fils qui, ayant voulu nous rejoindre, s'étaient trompés de route et avaient grimpé trop haut. Leur descente était assez périlleuse ; ils s'en tirèrent à merveille, et je les conduisis à l'entrée du passage ; je leur souhaitai bonne chance, et revins au lieu du campement.

Je trouvai tout le monde mourant de faim et attendant avec impatience le retour de nos compagnons d'aventures. L'abbé Poirier seul, se plaignant toujours de la jambe, baissait l'oreille et se disait sans appétit.

Après souper, heureux de voir nos expéditions menées à bonne fin, nous nous mettons à chanter tout ce que nous savions en fait de romances, de cantiques, de chants patriotiques et révolutionnaires. Le P. Duthau chanta *Poniatowski,* et le Père Polonais nous chanta l'air national de sa patrie. Nous fûmes émerveillés de l'accent triste et de la beauté des paroles de ce chant; on termina par les canons de *Frère Jacques* et de *Bonjour Pierrot*. Nous étions comme de jeunes collégiens qui entrent en vacances.

Les Arabes bédouins célébraient la fête : ils avaient tué une chèvre, et ils avaient allumé un grand feu pour faire cuire leur gâteau. Nous allons près d'eux; et pour nous récréer, ils se mirent à faire danser l'un d'entre eux, ce qui nous amusa extraordinairement. Nous leur chantons la *Marseillaise* pour leur donner une idée du chant français; et, en retour, ils nous chantèrent leurs airs nationaux, ce qui ne ressemble pas mal aux cris d'une chèvre en liesse. Le malheur voulut que personne de nous ne sût danser *en français;* je suis persuadé que notre danse les eût beaucoup amusés. Charles, au Jourdain, essayait quelques pas devant un bachi-bouzouck, et ce pauvre diable, en voulant imiter Charles, nous amusa au suprême degré. Tout cela nous fatigua beaucoup. Pour mon compte, je n'en pouvais plus, mais j'étais gai et content : quoi de plus!

Jeudi 2 octobre.

Seconde nuit sous la tente!... C'est peu flatteur et très peu récréatif; cependant j'ai pu reposer un peu. A cinq heures on bat le réveil, et malgré le peu d'agréments qu'on trouvait sur ces lits de torture, personne ne se presse de répondre à l'appel. Il était six heures et demie quand tout fut prêt pour le départ. On dit adieu à Jéricho, à la fontaine d'Élisée, que chacun regrette, et on se met en route. C'était le jour de la fête de l'Archange saint Michel que nous avions quitté Jérusalem; c'est le jour de la fête des saints Anges que nous allions y rentrer. Ils avaient été nos protecteurs pendant la route; et, en récitant cette antienne des laudes : *Angelis suis mandavit de te: ut custodiant te in omnibus viis tuis,* je fus frappé de la coïncidence.

Pendant une demi-heure, nous marchons dans des chemins unis et sablonneux; nous revoyons le mont Nébo, nous disons adieu à cette plaine du Jourdain, cette terre promise que Dieu avait donnée à Israël; puis, passant un torrent où nous trouvons les débris d'un pont construit par les Romains, nous gravissons les montagnes par un chemin large, mais tellement rapide et rocheux, qu'il faut une protection toute spéciale du bon Dieu pour ne point y perdre la vie cent fois en une heure. De sang froid, on ne peut voir sans frémir les dangers que nous courons; et en France on appellerait cent mille fois fou celui qui, à cheval, oserait tenter le quart de pareilles aventures. Ici on n'y pense pas, c'est pain quotidien, et les chevaux ont le pas tellement sûr qu'on se rassure plus facilement.

A dix heures nous étions arrivés au *Castel du bon Samaritain,* c'est-à-dire à l'endroit où l'on croit avoir été trouvé le Samaritain dont parle Notre-Seigneur. Là, nous faisons halte, et, ombragés par une roche placée sur le bord de la route, nous prenons notre petit déjeuner.

A onze heures, nous continuâmes notre marche. La chaleur était désespérante: j'ai les mains brûlées; quand nous descendions dans les gorges, la respiration était si difficile par cette atmosphère de feu, qu'on se trouvait abattu et sans courage. Il me fallait de temps en temps une grande énergie pour ne pas dormir sur mon cheval; s'il avait fallu longtemps marcher dans de pareilles étuves, quelques-uns d'entre nous seraient tombés de fatigue.

A une heure, nous arrivons à la *fontaine des*

Apôtres. Une tradition dit que Notre-Seigneur s'arrêta dans ce lieu avec ses Apôtres. Il y eut pour la caravane une demi-heure de repos.

Pendant que les uns essaient de dormir et que les autres bâillent et s'ennuient, réclamant leur petite chambre, je prends les devants avec F. Liéven et les trois prêtres étrangers, pour aller visiter Béthanie, que j'avais laissée pour ce jour.

Nous partons. Nos chevaux se cramponnent après le rocher de la montagne; en moins d'une demi-heure, nous attrapons le sommet; et, quittant le chemin pour courir à travers champs, nous allons voir la pierre où Notre-Seigneur s'était assis quand Marthe vint lui annoncer la mort de son frère Lazare. Cette pierre a environ trois pieds de long sur deux de large; elle est de granit. A la vue de cette pierre, nous nous sommes prosternés et nous avons fait une prière à l'Ami de Lazare. Nous étions tout près de Béthanie; cinq minutes après nous faisions solennellement notre entrée dans ce village.

BÉTHANIE. — Ce petit village, placé sur le versant d'une colline, est très joli, si on peut donner cette qualité à un village d'Orient, quelque beau qu'il soit. Les petits enfants vinrent bien avant notre entrée au devant de nous, pour avoir occasion de demander *bacchis*, en en prenant le licou de nos chevaux. Nous montons directement au lieu où se trouve le *tombeau de Lazare;* la foule s'y porta. Quelques *bachi-bouzoucks* qui nous avaient accompagnés repoussèrent les enfants qui s'emparaient de la garde de nos chevaux; et, conduits par le F. Liéven, nous descendons dans le sépulcre illustré par l'Ami du Sauveur.

L'entrée qui existait autrefois est murée, et on y descend aujourd'hui par un escalier atroce, noir comme l'enfer, que les Franciscains ont obtenu d'y édifier. Il faut descendre une vingtaine de marches très élevées pour arriver à l'endroit où se tenait Notre-Seigneur, quand il cria : *Lazare, veni foras!* De cet endroit, on se coule sous une dalle assez longue, et on arrive au sépulcre de Lazare. Ce sépulcre est entièrement caché par la maçonnerie dont la roche a été environnée, ce qui fait que ce tombeau a l'air d'une cave et n'a de remarquable que le souvenir qui s'y rattache. J'y restai peu; j'avais très chaud et cette demeure souterraine est très fraîche. Il y a loin de la ressemblance de ces lieux avec ces gravures magnifiques dans lesquelles l'art contrefait la nature, et où le peintre a semé l'horreur comme vernis de son tableau.

Nous allons voir les restes de l'église; et ces

restes consistent en un petit pan de mur de quelques mètres carrés. Béthanie n'offre rien de plus à voir que des habitants sales et déguenillés, comme dans toute la Palestine. On est bientôt désanchanté des apparences de ce beau village vu de loin; car ces maisons qui ont quelque forme, vues de la campagne, ne sont en réalité que des ruines.

De Béthanie, nous grimpons une autre colline; et après un quart d'heure nous arrivons à *Betphagé*. L'emplacement seul reste encore, et on n'y trouve pas même les fondements des ruines. Les lieux montrent que le village était très peu considérable. Tous les ans, le dimanche des Rameaux, les Franciscains viennent y chanter l'Évangile du jour.

A Betphagé, nous voyons la caravane cheminant doucement par la voie de Béthanie à Jérusalem. F. Liéven, craignant d'être en retard et de faire supposer qu'il nous soit arrivé malheur en route, nous fait hâter le pas. Je roue mon cheval de coups de pieds; et bientôt, arrivés à la montagne des Oliviers, nous avons espoir de descendre la côte assez rapidement pour rencontrer les autres pèlerins près de Gethsémani, dans la vallée de Josaphat. Les Pères descendent de cheval. Le F. Liéven, qui m'a donné de son intrépidité, reste seul avec moi sur sa monture; et, malgré cette imprudence, le bon Dieu ne permit pas que nous nous cassions le cou.

Nous arrivons cinq minutes avant la caravane; nous traversons la vallée de Josaphat, et, grimpant la montagne, nous nous trouvons bientôt devant la porte de Saint-Etienne. Nous faisons notre entrée générale à Jérusalem; et vingt minutes après, nous retrouvons nos gîtes à la *Casa nuova*.

Il était trois heures.

Je remerciai du fond de mon cœur le bon Dieu, qui me ramenait en bonne santé de ce voyage, où nous avions eu en réalité à courir tant de dangers. Il me semblait, en revoyant la Ville-Sainte, rentrer chez moi, et j'étais heureux de me sentir près du Tombeau de Notre-Seigneur. C'est comme un abri sous lequel je me trouve bien et qui me donne toujours quelques battements de jubilation.

JÉRUSALEM. — La joie d'être rentré dans la Ville-Sainte m'avait enlevé, comme tout d'un coup, les fatigues du voyage; et, loin de songer au repos, je cours de côté et d'autre par la maison. C'est alors que j'apprends le départ de l'abbé Benoît pour Jaffa. Il avait suivi le P. Tournel et le P. Félix, et il avait pris la résolution d'aller par mer au Carmel, et de là de venir nous trouver à Nazareth. Personne ne loua cette mesure du pauvre malade, et à peine échappé à la fièvre, on ne put l'excuser d'imprudence.

Monseigneur est toujours à peu près dans le même état; il maigrit à vue d'œil, et ne croit pas pouvoir suivre la caravane. Il se rendra très probablement jeudi à Jaffa avec le docteur son frère, et là, s'il le peut, il viendra par mer nous rejoindre.

L'abbé Poirier fait le maussade; sa jambe le rend de plus en plus grognon, et je suis obligé de temps en temps de lui remonter le moral.

Pour satisfaire aux besoins de tous et à la demande de beaucoup, le dîner à lieu à cinq heures. Nous éprouvions un si grand contentement d'être quittes de la mer Morte et du Jourdain, que nous causions et riions de tout cœur.

A huit heures, malgré les intéressantes conversations qui se font entre les pèlerins, je me retire tout *piano*, et vais trouver mon lit.

Vendredi 3 octobre.

J'ai à peine reposé; la poitrine était brisée par les secousses du cheval; et *maître Gaster* s'étant mis également de la partie, j'ai craint une indisposition. Fort heureusement, il n'en fut rien; et, à six heures et demie, je me levai fier comme toujours, tout disposé à courir. Par mesure de prudence, je résolus de passer la journée à me reposer.

Après avoir dit la messe à Saint-Sauveur, je rentre au couvent pour mettre en règle mes petites notes.

A dix heures, je sors avec l'abbé Sochnlin, et vais avec lui chez le marchand de bibles protestantes, où il achète les vues de l'Asie-Mineure; un garçon de cette boutique mé conduit, sur ma demande, chez un marchand de petits objets de piété en bois d'olivier, dont les modèles que je voyais dans ce magasin m'avaient plu. L'abbé Sochnlin nous perd en route, et je reviens de ma course sans avoir fait commerce: le prix de ces objets étant beaucoup trop élevé et leur exécution fort mauvaise.

Rentré à la *Casa nuova*, je continue mes petites notes des jours précédents.

A trois heures l'abbé Crosnier vient me chercher pour aller voir pleurer les Juifs. Cette fois ils étaient si nombreux, que nous pûmes à peine nous frayer un passage au milieu d'eux; et, comme d'habitude, les femmes poussaient des lamentations et sanglotaient d'une manière épouvantable; c'était le tumulte d'un champ de foire, le bourdonnement d'une centaine d'essaims, et je vis les larmes couler réellement des yeux des femmes d'Israël.

A cinq heures, premières vêpres de saint François au couvent de Saint-Sauveur. J'y assiste pour entendre les litanies de la Vierge, afin de noter cet air que j'avais entendu au Saint-Sépulcre à mon arrivée à Jérusalem et qui m'avait beaucoup plu ; mais je fus trompé dans mon attente, le chant n'était pas le même, et je n'eus qu'à prier le bon Dieu, ce que je fis le moins mal possible (1).

Après dîner, je causai jusqu'à onze heures à la belle étoile; il faisait si bon, et les questions que l'on traitait étant du ressort de la caravane, je pris plaisir à être au courant des dangers et des souffrances que nous avions en perspective. C'était peu consolant, mais c'était essentiel à connaître.

Samedi 4 octobre.

C'est aujourd'hui la fête de saint François, patron des Franciscains. Monseigneur doit officier pontificalement à Saint-Sauveur.

(1) Le chant noté de ces litanies a été trouvé dans les papiers de notre pieux pèlerin. — (N. E.)

A six heures et demie, je dis la messe à Saint-Sauveur; et, à huit heures, nous partons tous pour assister dans cette église, à la magnifique solennité qu'on nous promet.

Le chant de Tierce dura une demi-heure; le *Gloria in excelsis* et le *Credo* durèrent, à eux seuls réunis, une heure cinq minutes. On étouffait, on dormait, on bâillait : c'était à mourir d'ennui. A dix heures on commença l'offertoire. et à onze heures l'office fut terminé.

Monseigneur fut heureux et ne parut pas très fatigué, malgré son état de santé.

Sur la demande très probable du docteur Maupoint, Monseigneur nomma M. Cortet chanoine de Saint-Denis, à l'île Bourbon; après la messe, chacun félicita le grand-vicaire de Nevers de sa nouvelle dignité et de son nouveau titre.

Le Consul assistait à la messe. Nous sortons tous ensemble, et nous allons au divan de Saint-Sauveur causer et prendre le café.

A onze heures et demie, nous rentrons à la *Casa nuova*, et le dîner n'eut lieu qu'à midi et demi.

A une heure et demie, je vais avec M. Lair rentre visite au Consul; M. Lair se rend ensuite au Patriarcat, et moi je vais assister aux vêpres à Saint-Sauveur.

A quatre heures, M. Cortet et moi allons trouver le P. Bernard qui doit nous recevoir dans le tiers-ordre de la pénitence de saint François; je reçois avec bonheur cette nouvelle livrée de la pauvreté et du détachement, et je me félicite d'être compté au nombre des enfants de saint François le jour de sa fête à Jérusalem.

A cinq heures, visite avec M. Cortet chez les sœurs de Sion, dont nous admirons la timidité, et dont le mutisme nous fait bientôt partir.

Rentré à la *Casa nuova,* je m'ennuie jusqu'à huit heures, ne me sentant pas le courage de m'occuper à quelque chose et ne trouvant aucun charme à lier conversation avec qui que ce soit.

A sept heures, les Franciscains de Saint-Sauveur font partir des fusées pour couronner leur fête; pendant un petit quart d'heure cela nous récrée, puis la dernière mèche brûlée, tout rentre dans le calme et le silence.

M. Lair et M. Martinet commencent à se trouver indisposés: trop de bravades et de courses imprudentes en sont la cause. Ils se promettent de se modérer davantage à l'avenir.

La fête de Saint-François se termina à l'église sans salut, sans bénédiction, sans même les cérémonies des dimanches ordinaires. Cela me surprend et je ne puis partir sans en demander la raison.

Après dîner, grande controverse entre M. Cortet et Charles Lair sur la tolérance et l'intolérance des Grecs et des Latins, et sur les convenances ou les inconvenances de se servir du Saint-Sépulcre comme bureau pour écrire des lettres.

HUITIÈME SEMAINE.

Jérusalem (suite). — Départ de Jérusalem. — Touleil-el-Foul. — Er-Ram. — Bireh. — Béthel. — Djifna. — Hawara. — Puits de Jacob. — Tombeau de Joseph. — Montagne des Malédictions. — Montagne des Bénédictions. — Naplouse ou Sichem (Sichar). — Sebastieh (Samarie). — Sanour (Béthulie de Judith). — Kubatieh. — Djennin. — Plaine d'Esdrelon. — Plaine de Megeddo ou Vallée de Jezrahel. — Sunam. — Monts Gelboë, Hermon et Thabor. — Endor. — Mont de la Précipitation. — Naïm. — Nazareth. — Fêtes turques à l'occasion d'un mariage. — Maison de la Sainte Vierge. — Atelier de Saint Joseph. — La *Mensa Christi*.

Dimanche 5 octobre.

A sept heures et demie, je me rends à Saint-Sauveur pour y offrir le saint sacrifice. La prédication du Père Curé me force d'attendre jusqu'à sept heures un quart.

Pendant ce temps, je vais rendre visite au T. R. P. Vicaire, chez qui le F. Liéven m'introduit; nous causons quelques instants des diocèses de Dijon et d'Ajaccio; et, en nous quittant, ce Père me donne un chapelet en olives de Gethsémani, et une petite fiole pleine d'huile des oliviers de ce même jardin.

A la sacristie, je trouve Monseigneur qui se dit entièrement guéri et assure ne plus ressentir de mal. Peut-être ce changement d'état apportera-t-il quelque modification à ses projets de départ pour demain.

De retour à la *Casa nuova,* j'écris deux mots à l'abbé Sacqué, et je pars ensuite, avec F. Liéven et trois capucins, visiter les *tombeaux des Rois.*

Nous partons à neuf heures. Nous laissons la grotte de Jérémie sans la visiter : elle appartient à un derviche qui ne permet l'entrée qu'à grand prix d'argent ; et nous n'avons pas cru que la vue d'une grotte, authentique peut-être, mais remarquable seulement par le prophète qui y demeura, devait être pour nous l'objet d'une trop grande dépense.

A neuf heures et demie, nous visitons les *tombeaux des Rois*, ou plutôt appelés de ce nom, car je ne crois pas que ces demeures mortuaires aient une existence antérieure aux Romains. Du reste, ce sont de magnifiques caveaux sans ossements, et qui ressemblent à toutes les ruines qui fourmillent en Terre-Sainte.

Nous revenons, en contournant la nouvelle construction russe, vers l'endroit où le prophète Isaïe prédit que le Messie naîtrait d'une Vierge. C'est dans ce même endroit qu'on trouve la piscine qui termine la vallée de Gihon, et où Roboam, fils de Salomon, fut sacré roi de Juda. Nous rentrons à la *Casa nuova* à onze heures ; je termine mon office et me repose de ma course.

A deux heures, je vais aux vêpres à Saint-Sauveur ; et après les vêpres, en rentrant à la *Casa nuova*, je trouve la *Dogane* (douane) qui faisait chez chacun de nous l'inspection de nos achats. Les pauvres doganiers font une justice bien misérable : nous avons tous à peu près payé le même tribut, et ceux à qui il en a le moins coûté, sont ceux qui avaient le plus. J'en fus quitte pour trois piastres et demie.

A quatre heures, nous assistons à la réunion de la Société de Saint-Vincent de Paul de Jérusalem, chez M. le chancelier du Patriarcat. Le Consul et son chancelier y assistaient. Ce dernier est le président de la Société. Après avoir dit deux mots de l'air le plus simple et le plus embarrassé du monde, le Consul prit la parole pour exprimer le vœu que les Sociétés de Saint-Vincent de Paul en France envoient des contre-maîtres et des ouvriers pour apprendre aux Arabes quelques métiers. Le P. Duthau objecta que pendant l'existence d'un centre général des sociétés, la chose eût peut-être été possible, mais que, maintenant ces sociétés étant isolées, la chose était impossible. Le Consul, mécontent, répondit avec un peu d'aigreur; M. Dequevauvilliers s'en alla peu content du Consul. L'Économe du Patriarcat me fit observer cela, et déplora la mauvaise entente qui existait entre le Consulat et le Patriarcat.

Le Chancelier Président nous fit inscrire sur son registre comme membres honoraires de la Société de Saint-Vincent de Paul à Jérusalem; il nous donna à chacun, comme souvenir de cette admission, une médaille en nacre; et quand les choses furent à peu près terminées, Monseigneur dit deux mots pour terminer la séance. Il se retira ensuite pour aller à Béthanie.

Je restai seul avec l'Économe, le P. Séraphin, qui voulait me donner quelque petit souvenir avant mon départ. M. Martinet, Charles et l'abbé Sochnlin, qui entrèrent avec moi chez ce bon Père, y restèrent quelque temps. Après leur départ, je reçus deux exemplaires de sa photographie, et plusieurs chapelets en ambre et en corail pour moi et ma famille.

Je passai le reste de la soirée à écrire des lettres à Emile Chambellan mon cousin, à mes parents, à Mme Bazile et à l'abbé Sacqué. Il était onze heures quand je songeai à me reposer (1).

(1) Toutes les personnes qui ont reçu des lettres de l'abbé Magdelaine pendant son voyage ont bien voulu me confier ces lettres; j'en donnerai des extraits à la fin du volume.

(N. E.)

Lundi 6 octobre.

A six heures et demie, je dis la Messe à Saint-Sauveur sur l'autel de la Sainte Vierge. Je fus heureux de cette circonstance. C'est sur cet autel que j'avais offert le saint sacrifice la première fois que j'avais célébré à Saint-Sauveur.

Après la messe, je me rends avec presque tous les autres pèlerins à l'église Sainte-Anne, où M. Cortet va dire une messe officielle à laquelle doit assister le Consul et sa maison.

La messe, qui devait commencer à huit heures, ne fut commencée qu'à neuf à cause du Consul. Il était convenu que nous rendrions visite au Pacha gouverneur de Jérusalem ; mais, comme Monseigneur était un peu indisposé, on pria le Pacha de ne point quitter sa demeure de campagne, puisque Monseigneur ne pouvait venir avec nous.

A dix heures nous rentrons à la *Casa nuova*. En allant à Sainte-Anne, je m'étais écarté avec l'abbé Crosnier pour aller faire mes adieux au Saint-Sépulcre et au Calvaire, et y faire toucher les chapelets que j'avais reçus la veille. Je fus bien inspiré d'y aller d'aussi bonne heure, car ceux qui s'y rendirent en revenant de Sainte-Anne, trouvèrent la porte fermée.

Je fis mes paquets; j'écrivis une lettre à Mme la baronne d'Ivory (1), et j'allai faire mes adieux au P. Séraphin Davidian. Je trouvai chez lui le bon curé de Beit-Djallah, à qui je fis également mes adieux. M. l'Econome allait dîner, et il n'avait point eu le temps de s'occuper de la lettre que je devais emporter à sa mère à Constantinople; je le quitte en lui promettant de revenir après son dîner.

(1) Voici cette lettre :

Jérusalem, le 6 octobre 1862.

Madame la baronne,

Avant de quitter Jérusalem, je réponds au désir que vous m'avez exprimé. J'ai pu cueillir au jardin de Gethsémani quelques branches d'oliviers sous lesquels Notre-Seigneur a prié. J'ai également obtenu du gardien de ce jardin une quantité de graines des fleurs cultivées au pied de ces arbres, et je serai heureux de vous en donner, si cela peut vous être agréable.

J'espère vous offrir, à mon retour, quelques reliques des Lieux-Saints, si les Bédouins veulent bien ne pas me voler pendant la route. Aujourd'hui je vous envoie dans cette lettre deux feuilles d'olivier du jardin de Gethsémani et une fleur que j'y ai cueillie. Vous serez la première qui aurez reçu quelque chose de Jérusalem avant mon retour.

Jérusalem est la ville par excellence des grandes émotions; depuis le 13 septembre que j'y suis, je n'ai jamais eu de jours aussi heureux. J'ai pu passer une nuit au Saint-Sépulcre et y célébrer la Sainte-Messe; chaque fois que je le puis, c'est bonheur pour moi d'aller prier

A peine rentré chez moi, nous allons avec M. Cortet faire nos adieux au R. P. Gardien et au P. Vicaire. De là, nous nous rendons au Patriarcat; on était à dîner, nous laissons une carte générale.

A onze heures et demie, dîner. Je retourne faire mes adieux au P. Séraphin, qui me promet de m'écrire très souvent; je m'engage aussi à entretenir avec lui une correspondance qui me sera toujours très précieuse. Il me

sur le Calvaire. J'ai visité Bethléem, Saint-Jean-du-Désert, Béthanie, Betphagé, Jéricho, le Jourdain, la mer Morte, et les environs de Jérusalem : Haceldama, Siloë, etc. On peut difficilement se figurer la joie qu'on ressent en visitant ces lieux, où à chaque pas on rencontre mille souvenirs. Nous sommes revenus de notre excursion à la mer Morte et du Jourdain jeudi dernier; la chaleur, au soleil, était de 38° sous la tente. Chacun de nous a la figure rôtie, le nez plus que violet, et les mains pelées par les coups de soleil. J'ai toute la figure jaune comme ma vilaine barbe; encore une expédition de ce genre, et nous marcherons de pair avec les nègres.

Mais la chaleur était le moindre de nos ennemis; le Consul n'avait pas voulu que nous partions sans nous faire escorter. Nous avons donc eu pour compagnons de route trente *bachi-bouzoucks*, vrais enfants du désert, qui, pour mon propre compte, m'inspiraient plus de crainte que les Bédouins eux-mêmes. Pendant la route, il y eut un rude moment à passer. Nous gagnions lentement Jéricho; nous mourions de soif, de chaleur et de fatigue, quand tout à coup on nous signale une troupe d'Arabes venant à toute bride sur nous. On crie aux armes! Et ceux d'entre nous

donne une lettre pour sa mère. Je reviens prendre mon cheval; je fais des adieux très froids au P. Bernard, qui m'avait promis des reliques et ne me les avait point données. A deux heures un quart, après m'être recueilli un instant dans ma chambre, et après avoir remercié le bon Dieu du bonheur qu'il m'avait accordé en me faisant visiter sa Croix et son Tombeau, je monte à cheval et sors du couvent avec la pensée que je partais pour toujours de ces lieux

qui possèdent des armes saisissent leurs fusils et se préparent à la défense. Ma place n'était plus douteuse. Je marchais au premier rang; mais, quand je vois de quoi il s'agit, je tourne la bride de mon cheval, et vais tout simplement me placer, avec les ânes, les mulets et les bagages, au centre de la caravane, où le feu devait être le moins chaud: j'ignorais qu'on en voulait plus à nos bagages qu'à notre peau. J'étais donc là en brave, priant tout bas le bon Dieu de ne point me faire faire d'*actes d'héroïsme*..... et le bon Dieu voulut bien agir de la sorte, comme je vous le dirai à mon retour.

Nous partons aujourd'hui pour Nazareth, et je prendrai à Beyrouth le chemin de la Patrie le 25 octobre, mais je ne crois pas pouvoir rentrer avant les premiers jours de décembre.

Veuillez, je vous prie, présenter mes respects à M. le baron, et me rappeler au souvenir de votre aimable famille.

Agréez, Madame la baronne, l'assurance de mes sentiments respectueux.

G. MAGDELAINE, *prêtre.*

où j'avais éprouvé tant de joie et de bonheur!...

DÉPART DE JÉRUSALEM.

L'âme est triste en quittant la Ville-Sainte. Ce qui diminue les sentiments de tristesse que ce départ nous inspire, c'est la pensée que nous sommes attendus en France, que notre absence trop prolongée peut être nuisible à nos paroisses. Les fièvres, qui viennent depuis quelques jours de s'abattre sur la ville et qui menacent plusieurs de nos compagnons de route, déjà très fatigués et souffrants, nous font aussi moins regretter notre départ.

Les *cavass* du Consul nous accompagnent jusqu'à ce que nous ayons perdu de vue Jérusalem. Alors nous entonnons le *Super flumina Babylonis*, la figure tournée vers Jérusalem, que nous voyons pour la dernière fois.

J'ai un cheval très fougueux dont l'impétuosité menace de me renverser. Nous avons quinze bachi-bouzoucks pour nous accompagner jusqu'à Naplouse.

Monseigneur, mieux portant, vient avec nous; mais il ne tarde pas à éprouver de la fatigue dans la marche, et bientôt il commence à baisser l'oreille.

Après une heure de marche, nous passons sur les ruines de *Touleil-el-Foul*, l'ancienne Gaboa, patrie de Saül.

Une heure après, nous laissons à droite *Er-Ram*, ou Rama, résidence de Rachel.

Le chemin jusqu'à présent n'offre pas de grandes difficultés ; les montagnes sont toujours arides et rocheuses et fatiguent un peu par leur monotonie.

A Bireh, que nous traversons à cinq heures et demie, nous voyons les restes d'une église dédiée à saint Georges. La population, toujours curieuse, se porte sur notre passage et nous témoigne par quelques gestes le mépris et l'insulte. C'est vers ce village que la Sainte Vierge s'aperçut de la perte de l'Enfant Jésus, et c'est de là qu'elle retourna à Jérusalem le chercher.

En quittant Bireh, nous voyons à notre droite *Béthel*, où Jacob vit l'échelle mystérieuse, et à laquelle se rattachent plusieurs autres souvenirs bibliques très intéressants.

La nuit ne tarda pas à venir, et les chemins devenaient mauvais ; la lune heureusement vint à notre secours ; nos soldats se mirent à tirer plusieurs coups de fusils qui inquiétèrent plusieurs d'entre nous, soupçonnant quelque intelligence avec les tribus mauvaises.

Je restai le dernier de la caravane et me mis

à chanter, pendant une demi-heure, ce qui me venait à l'idée en fait de chants religieux.

A sept heures et demie, nous arrivons à Djifna.

DJIFNA. — Chacun de nous descendit de cheval avec plaisir. Monseigneur prit résidence chez le curé de ce petit village; le reste de la caravane, à l'exception du docteur, qui n'avait point quitté son frère, monta dîner et dormir sous la tente.

Après le repas, je fais quelques pauvres femmes bien heureuses en leur donnant les restes du dîner; puis nous faisons connaissance avec le chef des bachi-bouzoucks, qui nous amuse beaucoup.

Mardi 7 octobre.

J'ai passé une mauvaise nuit; j'ai eu froid; le bruit des mulets, des chevaux et de je ne sais quoi ne me permit pas de reposer. J'avais la tête lourde en montant à cheval. Nous partons à six heures un quart; et, contre mon attente, après quelques moments de marche, je me sens un peu soulagé.

Nous traversons les vignes de Djifna, que quelques-uns pensent avoir été le lieu d'où Caleb et Josué rapportèrent le gros raisin dont parle l'Écriture; nous continuons ensuite notre route à travers des chemins difficiles et dangereux, en plaines et en montagnes.

Les montagnes et les vallées sont cultivées et couvertes d'oliviers et de figuiers, autant du moins que le permet la nature du sol. Pendant longtemps nous marchons à travers les figuiers dont les branches entravent et embarrassent notre marche.

Des tombeaux nombreux que nous voyons dans plusieurs endroits, me font croire à la ruine de plusieurs villes dont nous avons perdu la trace et dont nous ignorons l'existence.

Après une descente extrêmement rapide et périlleuse, nous arrivons vers une fontaine. Là on dresse une tente, on descend de cheval, on déjeune et on se repose pendant la chaleur. Il était dix heures et demie.

A deux heures et quart, nous montons à cheval, et nous poursuivons notre route.

Monseigneur s'était trouvé très fatigué à notre première halte: il avait à peine mangé et avait dormi jusqu'au moment du départ.

Nous fîmes une petite halte de dix minutes quand nous fûmes à mi-chemin de Naplouse;

et à cinq heures et demie nous arrivons en face de *Hawara*.

Ici tout change de face. Les terres que l'on cultive nous montrent la campagne remplie de laboureurs, de gens qui travaillent la terre et se donnent la peine de gagner de quoi se nourrir; les génisses reviennent en foule et rentrent à l'étable; les chèvres qui broutent nous rappellent les troupeaux de Jacob. Pendant une heure cette perspective me réjouit, m'égaie, et me porte à chanter des psaumes. J'avais éprouvé, en quittant notre premier campement, une fatigue de tête et une lassitude accablantes; tout se passa à cette vue et me donna, au souvenir de Jacob, de Joseph et de Notre-Seigneur, les plus douces émotions.

A six heures et demie, nous passons dans la plaine de Jacob; c'est là que ce pieux patriarche avait envoyé ses fils pour garder ses troupeaux, quand Joseph vint à eux. Le *puits de Jacob*, où Notre-Seigneur rencontra la Samaritaine, se trouve dans cette plaine sur notre passage. Plus loin, est le *tombeau de Joseph*. Comme la journée est très avancée et que nous sommes tous très fatigués, nous continuons la route, nous promettant de revenir demain pour faire un bon emploi du jour de repos que nous devons avoir.

Nous entrons alors dans une vallée étroite, mais très fertile, à l'entrée de laquelle se trouvent une autre fontaine et les ruines d'une église. A droite nous avons le mont *Hébal* ou *la montagne des Malédictions*; à gauche le mont *Garizim* ou la *montagne des Bénédictions*.

A sept heures, nous voyons, à la clarté de la lune, la ville de Naplouse, et nous commençons à prendre courage à la pensée que dans quelques minutes nous pourrons nous reposer.

NAPLOUSE (Sichar-Sichem). — Quoique guidés seulement par la lune qui éclaire notre route, nous voyons avec satisfaction la verdure qui existe autour de la ville. Naplouse est située au bas d'une assez haute montagne; dans la vallée coulent des fontaines dont les eaux arrosent des jardins qui seraient magnifiques s'ils étaient cultivés et bien disposés.

Le lieu du campement ordinaire étant occupé par des Anglais, nous montons un étage plus haut; pour ma part j'en étais assez content, car je craignais que l'humidité des fontaines ne nous causât quelque mal.

Je dîne avec un excellent appétit. Pendant assez longtemps je me promène sur la plate-forme en songeant que je foulais le lieu où avaient résidé Abraham et Jacob; où demeurait la Samaritaine qui avait reconnu le Sauveur; et c'est à peine croyable combien ces pensées m'impressionnaient et me causaient d'émotion.

Il était onze heures quand je songeai à me reposer.

Mercredi 8 octobre.

Je fus tout étonné de me trouver, à mon réveil, la tête lourde, les oreilles dures et avec un peu de fièvre. J'avais bien senti, le matin en quittant Djifna, quelques signes précurseurs de cette indisposition qui provenait du froid de la nuit, mais je n'y avais point fait attention, et je commençais alors à en voir les effets. J'avais cependant très bien reposé.

Je me levai à sept heures. M. Lair étant malade, resta au lit. Je sortis, après avoir pris du café de bon appétit avec M. Martinet et l'abbé Sochnlin, pour aller visiter la ville de Naplouse. Nous parcourons d'un bout à l'autre le bazar où quelques gamins nous insultent; puis, rentré dans notre lieu de campement, je me sens tellement fatigué, que je vais me jeter sur mon lit pour me reposer.

Jusqu'à midi je restai dans cette position,

ayant pour compagnon d'infortune M. Lair que des coliques travaillaient sérieusement.

A midi je dînai parfaitement bien; j'étais guéri et je me promenai sur la plate-forme pour dire mon bréviaire. Je le dis entièrement sans fatigue. Cependant, pour éviter toute indisposition, je vais après cela me jeter sur mon lit. J'y étais à peine quand je vois passer au loin deux convois funèbres se rendant au cimetière. Je me lève aussitôt et pars avec *Fourchambault* (M. Crosnier) voir un enterrement turc.

Cela se passe bien simplement. Au premier, on ne voulut pas nous laisser approcher; au deuxième, on nous reçut sans difficulté. Un pauvre enfant était mort; les pleureuses avec la mère l'attendaient à la fosse. On lui mit pour coussin du coton embaumé; on versa sur sa tête de l'encens et de l'eau; on ferma la tombe, et tout fut fini. Pendant qu'on recouvrait la tombe, un Turc chanta sur le même ton je ne sais quelles paroles; les femmes se retirèrent dans un endroit isolé pour chanter, pleurer, gesticuler, et nous nous retirâmes à notre tour.

A trois heures, nous recevons la visite du Gouverneur turc de Naplouse, des autorités militaires et du docteur, qui est français.

Après cette entrevue, nous avons été voir le

Pentateuque chez les Samaritains qui le conservent. M. Lair vint avec nous. Je le ramenai à la tente en le conduisant par le bazar; la caravane, à l'exception de MM. Poirier et Crosnier, partit à cheval visiter le *puits de Jacob* et le *tombeau de Joseph*. L'abbé Sochulin avait également pris le parti de demeurer.

Nous rentrions à peine quand l'évêque schismatique grec avec son clergé vint nous rendre visite. Nous le recevons de notre mieux, avec des pantomimes, nous excusant comme nous pouvons de ne savoir mieux faire. Un vieux serviteur nous sert de drogman, Joseph et Fad-Allah étant absents. Nous leur faisons offrir le café, et après vingt-cinq minutes d'un entretien aussi bête que possible, ces bons Grecs nous quittent : la séparation n'attristait personne.

Le docteur de Naplouse avait été invité par le frère de Monseigneur à dîner avec nous; l'évêque grec l'avait été également. Ce dernier avait refusé, disant que le mercredi était pour eux un jour maigre. Le docteur vint, et la soirée se passa comme d'habitude.

Jeudi 9 octobre.

Je passai une excellente nuit. A cinq heures on nous fit décamper de nos tentes; je dis mon office en attendant le départ.

Nous quittons Naplouse à six heures un quart. Pendant une demi-heure, nous chevauchons dans la vallée où les oliviers et les jardins, quoique mal cultivés, reposent très agréablement la vue. Les montagnes sont toujours arides; celles qui sont en face de Naplouse portent quelques sapins, mais à peine sortis de cette région, les pierres et les herbes sèches font toute la richesse du sol.

Après deux heures de marche, nous arrivons aux ruines de *Sébaste* ou *Samarie*, aujourd'hui Sébastieh, ancienne capitale de la Samarie. Nous faisons le tour de la montagne qu'occupait autrefois cette ville; les colonnes gisent sans nombre par terre, et une grande quantité se trouvent encore debout dans l'église, dont-il ne reste aujourd'hui que des ruines. Nous sommes descendus voir *les tombeaux de saint Jean-Baptiste, de Zacharie, d'Elisée et d'Abdias*. (On confond ce dernier avec celui de Zacharie.)

Le prophète Amos avait prédit que toutes les colonnes rouleraient dans la vallée : dans toute la Palestine, l'œil ne rencontre que ruines, haillons et misères.

Tout les habitants de Sébaste étaient autour de nos chevaux; rien de triste et d'ignoble comme ces restes dégénérés des anciens Samaritains.

Nous allons déjeuner à une heure de là, dans un champ d'oliviers, près d'une bonne fontaine. Jusqu'à deux heures, je dormis d'un profond sommeil; et cependant, quand je me levai pour partir, je me sentis un peu indisposé.

Après une heure de marche, ce malaise cessa; arrivés au pied de Sanour, ancienne Béthulie, Jules Senil, en passant trop près de moi, accrocha son pied dans ma soutane et la divisa en mille compartiments, ce qui me contraria beaucoup.

Nous marchons dans une plaine fertile; les montagnes nous laissent maintenant un passage libre et nous jouissons du double bonheur de la campagne et du bon chemin.

Kubatieh, que nous laissons à notre droite, est un gros village rempli de brigands qui attaquent souvent les pèlerins. Nous n'avons pas à nous plaindre d'eux.

Une demi-heure avant d'arriver au lieu de notre campement, Monseigneur se trouve tellement fatigué, qu'on fait pour lui une petite halte de dix minutes. L'état de ma soutane m'empêche de descendre de cheval. Quelques-uns d'entre nous commencent aussi à éprouver beaucoup de fatigue.

Enfin nous entrons dans un petit vallon très étroit, rocailleux et aride, qui nous conduit bientôt en face de beaux palmiers et d'une magnifique verdure: c'est Djennin.

DJENNIN. — Comme toujours, il commençait à être nuit, quand nous entrons dans nos tentes. Le dîner étant prêt, nous y courons tous avec la pensée d'y faire honneur. M. Lair seul n'est point de cet avis; et malgré son indisposition, et le départ très précipité qu'il fait de table, on rit et on s'amusa beaucoup. M. Martinet, qu'on a fait boire plus que de coutume, se trouve un peu parti pour la gloire, et fume un narguillet avec un comique qui nous amuse énormément.

Enfin il fallut en finir. J'étais roué de fatigue; en quittant la table, je courus me jeter sur mon lit.

Djennin étant une station extrêmement malsaine, à cause de l'humidité de la vallée, je prends mes précautions pour éviter le froid de la nuit et je m'endors en remettant mon âme et ma santé entre les mains du bon Dieu.

Vendredi 10 octobre.

Les chacals, les mulets et les bachi-bouzoucks ont fait un tel vacarne, qu'il m'a été presque impossible de reposer. M. Lair a essayé de tuer quelque gibier, mais il est revenu sans gloire et sans bruit.

A cinq heures et demie on enlève les tentes; en attendant le départ de la caravane, je me sens refroidir sur mon cheval, et je commence à éprouver un mal de tête.

Enfin, à six heures et demie, on se remet en route; nous quittons Djennin, où Notre-Seigneur rencontra les dix lépreux et leur dit d'aller se montrer aux Prêtres. Nous marchons dans une vallée magnifique, et nous ne tardons pas à entrer dans la fameuse plaine d'Esdrelon ou plaine de *Jezraël,* ou de *Megeddo;* nous passons au pied des petites montagnes de *Gelboë.* Après une heure et demie de marche, nous arrivons à Jezraël, où était la vigne de Naboth, où Jésabel fut dévorée par les chiens, et où les têtes des soixante-dix fils d'Achab furent apportées de Samarie et exposées à la porte de la ville. C'est maintenant un pauvre petit village où rien n'indique de si grands événements.

Nous continuons notre marche jusqu'à *Sunam*, patrie de la Sunamite, au pied du *mont Hermon*, et nous établissons notre tente dans ce village pour y prendre notre déjeuner et un peu de repos.

De magnifiques citronniers nous prêtent leur ombrage et leur parfum. Les curieux se pressent autour de nous. Jamais je n'ai rien vu d'aussi efféminé que les hommes de ce pays. Il m'a été impossible de les distinguer des femmes, du moins pour ceux qui n'ont pas encore de barbe, et ils ne paraissent pas en avoir de bonne heure. C'est tout ce que j'ai vu de plus mou jusqu'alors, et cependant cette population travaille et cultive la campagne.

Avant d'entrer à Sunam, le F. Liéven nous fit remarquer quelques ruines à un kilomètre de nous. C'est là qu'eut lieu la fameuse bataille du mont Thabor, près de Fouli, et à deux lieues de la montagne dont elle porte le nom (1).

(1) Brillante victoire qu'une poignée de Français remporta sur un gros corps d'Arabes le 16 avril 1799. Six mille Français mirent en déroute vingt-sept mille Mamelucks, et détruisirent cette armée d'Arabes que les habitants disaient innombrable *comme les étoiles du ciel et les sables de la mer*. Les siècles accumulés sur la montagne du Thabor, plus nombreux que les quarante siècles des Pyramides, contemplèrent avec admiration la valeur de nos soldats et l'habileté de leur chef. — (N. E.)

Nous rentrons à Sunam jusqu'à deux heures; je m'ennuyais à mourir, et, après mon petit somme, j'aurais voulus qu'ont prît le chemin de Nazareth.

Enfin les deux heures vinrent. Côtoyant l'Hermon, où Saül gravit pour aller consulter la pythonisse à Endor, nous arrivons dans une autre plaine; nous avons près de nous, à droite, le mont Thabor, qui s'élève seul et majestueux entre les montagnes qui le séparent de Nazareth et du mont *Hermon*, et, devant nous, la *montagne du Précipice*. Jésus avait refusé de faire des miracles à Nazareth; ses compatriotes lui reprochaient ce manque d'égards pour les siens. Un jour donc les habitants de Nazareth le sommèrent de faire chez eux quelque prodige; et, comme il se contentait de leur répondre: « Personne n'est prophète dans son pays, » il se saisirent de lui et allaient le précipiter du haut de cette montagne; mais Jésus disparut à leurs yeux et alla de l'autre côté de la plaine ressusciter le fils de la veuve de Naïm.

Bientôt nous apercevons le petit village de *Naïm*, si touchant dans la vie de Notre-Seigneur. Je le salue de loin, car nous ne devons pas y passer. Nous traversons deux fois le torrent de *Cisson*, et nous arrivons aux montagnes qu'il nous faut franchir pour arriver à Nazareth.

Les chemins sont si difficiles et si dangereux que nous devons descendre de cheval. Nous marchons ainsi pendant un quart d'heure; et, bientôt placés dans des conditions de voyage meilleures, nous pouvons reprendre nos montures et voyager plus commodément.

Enfin à quatre heures la route est égayée par des gens qui travaillent en grand nombre dans une petite plaine où nous entrons; pendant que je me livre à certaines pensées joyeuses, j'aperçois, au détour de la côte, à quelques pas devant nous, une église et des maisons : c'est Nazareth.

NAZARETH. — Rien de gentil et de gracieux comme cette charmante petite ville. Elle est placée en amphithéâtre à la naissance d'une des montagnes qui couronnent la vallée; et quoique la vue d'un minaret assombrisse le tableau, on se sent dans le pays de Jésus, dans la contrée qu'habitait Marie, et l'âme se nourrit des plus douces pensées.

Combien de fois l'Enfant Jésus regarda ces montagnes ! Que de fois il se promena dans ces lieux ! Que de fois, avec Joseph et Marie, il s'entretint des choses du Ciel sur cette même terre que je foule et qu'ils ont habitée si longtemps ! J'étais ému et heureux.

Les bons PP. Franciscains nous attendaient. En entrant dans la cour, le cheval du docteur glisse et tombe; le cavalier sut merveilleusement se tirer d'affaire, et rien de fâcheux n'en résulta.

Après nous être rafraîchis au divan, on nous donne des chambres. Je laisse chacun choisir ce qu'il y a de mieux, et je reste avec M. Martinet pour occuper une chambre à deux lits, qui était réputée la plus mauvaise de toutes. Je m'en réjouis pour l'offrir à l'Enfant Jésus.

Après avoir reconnu mon logement, je descends à la chapelle remercier Dieu de mon voyage. Je vais le prier dans le sanctuaire où s'est opéré le mystère de l'Incarnation, à l'endroit même où la Sainte Vierge habitait dans sa petite demeure; je me retirai ensuite, content d'avoir pu arriver à ce pays bien-aimé pour lequel j'avais laissé errer si longtemps mes pensées, sans trop croire que jamais elles se réaliseraient.

Dans la soirée, à cinq heures et demie, je vois tout à coup Nazareth en émoi: les habitants couraient, montaient sur les terrasses de leurs maisons, et partout une animation extraordinaire se faisait remarquer. Avec Fad-Allah, je suis la foule et je cours à l'entrée de la ville par où nous sommes venus. Là, une trentaine de Bédouins donnaient une *fantasia* ravissante ; leurs chevaux brûlaient le pavé et fendaient l'espace. Je monte sur la terrasse de la caserne turque, d'où l'on peut voir tout merveilleusement. Je ne comprenais pas trop bien le motif de ces réjouissances. Les courses continuaient sans relâche, quand tout à coup la grosse caisse se fit entendre dans le lointain, et toute la cavalerie bédouine arrêta ses jeux et rentra dans Nazareth. — « Voilà l'*Apouse*, me dit Fad-Allah, dans son français parfois si inintelligible, voilà l'*Apouse*. » — Ce mot n'éclaircissait pas mes idées, et ne m'apprenait rien. Je lui fis répéter plusieurs fois ; et toujours la même réponse succédait à mes interrogations. A la grosse caisse se mêlait une musique orientale des plus champêtres : chalumeaux, vielles, outres, tout le bataclan des pasteurs ; plus de cinquante jeunes hommes marchaient les uns en arrière, les autres en avant, frappaient leurs mains, les premiers dans celles de ceux qui suivaient et réciproquement ; une foule de plusieurs centaines de femmes, d'hommes et de toute sorte de monde, suivait ; et au milieu de ce tohu-bohu venaient d'abord à cheval, le *chibouck* à la bouche, les chefs de toute l'aristocratie nazaréenne, les Ali, les Aga, les *culottes* vertes, les gros bon nets, puis un jeune homme qu'on nomme l'*Époux*; enfin ses parents et ses grands amis, tous à cheval et vêtus le mieux du monde. A côté l'*Apouse* (en français la jeune mariée), marche à cheval, la tête voilée, et accompagnée d'une multitude de femmes et de jeunes personnes en guenilles qui frappent des mains et chantent je ne sais quoi. Tout cela produit un effet magique et ne peut se comprendre qu'en le voyant. C'était un mariage grec schismatique : l'épouse faisait son entrée solennelle. Huit jours avant le mariage et huit jours après, ce ne sont que fêtes et réjouissances auxquelles tout le monde prend part. C'est la coutume pour tout le monde à Nazareth, chacun selon ses moyens.

Nous dînons à six heures et demie. Après le repas nous allons visiter la *maison de la Sainte Vierge* dans la grotte de l'église; le P. Gardien nous introduit dans d'autres grottes attenantes à cette habitation et qui en faisaient partie. Le lieu que l'on assigne comme étant celui où s'opéra le mystère de l'Incarnation, est la première grotte qui faisait suite à la petite maison, qui a été transportée à Lorette par les Anges.

J'étais fatigué; je me couchai de très bonne heure.

Samedi 11 octobre.

Paré des plumes de l'abbé Tenaille, je dois dire ma messe de bonne heure, afin de lui rendre son bien assez tôt pour qu'il puisse dire la Sainte-Messe ; ce qui fit que, bien à regret, je me levai dès les cinq heures pour offrir le Saint-Sacrifice.

J'eus la consolation de l'offrir dans la maison de la Sainte Vierge, ce qui me causa une grande joie dont je remerciai Notre-Seigneur.

Après la messe je rends à César ce qui lui appartient, j'endosse mon manteau, et je retourne à la grotte dire mon office ; la fraîcheur me fait bientôt sortir, et je viens me jeter sur mon lit jusqu'à ce que l'abbé Tenaille ait dit lui même la Sainte-Messe.

A huit heures, comme je dormais profondément, un bon Frère, qui vint par hasard faire les lits, me réveilla et me conduisit au divan pour y prendre le café du déjeuner.

A neuf heures nous allons rendre visite aux dames de Nazareth, excellentes religieuses, à qui je porte ma pauvre soutane, et les autres pèlerins tout leur linge.

La réception fut très gracieuse ; des sœurs arabes du Sacré-Cœur nous frappèrent par leur air décidé et la vivacité de leurs regards.

Pendant que tout le monde va au bazar et chez Joseph, je rentre au couvent et vais causer avec M. Lair, toujours pas fier, et qui a maintenant pour compagnon d'infortune MM. Cortet, Charles et Léon. Quelques autres ne sont pas solides.

Après dîner je vais écrire quelques mots; je sors ensuite avec M. Martinet pour aller chez Joseph, où je fais connaissance avec un prêtre maronite, son beau-frère; revenant par le bazar, je rentre au couvent.

A Nazareth les femmes ont plus que partout la mauvaise habitude de baiser les mains des prêtres; j'en suis ennuyé au dernier point, et je ne sais comment faire pour soustraire mes mains à cette fonction de patène qui me répugne.

Nous rentrions à peine, quand on nous manda au divan pour une affaire grave. Il s'agissait de rester un jour de plus à Nazareth pour les malades, ou de faire notre voyage à Tibériade, de telle sorte qu'arrivant là à sept heures lundi soir, nous devrions en sortir mardi à quatre heures et demie du matin; et cela à cause de Monseigneur. M. Lair défendit la cause générale contre le docteur; on vota au scrutin secret selon le règlement, et neuf voix contre trois donnèrent le dessous à ceux qui, sans pitié des petites bourses, voulaient leur faire subir une dépense imprévue et nécessitée seulement par les besoins de deux ou trois. Le départ fut donc fixé pour le lendemain dimanche.

Après cette importante question, qui mit le docteur de mauvaise humeur, nous assistons à la procession des Franciscains, retardée exprès pour nous. Monseigneur et M. Cortet ne purent y assister.

Après la cérémonie, c'est-à-dire à cinq heures, nous allons visiter l'*atelier de saint Joseph,* où l'on a construit une petite chapelle; et la *Mensa Christi*, énorme pierre sur laquelle Notre-Seigneur dîna avec ses apôtres à son retour de Tibériade. Cette pierre est renfermée dans une église à peine achevée et très jolie à l'extérieur.

De là nous visitons l'ancienne synagogue, où Notre-Seigneur parla pour la première fois comme docteur, et où les Juifs se dirent : « N'est-ce point là le fils de Joseph et de Marie, etc. ? » Cette synagogue est maintenant une pauvre église appartenant aux Grecs catholiques.

L'église des Maronites, que nous voyons après,

est d'une pauvreté remarquable. Le beau-frère de Joseph y disait l'office avec son maître-d'école. Il est curieux pour des Latins de voir des prêtres catholiques avec femmes et enfants. L'esprit ne peut s'habituer à cette pensée, et un bon pèlerin se trouvant chez les Maronites ne voulut point s'y confesser, parce que, disait-il, il n'avait pu y rencontrer un prêtre vierge.

En quittant cette église, nous descendons à la fontaine où la Sainte Vierge allait puiser de l'eau. Une foule de jeunes filles étaient là qui se disputaient et se battaient pour remplir les premières leur jarre. Je bus dans une jarre qu'une jeune fille venait de remplir : elle en fut très heureuse; le docteur fit de même, et nous sommes les deux seuls qui ayons bu sur place l'eau de la fontaine de la Sainte Vierge.

Avant dîner, nous allons à la maison où reste le père de l'époux dont nous avons vu la fête hier au soir. Le docteur, en nous faisant attendre, nous priva du plaisir de voir un repas arabe; les Bédouins, en faisant le leur, nous dédommagèrent un peu de ce contre-temps. Le P. Duthau et M. Martinet mangent au plat commun et nous amusent par leurs manières comiques.

Nous montons ensuite au divan où le père de l'époux nous reçoit avec une grande courtoisie. Bientôt la musique orientale se fait entendre; les femmes avec leurs chants et leurs battements de mains complètent l'orchestre, et pendant vingt minutes cette bacchanale, à laquelle tout Nazareth assistait, nous amuse beaucoup. Les fêtes orientales n'ont de pendant nulle part, et nos amusements du mardi-gras n'ont rien qui approche de l'entrain, de l'enthousiasme, de la gaité qui animent ces fêtes.

Après dîner, nous recevons la visite d'un Arabe décoré par l'Empereur pour avoir sauvé la vie à M. de Saulcy; j'écris ensuite mes petites notes et vais me reposer.

NEUVIÈME SEMAINE.

Mont Thabor. — Tibériade. — Lac de Génésareth. — Cana. — Nazareth (suite). — Caïffa. — Mont Carmel. — Saint-Jean-d'Acre. — Tyr.

Dimanche 12 octobre.

A cinq heures, Léon arrive avec fracas nous annoncer, à M. Martinet et à moi, que la caravane est à cheval, et qu'on nous attend pour partir. Je me lève à la hâte, et, après avoir pris une tasse de café, je me trouvai sur ma selle avant tout le monde.

J'avais eu froid la nuit, la gorge me causait quelques souffrances, et je craignais une petite indisposition pour le lendemain.

A six heures, nous partons en laissant à Nazareth Monseigneur, M. Cortet, M. Lair et le docteur, qui reste pour son frère. Nous nous dirigeons vers le Thabor.

MONT-THABOR. — Rien d'extraordinaire ne nous arriva pendant la route, si ce n'est la perte du paletot de Jules, qu'il fallut retourner chercher, et une chute que fit le P. Duthau presque au sommet du Thabor. Le chemin est extrêmement difficile; et, sans les Grecs, qui l'ont rendu un peu praticable, il y a très peu de temps, nous eussions éprouvé beaucoup de fatigues pour y arriver. La côte est extrêmement rapide; les rochers sont très glissants, et on peut dire qu'on passe par le Calvaire avant d'y arriver.

Nous y arrivons cependant à neuf heures. Le P. Duthau dit la Sainte-Messe à laquelle nous assistons tous avec bonheur, heureux d'entendre l'évangile qui rapporte les diverses circonstances du prodige opéré sur cette montagne! Il me semblait entendre cette voix qui venait du ciel adressée aux apôtres Pierre, Jacques et Jean, témoins de la Transfiguration : « Voici mon Fils bien-aimé en qui j'ai mis toutes mes complaisances; écoutez-le. » Je me disais : Qu'il fait bon se trouver ici!... *Bonum est nos hic esse!...*

Après la Sainte-Messe, nous faisons un assez léger déjeuner.

Pendant que chacun se repose, je me mets en quête de couper des bâtons comme souvenir de la *Montagne Sainte* (ainsi appelée par saint Pierre); j'eusse beaucoup mieux fait de dormir comme tout le monde; car, après une heure de courses, je me trouvai quelque peu fatigué.

Le Thabor est une magnifique montagne à demi boisée, au sommet de laquelle on jouit d'une très belle vue, et où gisent les ruines de plusieurs couvents et de trois églises qui y ont été bâties autrefois par sainte Hélène. Les schismatiques grecs sont les seuls qui les habitent aujourd'hui, et leur couvent est de mince apparence.

A midi et demi Fad-Allah nous fait décamper. Nous avons été trois fois sots de nous mettre à cheval si tôt : la chaleur était très grande et il fallut descendre le Thabor à pied. Aussi, à peine étions nous au bas de la montagne, que nous étions déjà très fatigués.

Après avoir quitté les petites montagnes qui se trouvent au pied du Thabor, nous entrons dans une plaine où la chaleur est tellement accablante, que nous faisons halte sous une petite fontaine, et nous reposons pendant un quart d'heure.

Après plusieurs autres repos pendant la route, nous arrivons à cinq heures et demie, harassés de fatigue, à l'extrémité de la plaine et sur le sommet du versant sud de la mer de Tibériade. Pendant nos courses si variées dans le désert, je n'avais pas encore trouvé un coup d'œil si ravissant. Nous avons à nos pieds le *lac de Génésareth*, calme et uni comme une glace; les hautes montagnes qui l'entourent sont dorées des feux du soleil couchant; les ravins de ces montagnes de pierre blanche ou de sable en reflétent les rayons et forment quelque chose de grand qui frappe et qui étonne. Devant nous, sur le lac, la petite ville de Tibériade, avec ses maisons carrées, achève la beauté du tableau, et nous promet un repos dont nous avons le plus grand besoin.

TIBÉRIADE. — La descente de la côte a achevé de nous briser; pour mon compte, je n'en puis plus; je ne m'étais pas encore trouvé si fatigué pendant toutes mes courses en Terre-Sainte.

Fad-Allah nous sert un souper détestable dont nous nous plaignons. Je mange très peu; et immédiatement après souper, j'allai dans ma tente me jeter sur mon lit de camp.

Lundi 13 octobre.

La nuit a été affreuse sous tous les rapports. La chaleur était accablante; les courants d'air qu'on a ménagés sous la tente, me font mal;

je vais à la dérobée fermer une ouverture; mais je me trouve avec des amateurs de Borée, et les choses se passent de telle sorte que je ne puis dormir un instant, et que le lendemain matin je me trouve, comme à Naplouse, avec un mal de tête très violent et beaucoup de fièvre. Je ne puis me lever; je souffre beaucoup, le moral est malade aussi; je crains que la chaleur qui nous accable ne me retienne au lit. L'atmosphère est pire qu'à la mer Morte, et je suis sûr que le thermomètre doit marquer 60 degrés centigrades.

Le café chauffe au soleil, et la chaleur est assez grande pour qu'on puisse le prendre.

Cependant à dix heures je veux aller faire une excursion en ville; j'avais été le matin voir baigner mes compagnons de route; mais je fus obligé de revenir me coucher presque aussitôt. Il en fut de même dans cette seconde excursion. Je traversai Tibériade et revins aussitôt me remettre au lit. Cette ville est presque entièrement composée de Juifs qui attendent le Messie dans ce lieu, parce que c'est là, dit leur tradition, qu'il doit paraître d'abord. J'avais grande envie d'entrer dans leur synagogue avec mes compagnons de pèlerinage; la fièvre m'en empêcha. Les Juifs célèbrent actuellement la fête des Tabernacles. Pendant ce temps, ils ne doivent point manger dans leur maison; aussi les toits sont-ils couverts de petites tentes en feuillage et de draperies où ils prennent leur repas.

Nous fûmes témoins de la *sale et ignominieuse* tenue de quelques-uns des habitants de cette ville; on ne craint pas de laver en pleine rue et sur les places publiques ce qu'on ne peut voir sans rougir.

Après dîner je me sens un peu mieux. Je vais faire un somme dans les ruines des fortifications de Tibériade; et, pendant que je dors sur le fumier de mille générations de chameaux, mille insectes s'attachent après moi, me dévorent et me font mille piqûres des plus fatiguantes.

A quatre heures je vais sur le bord du lac de Génésareth, où je prends un bain de pieds qui me donne quelques moments de faiblesse. Je me couche sur une pierre et me repose quelques instants. Pendant ce temps Léon pêchait les crabes, et les bonnes femmes venaient puiser de l'eau auprès des hommes qui se baignaient à mes pieds.

La fièvre me revient une demi-heure avant dîner; je prends mon potage, et pour calmer un peu la grande altération qui me dévore, je bois un peu de la mauvaise eau de la mer, et je vais me jeter sur mon lit.

Mardi 14 octobre.

Cette nuit fut aussi mauvaise que la précédente : je fis des rêves assommants ; j'eus des cauchemars toutes les fois que je m'assoupissais ; je commençais à reposer plus calme, quand on vint nous annoncer le moment du lever et du départ. Il était quatre heures et demie.

Je souffrais peu, mais j'étais abattu, et les conséquences de mon rhume étaient au grand complet. Je pris mon café avec grand appétit ; et à cinq heures moins le quart nous quittons Tibériade et son lac si beau, sans regrets et sans larmes, car la chaleur eût été mortelle pour nous tous. F. Liéven s'y trouve indisposé ; et en se baignant le matin, il s'était brisé l'ongle d'un doigt de pied, ce qui lui donnait, disait-il, une très-vive douleur.

La lune seule nous éclaire, mais elle nous éclaire parfaitement ; les nuits d'Orient sont ravissantes et n'ont aucune ressemblance avec nos tristes nuits d'Europe.

Après une demi-heure de marche, nous laissons derrière nous une caravane de Grecs ou d'Anglais, avec leurs Grecques ou leurs Anglaises; et nous arrivons au sommet de la montagne, à l'endroit où eut lieu le miracle de la *multiplication des pains*. Nous nous y arrêtons un moment pour y prier et y lire l'évangile qui rapporte ce miracle, puis nous poursuivons notre route sans incident jusqu'en face de la petite montagne où Notre-Seigneur enseigna l'admirable doctrine connue sous le nom des *Béatitudes*. La caravane ne jugea pas à propos d'aller dire un *Pater* au pied de cette montagne. Alors, sous la direction de F. Liéven, l'abbé Tenaille, Charles et moi, nous lançons nos chevaux à travers champs et nous y volons. Là nous lisons l'évangile des Béatitudes et nous revenons à toutes brides rejoindre la caravane qui avait rencontré des Bédouins de mauvaise mine et qui méditaient quelque mauvais coup; nous les rejoignons au pied d'un petit village où elle nous attendait.

Nous passons deux heures après dans le *champ des Epis* et à dix heures nous arrivons à Cana sans nous sentir fatigués.

CANA. — En entrant dans ce petit village au si touchant souvenir, on nous montre l'emplacement de la maison où Notre-Seigneur avec sa Sainte Mère vinrent assister aux noces d'une famille galiléenne. Nous nous arrêtons un instant pour y faire une courte prière, et nous allons dans un petit bois de grenadiers, à la porte de ce village, faire notre déjeuner.

L'endroit était ravissant : l'ombrage frais nous invitait au sommeil ; on fit peu de bruit ; nous étions tous harassés des deux nuits passées à Tibériade, et nous avons pu prendre un peu de repos.

A une heure et demie nous montons à cheval. Après deux heures, nous arrivons à Nazareth, heureux de trouver un gîte où nous pourrons à notre aise nous reposer de nos fatigues.

NAZARETH (**suite**). — Notre retour fut gai ; d'excellents rafraîchissements nous rendent la vie. Après m'être reposé un moment, je prends un bain de pieds qui me soulage beaucoup du mal de tête que je commençais à ressentir, et qui m'occasionnait de violents tiraillements d'estomac.

Après cette opération, ayant à réorganiser les dispositions de mon sac de nuit, je m'aperçois, avec une douleur profonde, de la perte d'une très grande partie de mon eau du Jourdain, et je trouve brisée une croix de Gethsémani que j'apporte pour Monseigneur de Dijon.

Dans la soirée j'achève mon office et je vais me promener au jardin, où je cueille quelques feuilles et quelques fleurs en souvenir de Nazareth.

Monseigneur, que je rencontre, me paraît dans l'état de santé le plus triste possible ; je le trouve en danger et je crains qu'il ne revoie jamais la France.

M. Cortet, M. Lair et le docteur sont allés aujourd'hui voir le Thabor ; ils arrivent en ce moment et paraissent en bon chemin de réparation sanitaire.

Nous dînons à six heures. Au moment de nous mettre à table, un allemand nous apprend qu'hier, avec un compagnon de route, il a été attaqué et dévalisé au Thabor par des Bédouins. Je rends grâces à Dieu de ce que ces sortes d'excursions sont achevées pour nous, et j'ai le plus grand désir d'atteindre la fin de ces courses dangereuses.

Après dîner nous nous réunissons au divan pour régler notre itinéraire et notre heure de départ pour demain ; après quoi j'écris ces notes et vais me reposer dans les bras du bon Dieu. Amen ! et bonne nuit !

Mercredi 15 octobre.

Au moment de me coucher, il m'est venu en pensée de ne point quitter Nazareth sans y avoir encore une fois célébré la Sainte-Messe. Je ne voulais me priver de cette consolation qu'à la dernière extrémité. Aussi, après une nuit assez bonne, je me lève à cinq heures ; après quelques moments de prière, je descends à la grotte et j'ai le bonheur d'y offrir encore une fois le divin Sacrifice.

J'éprouvai de la peine à quitter Nazareth : mon âme s'y trouvait à l'aise, je rencontrais des figures amies ; et malgré tout ce qu'a de rebutant une population qui ne se couvre que de guenilles et se pavane dans sa saleté, j'y trouvais quelque chose de mieux que partout ailleurs.

Les Nazaréennes sont loin d'avoir la beauté qu'on leur prête : il y a de beaux types ; mais une femme de quarante ans est déjà plus brisée qu'une femme de soixante ans en Europe, de même que les jeunes filles de douze à treize ans sont plus fortes que celles de vingt ans chez nous.

A sept heures, après une violente dispute entre Charles et M. Martinet pour le cheval de Joseph, et après une vive altercation entre celui-ci et Fad-Allah, nous disons enfin adieu à Nazareth, y laissant nos regrets et emportant les plus doux souvenirs.

Monseigneur ne quittera cette ville que demain, encore le pourra-t-il? M. Cortet, le docteur et son neveu restent pour l'accompagner. Le F. Liéven et Joseph restent pour le même but.

J'étais content d'arriver au Carmel le jour de la fête de sainte Thérèse. Pendant tout notre voyage les coïncidences avaient été extraordinaires. A Nazareth la fête de la Maternité, à Tibériade, le passage de Notre-Seigneur sur le lac, à Jérusalem le jour de l'Exaltation de la Sainte-Croix; enfin presque partout, nous avions aimé rencontrer ces fêtes imprévues.

Je me sentais remis de mon indisposition, et je croyais les souffrances terminées. Hélas! j'étais loin d'être dans le vrai. Après une heure de marche, des tiraillements d'estomac, la tête et les reins vinrent me causer un vrai supplice. Le cheval me fatiguait horriblement; je me demandais comment je passerais la journée. Je lutte avec la souffrance, et je puis arriver jusqu'au campement, à trois heures et demie de Nazareth; je descends de cheval et me couche vite par terre pour me délasser un peu.

Après quelques instants, je me trouve mieux et je puis déjeuner un peu avec tout le monde. La fatigue et le vent m'empêchent de dormir; je sentais bien que j'étais loin d'être guéri.

Ce fut donc avec une anxiété assez grande qu'à une heure je remontai à cheval, avec la perspective de quatre heures de marche.

Tout d'abord les choses allèrent mieux que je ne l'espérais; mais, après une heure, le mal de tête fut si violent que je ne pouvais plus causer; les reins me firent mal de nouveau, et je ne m'explique pas maintenant comment j'ai pu tenir à cheval.

Rien ne m'intéressait pendant la route, ni les Bédouins que nous rencontrions de temps en temps et qui nous dévoraient des yeux, ni ces longues files de chameaux, ni ces nombreux troupeaux de chèvres et de génisses, ni ces femmes qui cueillaient le coton, rien ne me souriait; et, pendant que tout le monde se récrée, regarde et se réjouit, je chemine lentement, la tête basse, et cependant n'ayant pas la moindre pensée de crainte.

Une vieille tour en ruine que nous apercevons au sommet de la dernière montagne sur le bord de la mer, et que je prends pour le Carmel, me donne espoir à mesure que nous en approchons.

Une demi-heure avant d'arriver à Caïffa, nous entrons dans de très belles propriétés plantées de palmiers, d'arbres de toutes sortes qui me remettent un peu de mes fatigues.

CAIFFA. -- A quatre heures nous entrons à Caïffa, petit port de mer où les bateaux français ne s'arrêtent que quand le débarquement à Jaffa a été impossible, mais où s'arrêtent toujours les bateaux autrichiens quand le caprice ne leur dicte pas le contraire. Nous traversons le bazar, vraie ignominie comme tous les bazars d'Orient; et, chemin faisant, je m'étonne de l'indifférence de bon nombre de citoyens et surtout de citoyennes, qui nous laissent passer sans même nous regarder. C'était vexant! Nous qui en France courrerions après une figure orientale!... Quelques petits bons hommes à demi nus nous regardaient avec des yeux à nous dédommager de toute indifférence possible.

Une demi-heure après avoir quitté Caïffa, nous rencontrons une famille européenne. La vue de ces figures de notre monde et qui me rappellent la France, me donne un nouveau courage; je me sens plus à mon aise, mes forces semblent renaître; et, après avoir rendu le salut à cette petite famille, qui n'était autre du reste que celle du consul de Chypre, je me donnai la fantaisie de lancer mon cheval au galop, pour rattraper la caravane; et cette petite puérilité me valut la grâce de souffrir un peu plus quand j'eus rejoint tout le monde.

Nous grimpons la côte du Carmel, et, Dieu voulant, j'arrive sans encombre dans ce lieu de repos après lequel je soupirais depuis quatre si grandes heures. Alors il en était cinq.

MONT-CARMEL. — Les religieux chantaient les vêpres lors de notre arrivée.

Quand j'eus mis pied à terre, j'entrai adorer Notre-Seigneur et lui rendre grâces; puis je me rends avec tout le monde au divan; couché sur le canapé, je goûte les douceurs du repos et savoure les rafraîchissements qu'on nous offre. J'étais brisé de fatigue et dévoré par la soif.

Un quart d'heure après notre arrivée et pendant que nous prenions le café, un bon religieux vint nous annoncer la bénédiction du Saint-Sacrement. Nous nous rendons tous à l'église et je me félicite de pouvoir jouir de ce bonheur, au moment même de notre arrivée.

Le Carmel fit tout d'abord sur nous tous la même impression; en voyant la maison, les religieux et le site, chacun se dit : « Oh! qu'il fait bon au Carmel! J'y passerais volontiers huit jours! »

Après la bénédiction, on nous donna nos chambres. Je fus planté avec M. Martinet dans un pauvre réduit où il était facile de faire pénitence. Je le reçus dans cette pensée.

Je me reposai un peu jusqu'au dîner et je me trouvai beaucoup soulagé.

Le soir je mange peu. Le consul de Chypre et sa famille dînent avec nous. Après dîner on se rend au divan, mais je me sens trop fatigué pour y rester longtemps. Je sors après quelques minutes et vais me coucher tout plein d'espoir que la nuit me remettra entièrement de mes fatigues.

Jeudi 16 octobre.

Je transpirai beaucoup pendant la nuit; je m'en réjouissais, pensant que cela me ferait du bien. Je ne dormis point ou très peu, ayant seulement quelques moments de sommeil très agité. Cependant je me levai assez bien remis, et je me trouvai dans un état aussi satisfaisant que possible. Il y avait encore du louche dans ma tête, et je n'étais point entièrement rassuré sur les conséquences à venir.

A sept heures et demie je me rends à l'église pour y dire la Sainte-Messe. Le religieux carme sacristain fut d'une bonté, d'une prévenance que je n'ai trouvées nulle part chez les religieux Franciscains. Il me fit dire la messe sur le Grand-Autel privilégié de Notre-Dame du Mont-Carmel, ce qui m'était infiniment précieux et agréable. Je finissais mon pèlerinage sous les auspices et sur l'autel de ma Mère du Ciel. J'étais ému de cette heureuse rencontre, et je ne puis m'empêcher de dire combien cette circonstance m'a rendu heureux.

Après la *médecine de café* qu'il faut subir en Orient, je laisse les amateurs d'excursions descendre à la mer. Pour moi je vais seul d'abord visiter la petite chapelle que l'on construit en l'honneur de sainte Thérèse; coupant à travers la montagne, je gagne le vieux moulin à vent à l'extrémité ; et là, assis sous un arbre dont je ne connais pas le nom, ayant la mer à mes pieds, en vue de Saint-Jean-d'Acre et d'une mer sans borne, je me mets à penser à la *France,* à ma *Famille*, à mes *Amis,* à ma *Paroisse*...

Je passai là deux heures dont je ne puis rendre le charme, et je ne quittai qu'au moment où, me sentant fatigué, je crus prudent d'aller me reposer un peu au couvent.

Il était onze heures. J'allai me jeter sur mon lit ; et quand le diner sonna à midi, je me trouvais mal à mon aise et sans appétit. J'y allai néanmoins et je fis tant soit peu honneur au service.

Après dîner, je retourne me reposer. M. Martinet en fait de même, fatigué qu'il était de son expédition à la mer. L'abbé Sochnlin vient un moment causer avec nous. Il commence aussi à traîner de l'aile et il ne dit pas tout ce qu'il pense, tant il couve gros d'ennuis et de mille choses de ce genre.

La fièvre eut la mauvaise idée de venir me prendre au collet. Je voulus la combattre par la destruction. A trois heures je me lève, et avec M. Martinet, je descends la rude côte du Carmel. et vais à la mer ramasser de petits coquillages. Pendant ce temps, M. Martinet prend un bain.

Je me trouvais très bien sur la plage; ces mille coquillages me récréaient et me faisaient oublier la fièvre; je ne sentais plus qu'un léger mal de tête insignifiant. J'ôtai mes souliers et mes bas, et marchai pieds nus sur le sable sec : je jouissais.

Mais à cinq heures, ce fut une autre histoire. Je me sentais alors horriblement fatigué, et je gagnai lentement les hauteurs du Carmel pour y achever mon office avant la nuit et pour m'y reposer. Je laissai derrière M. Martinet qui ne marchait pas assez vite pour mon impatiente ardeur du repos. Arrivé au sommet de la côte, je rencontre deux vieux Pères du Carmel, qui, me voyant passer, m'adressent la parole. Il y avait quelque chose de si bon et de si suave dans leurs paroles, que j'oubliai mon indisposition, et pendant une demi-heure, je causai avec eux.

L'un d'eux, le P. Ange, me dit qu'il me reverra demain et qu'il me donnera des reliques du Carmel. En me voyant avec la fièvre, il me prenait la main, levait les yeux au Ciel, et disait : « *Poverino, Oh! poverino mio!.... Crede mihi, ne discedas... Oh! ne discedas!...* Je ne voulais point rester, et je voulais même, contre la prudence, achever mon voyage avec tout le monde, et le pauvre Père, en me voyant si décidé, appelait *courage*, *force* et *vertu*, où il y avait les trois quarts et demi d'amour-propre.

Nous nous donnons rendez-vous à huit heures demain matin, et je le quitte pour dire mon office.

J'en étais à None quand Monseigneur arriva avec le reste de la caravane. Je dus quitter ma prière pour aller avec tout le monde m'informer de sa santé. Nous nous rendons au divan, je prends un verre de limonade pour calmer un peu la soif dévorante que j'éprouve ; je me dispose à aller achever mon bréviaire, quand je me sens tellement abattu que j'éprouve le besoin d'aller vite me reposer. A peine arrivé dans ma chambre, je me mets à grelotter comme au mois de janvier; je ne puis ôter mes habits, et c'est à peine si, après avoir quitté mes souliers, j'ai le temps de vite me jeter sur mon lit. J'avais une fièvre froide très violente, et cette fois c'était sérieux.

Après quelques moments je pus me glisser sous ma couverture; la fièvre froide se change peu après en fièvre ordinaire, et alors, sans force, sans idée, sans courage, je me sens tenté d'avoir peur.

A dîner, quand on s'aperçut de mon absence, M. Martinet fut le seul qui vint immédiatement savoir ce qui m'était arrivé. Cette démarche de ce bon M. Martinet me toucha; il fit preuve d'un bon cœur.

J'éprouvais une grande contrariété de n'avoir pas achevé tout mon office; j'avais un désir immense de le dire, mais j'en étais absolument incapable. Je priai M. Martinet, quand il vint se coucher, de laisser clairer la bougie à côté de moi pour achever ce qui me restait à dire, quand je me sentirais mieux; mais je dus bientôt renoncer à cette idée, et essayer de m'endormir en faisant ce sacrifice.

Vendredi 17 octobre.

La nuit que je passai fut horrible. La fièvre ne me quitta point qu'au jour et les cauchemars furent affreux. Je me voyais presque condamné à partir par le bateau; et le mal de tête très violent dont je souffrais avec la fièvre me faisait craindre une fièvre cérébrale. Je faisais les plus noirs projets, et je me demandais si je reverrais la France!...

Le jour me soulagea. Je ne pouvais songer à dire la Sainte-Messe. J'en fus très contristé; et pour n'avoir aucun doute sur mon état, j'envoyai chercher le docteur Maupoint, qui ne trouva absolument rien de grave dans mon état; son avis me rassura et me donna du courage.

On m'apporta un peu de limonade qui me fit grand bien, et je restai au lit jusqu'au moment de dîner.

Pendant cette matinée, quelques pèlerins vinrent me voir sur mon pauvre grabat; le bon P. Ange, en m'apportant ses reliques, me fit passer quelques moments de bonheur par sa conversation vraiment angélique. Deux fois il vint me voir, et j'eus le cœur bien serré quand nous nous sommes dit adieu.

A onze heures, quand je me levai, une faiblesse me força à recourir encore à mon lit ; et cette fois je crus qu'il fallait sérieusement penser à prendre le bateau. Cette pensée ranima mon courage et, les sueurs passées, je pus me relever, et aller au réfectoire prendre un potage et un peu de confitures. Je revins me coucher en attendant le départ. A une heure, malgré mon pauvre état de santé, malgré ma faiblesse, et les conseils d'un grand nombre de pèlerins, je lève les yeux au Ciel, je demande à mon Dieu, avec sa grâce, la force et le courage; et après m'être mis sous la protection de ma bonne Mère, je prends mon cheval et je dis adieu au Carmel.

La côte que je descends à pied me fatigue peu, et sans la tête dont je souffrais beaucoup, je me serais trouvé pas mal.

Monté à cheval, je commençais à dire mon bréviaire avant la fatigue, quand le P. Duthau, qui, avant dîner, m'avait fait prendre de la quinine, me dit que j'avais tort d'agir de la sorte, que ce n'était point raisonnable de prendre un remède et de faire immédiatement ce qui était nécessaire pour en détruire l'effet. Il me dispensa de mon bréviaire; et quelque peine que cela me causât, je dus m'y résigner en vue de ma faiblesse et de la longue course que nous avions à faire pour arriver à Beyrouth.

Nous longeons la mer, nos chevaux marchent sur le bord de l'eau ; les vagues viennent quelquefois les surprendre et leur mouiller les jambes, ce qui les effraie d'abord. La mer était un peu grosse, les vagues se déferlaient sur la plage et me causaient un plaisir qui me rendait la vie. Charles et son père se mirent en devoir de tirer des alouettes de mer, et ils réussirent très bien.

Nous traversons le Cison, un peu avant d'arriver à Saint-Jean-d'Acre (le Belus de Pline). Pendant ce voyage de quatre heures et demie, l'air était si frais, que nous avons tous plus ou moins souffert du froid.

Je n'avais point la fièvre, mais le cou et les reins me causaient des souffrances atroces. Je ne pouvais faire aucun mouvement sur mon cheval, et à chaque mauvais pas qu'il faisait, j'éprouvais de vives douleurs.

M. Cortet restait au Carmel avec Monseigneur et le docteur ; je n'eus jamais regret de n'être pas resté : je voulais vaincre ou mourir.

Après quatre heures de marche, nous arrivons enfin dans ce petit endroit où cinq à six cent mille Croisés vinrent lutter contre la puissance de Saladin et périrent pour la plupart enlevés par les maladies, les naufrages et les combats. Cent mille au moins périrent avec le roi de Jérusalem en faisant le siége de Saint-Jean-d'Acre. Nous faisons notre entrée dans cette ville.

SAINT-JEAN-D'ACRE. Nous parcourons, ou plutôt nous traversons tout le bazar, et on nous conduit vers je ne sais quelle bicoque pour nous y faire prendre quelques rafraîchissements ; mais comme notre campement est encore à une demi-lieue de là, nous ne voulons pas nous amuser à rester si loin et nous avons hâte de nous reposer. Nous rebroussons chemin en revenant par ce même bazar, qui est tout ce qu'il y a de mieux à Saint-Jean-d'Acre, et dont la saleté est aussi brillante que dans toutes les villes d'Orient; nous gagnons les jardins d'Abdallah-Pacha, près desquels sont dressées nos tentes.

Le long du chemin nous trouvons une quantité énorme de boulets en pierre dont on se servait autrefois; des restes de constructions pour les eaux nous disent que les Français ont passé par là; tout grelottants, nous arrivons enfin au campement. Il était six heures.

On se hâte de souper, et chacun va se rouler

dans ses couvertures, sur son mauvais lit de camp.

M. X** avait eu l'attention de me prendre le mien, qui par hasard ce soir se trouvait dans une position moins exposé aux vents. Je me tus pour éviter les chicanes, mais j'étais mécontent.

Samedi 18 octobre.

Malgré mes prévisions de la veille, la nuit fut moins mauvaise que je ne l'avais craint; je ne pus dormir, mais je n'eus pas froid, et à cinq heures je montai à cheval assez content. Charles n'était pas à son aise; il avait eu mal au cœur à son lever et il se trouvait dans de mauvaises dispositions pour voyager.

Après une heure de marche, les mêmes douleurs que la veille commencent à se faire sentir; le cou, les reins et tout le corps deviennent d'une raideur qui me causent de vives inquiétudes; et cent fois je me demande si je pourrai continuer la route avec tout le monde.

Après cinq heures de marche, nous nous arrêtons pour déjeuner. Je ne pouvais plus me traîner; j'allai me coucher un instant pendant qu'on préparait la table, et ce moment de repos me fit grand bien. Je pus manger un peu, et j'eus assez de force pour rester assis pendant tout le temps du déjeuner.

Je vais ensuite me coucher sous un arbre. Je n'éprouvais plus aucune douleur ; j'avais l'esprit si libre alors, qu'au lieu de dormir, je laissai mes idées se promener de côté et d'autre, et je bâtis des projets de quelques petits sermons. Le travail de mon esprit avait été si extraordinaire que je m'en amusai beaucoup dans les premiers moments de l'après-midi, quand nous commençâmes à continuer notre route.

A une heure et demie j'étais assoupi, quand on m'appela pour monter à cheval. Je me lève en sursaut, et cette brusque manière de faire fut cause qu'au moment de monter à cheval, j'eus une faiblesse. Je me jetai à terre, et quelques minutes après je me trouvai mieux.

Je voulais dire mon bréviaire ; l'aumônier me le défendit encore ; et il fit bien, car je n'aurais pas eu la force de l'achever. Plusieurs fois les chemins deviennent si mauvais qu'il faut descendre de cheval pour éviter d'avoir le cou cassé. Au Cap-Blanc, cette manœuvre me fatigua beaucoup. F. Liéven ne descendit jamais, et malgré cela, après les chemins du Cap, il se trouva si fatigué, il avait une fièvre si violente, qu'il fut obligé de se coucher un moment pour se remettre.

J'étais également brisé, et Tyr apparaissait dans le lointain comme un songe qui fuit toujours. Je rêvais les plus tristes choses, et jamais je ne fus si découragé qu'en ce moment, où ne pouvant plus me tenir à cheval à cause de la violence de la douleur, je ne pouvais descendre sans me sentir saisi par le froid qui alors était très piquant. De deux maux il fallait choisir le moindre, et pour moi, le moindre était horrible. Je me couche en avant sur mon cheval, je me tiens debout sur les étriers, je fais de mon mieux pour me soulager, et je me demande ce que je vais devenir si demain, la fièvre s'en mêlant, je me trouve ainsi planté à vingt grandes lieues de Beyrouth.

A une heure de Tyr la caravane se détourna pour aller visiter le réservoir d'eau construit autrefois, on ne sait guère par qui, pour l'alimentation de la ville. F. Liéven et moi partons en droite ligne. J'espérais m'arrêter un instant pour me reposer; mais il ne fut pas possible et je crois que nous eûmes raison. Nous étions gelés et il était cinq heures et demie.

Je marchais la tête et l'oreille basses, bien en arrière du F. Liéven, quand je vis sur le sable une jolie petite tasse verte, perdue par quelque conducteur de chameaux, ou par quelque autre. Dire la peine que j'eus de ne pouvoir descendre et la ramasser est impossible. Je dus faire ce sacrifice.

A six heures et demie, nous touchons enfin aux ruines que nous voyions de si loin ; je les dévorais du regard, et j'avais hâte d'y arriver pour me reposer. Je fus soulagé d'un grand poids quand je mis pied à terre; et, après avoir décroché mes étriers, je cours vite à ma tente.

TYR. — F. Liéven m'avait déjà précédé ; et brûlé par la fièvre, il cherchait à se reposer. Je me jette sur mon lit, et j'attends avec le repos la volonté du bon Dieu.

Une petite demi-heure après notre arrivée, le reste de la caravane fit son entrée au camp ; nous étions sur le bord de la mer, à la porte de Tyr ; et les flots, en se brisant sur la grève et contre les murs, faisaient un bruit qui me fatiguait.

Je me levai pour aller dîner ; c'est alors que je m'aperçus d'une autre souffrance que la première m'avait empêché de sentir pendant le voyage. J'avais les cuisses talées et tout écorchées : je pouvais à peine marcher.

Ma figure brûlante, mes yeux enflammés, une agitation extrême me faisaient craindre la fièvre ; je pris un paquet de quinine ; je me contentai d'un potage à dîner, et j'allai aussitôt me coucher, après avoir pris toutes les précautions pour éviter le froid de la nuit. Je n'eus pas la force de faire une prière avant de me coucher : je ne pouvais plus faire un mouvement et je ne me sentais capable de rien.

DIXIÈME SEMAINE.

Tyr (suite). — Sarepta. — Sidon. — Beyrouth.

Dimanche 19 octobre.

Comme toutes les précédentes, cette nuit fut très mauvaise; à cinq heures nous assistons à la messe que le P. Duthau célèbre sous la tente. L'abbé Sochnlin y communie. J'y assistai je ne sais comment. Je n'ai pu ni prier, ni même me tenir convenablement.

Cependant à six heures je me sens beaucoup mieux; je puis avec les autres faire une petite excursion dans l'intérieur de Tyr, où les ruines sont entassées sur les ruines. Des colonnes gigantesques, des restes de monuments superbes attestent la grandeur passée de cette ville.

Je reviens seul au camp, laissant les autres pèlerins achever une excursion que je ne me sentais plus la force de continuer et qui n'avait du reste aucun intérêt, car j'avais vu tout ce qu'il y avait à voir.

A sept heures, nous montons à cheval, et

nous disons adieu à la vieille résidence du roi Hiram.

Pendant la première partie du chemin, je ne me sentis d'abord pas trop fatigué ; mais à peu de distance de notre premier campement, la douleur des reins revint me tourmenter; je poussai un cri et faillis me laisser tomber en descendant de cheval. Depuis quatre heures et demie nous étions sur l'échine de ces pauvres bêtes, et quatre heures et demie de cheval n'étaient pas faites pour nous rendre fort lestes. Je marchais bien doucement vers tous les pèlerins qui, plus alertes, étaient déjà assis autour de la fontaine; je me couchai sur une natte, et n'en bougeai pas même pour déjeuner.

Nous n'étions qu'à trois heures et demie de Sidon, et nous avions tout le temps de nous reposer.

Après déjeuner chacun alla de son côté, les uns sur les rochers, d'autres à la mer, où ils pêchèrent des escargots, et certains serpents qu'on eut la bonne pensée de ne pas manger.

A deux heures nous remontons à cheval. Je me sentais sans douleurs. Je voulus dire mon bréviaire, et cette fois encore le P. Duthau non seulement me le défendit, mais prit mon bréviaire qu'il mit dans ses sacoches. Il savait bien que mon mieux serait de peu de durée; et cette fois encore il eut le malheur de ne pas se tromper.

La fatigue était très grande chez moi, mais les douleurs moins vives; je ne craignais pas d'accident avant l'étape.

Nous passons au pied de *Sarepta*, où Elie ressuscita le fils de la veuve; nous voyons sur notre passage une magnifique nécropole, sans que la vue des choses qu'elle renferme me fasse grande impression. Cependant les souvenirs si touchants qui se rapportent à la ville de Sarepta, me donnèrent des pensées qui, pendant quelques instants, adoucirent mes fatigues et réjouirent mon âme.

A cinq heures, nous entrons dans une magnifique plantation; de grands et beaux arbres changent l'aspect de la nature si triste des montagnes arides; et, presque sans y penser, nous nous trouvons au lieu de notre dernier campement.

SIDON. — Nos tentes sont aux portes de la ville, et sur le lieu même où les Druses ont massacré les chrétiens du Liban il y a deux ans. A côté se trouve le cimetière.

Pendant que je me repose, la caravane va rendre visite au Consul, ou plutôt à l'agent de France, aux PP. Franciscains et aux sœurs de Saint-Joseph.

Les PP. Franciscains viennent rendre visite au pauvre F. Liéven, toujours fiévreux et très fatigué.

A dîner, nous avions invité le Consul, qui s'y était rendu de très bonne grâce, et qui, pendant le dîner, nous parla des divers incidents qui eurent lieu lors des massacres des chrétiens; il nous fit connaître la fourberie de Fuad-Pacha, qui lui a dit encore, il y a très peu de temps, qu'il ne ferait jamais rien tant qu'il resterait des prêtres chez les Maronites. Nous avons admiré le sang-froid, le dévouement, la simplicité avec lesquels il sut empêcher les massacres à l'intérieur de la ville; il fut secondé par le capitaine de la *Sentinelle;* maintenant il est dépouillé de tout pour avoir tout donné aux victimes survivantes; il n'a rien reçu de la France, pas même la croix.

Ses aventures avec M. Renan ne sont point à dédaigner; elles donnent de ce dernier personnage une idée peu avantageuse.

Les Turcs n'ont pas voulu punir les coupables. Ils en ont condamné quelques-uns aux galères; et ces galères sont si douces qu'on peut presque les ambitionner. Dieu fait justice de ces malheureux, et tous meurent presque subitement, et d'une manière *honteuse* et extraordinaire. A la fin du dîner, il nous donna à chacun un vase lacrymatoire trouvé dans les tombeaux qu'il a découverts dans les nécropoles de Sidon et de Sarepta.

Je sortis à la fin des histoires et allai me coucher.

Lundi 20 octobre.

A la chaleur extraordinaire que nous éprouvions avant de nous coucher, je comptais que je n'avais rien à craindre du froid pendant la nuit. Je me trompais grandement, car à une heure du matin, je me sentis réveillé par un froid glacial, et il me fut impossible de me réchauffer. Je me levai avant tout le monde, et je sortis hors de la tente, où il faisait beaucoup moins froid. Je me sentais également beaucoup mieux, et je bénissais Dieu de ce que cette journée était notre dernière course à cheval. Cela devait nécessairement nous donner courage; et, à part Charles qui, pendant toute la route, eut mal au cœur, tout le monde était gai à ravir.

A six heures et demie nous montons à cheval. Par mesure de prudence, je commence à dire mon bréviaire, et j'ai le bonheur de pouvoir l'achever entièrement sans trop grande fatigue. Nous passons à travers le bazar de Sidon; et, tous vêtus comme en hiver, nous ressemblions pas mal à des conducteurs d'ours ou à quelque chose de ce genre. Les ânes et les mulets, sans bagages ou sans cavaliers, marchaient en avant.

A onze heures nous traversons le *Léontes;* je n'éprouvais aucune fatigue, j'étais radieux. Charles était sur les dents. On proposa de s'arrêter pour déjeuner; mais l'endroit ne nous paraissant pas magnifique, nous poussons une lieue plus loin et laissons Charles se reposer un moment.

A midi nous campons sous un abri près de la mer. Charles arrive mieux portant pendant que nous faisons notre pauvre déjeuner; et, après un peu de repos, à une heure et demie, nous plions bagages et nous nous dirigeons vers Beyrouth.

Après une heure de marche, nous entrons dans de magnifiques propriétés d'orangers; ces plantations étaient pour nous trois fois agréables comme vue, comme ombrage et comme signe de l'approche de la ville. A notre droite sont les hautes montagnes du Liban, et l'on voit de nombreux villages sur les flancs de ces montagnes. Nos chevaux étaient impétueux; ils sentaient le terme de leur course, et ils volaient plutôt qu'ils ne marchaient.

Enfin à cinq heures nous rencontrons l'abbé Benoît, qui venait nous recevoir avec un P. Lazariste. Nous nous serrons la main, et nous entrons dans Beyrouth.

BEYROUTH. — On nous conduit à l'hôtel de Bellevue, où étaient nos malles. Cet hôtel ayant les mêmes prix et les mêmes habitudes que l'hôtel Abbat à Alexandrie, où nous avions tous été si bien étrillés, nous prenons chacun nos paquets, et nous partons à l'hôtel de France, où l'on vit à un peu meilleur compte. Les Messieurs de Nevers vont s'installer chez les PP. Lazaristes.

M. Cortet n'est point venu; on pense que le bateau n'aura point touché à Caïffa.

Le F. Liéven, n'ayant pas de lettre d'obédience, n'est pas reçu chez les PP. Franciscains qui le renvoient très grossièrement. Il vient tout déconfit s'abattre à notre hôtel, et cette réception n'a point été de nature à lui enlever son mal de tête.

On me donne pour chambre un grand galetas ouvert à tous les vents; mais je suis seul, et ce n'est pas rien.

Après un dîner qui m'étonne par sa modestie,

je vais me coucher, remerciant Dieu d'être si heureusement arrivé au port, et d'avoir pu achever une route qui me donnait de si noires pensées.

Mardi 21 octobre.

Je passai une très mauvaise nuit. J'étais trop fatigué pour pouvoir reposer, je ne rêvai que courses à cheval et embarras de cette nature. Ignorant encore le mauvais génie qui présidait à ma chambre, j'eus froid pendant la nuit, et ne me reposai un peu que le matin.

Je me lève à sept heures et demie. Je vais avec l'abbé Sochnlin dire la Sainte-Messe chez les PP. Franciscains. F. Liéven nous conduit jusqu'à la porte. Nous trouvons dans ce couvent le P. Bonnefoy que nous avions rencontré au Saint-Sépulcre, où il passa la nuit avec nous. Il nous accueillit très gracieusement et nous offrit le café après la messe.

En sortant de chez les PP. Franciscains, nous allons à la poste chercher des nouvelles de France qui, hélas! n'étaient toujours point venues, et qu'on attendait par le bâteau d'Alexandrie.

De là nous entrons au bureau des messageries

où l'abbé Sochulin a quelques renseignements à demander ; nous rentrons à notre hôtel où nous trouvons nos compagnons de route gravement occupés à prendre leur café. Nous causons avec eux dans la salle à manger jusqu'à dix heures et demie. A cette heure les Nivernais viennent nous trouver, croyant que M. Cortet était chez nous ; le P. Duthau est avec eux. On cause jusqu'à onze heures et demie, heure du dîner ; on décide que dans l'après-midi on ira rendre visite aux PP. Jésuites et visiter l'établissement des sœurs de Charité.

Après dîner, je fais une petite sieste qui me repose un peu. A trois heures le P. Duthau se trouve à mon hôtel avec MM. de Nevers. Nous partons tous chez les PP. Jésuites, qui nous font assister à un petit concert que leurs enfants nous donnent. Le bon voyage que ces enfants souhaitent aux pèlerins me rappelle la patrie absente et mille souvenirs qui font couler mes larmes. Il fait si bon entendre parler de ce qu'on aime ! Et les paroles qui se rapportent à nos pensées et à nos sentiments nous font tant de bien !!!...

En quittant les PP. Jésuites, nous entrons chez les PP. Lazaristes. Comme ils étaient sans doute occupés, personne ne se présenta pour nous recevoir ; et, comme nous n'avions pas le temps d'attendre, nous entrons immédiatement chez les sœurs de la Charité, où la Mère Gélase, femme de tête et d'esprit, nous reçut avec son air simple et viril; elle nous fit visiter en détail toutes les classes de filles et les hôpitaux. Le supérieur des Lazaristes, qui était venu nous rejoindre chez elle, nous accompagnait.

Nous passons ensuite à l'orphelinat, et nous avons été contents de voir avec quelle sagesse toutes choses étaient conduites et soutenues.

Il était nuit. Nous nous hâtions de rentrer chez nous quand nous rencontrons deux bons PP. Capucins qui revenaient de notre hôtel nous faire visite. Un d'eux avait été notre compagnon de voyage à la mer Morte et au Jourdain. L'abbé Soehnlin et moi nous leur promîmes une visite pour le lendemain. Nous rentrons ensuite à l'hôtel où je commence mon office.

Après dîner, pendant que j'achève mon bréviaire, le F. Liéven se repose chez moi en attendant Jules son compagnon de chambre, qui assistait à une réunion de Saint-Vicent-de-Paul et avait emporté la clef de leur cellule.

J'avais passé cette journée sans fatigue, et cependant j'éprouvais grand besoin de me reposer. Je le fis aussitôt que j'eus terminé mes affaires avec le bon Dieu.

Mercredi 22 octobre.

La nuit fut bonne : elle pouvait être meilleure, mais, en Orient, il ne faut pas être difficile. A sept heures nous partons, l'abbé Poirier, l'abbé Sochnlin et moi, chez les PP. Capucins pour y dire la messe. Après mille recherches infructueuses, nous nous adressons à la supérieure de la Charité, qui nous y fait conduire par une petite fille. Pour être l'église paroissiale, cette église est beaucoup trop enfouie dans les ruelles; et il me sembla en y entrant que les fidèles y étaient en petit nombre.

Un prêtre syrien disait la messe quand nous entrâmes; les calices étant peu nombreux, il nous fallut attendre la fin de plusieurs messes; après nos messes on nous invite à prendre le café. Nous montons ensuite au divan, où nous causons avec le P. Vincent, notre ancien compagnon de route, et le R. P. Supérieur, qui vient nous rejoindre quelque temps après.

Les causeries achevées, nous rentrons à notre hôtel où je dis mon office et mets en règle quelques-unes de mes petites notes.

Après dîner le supérieur des Lazaristes vint avec l'abbé Benoît nous proposer une course à Antoura. A cause de la fatigue dont nous sommes encore à peine remis, personne n'accepta; en place, nous allâmes rendre visite au Consul de France, M. Outrey. Ce monsieur me parut très froid et nous le laissâmes médiocrement satisfaits de sa réception.

Cette visite achevée, nous rentrons à l'hôtel, et je souhaite le bonjour à tout le monde pour aller faire ma sieste. Je la prolongeai très longtemps, n'ayant rien de mieux à faire; après ce repos je montai sur la terrasse pour jouir de la mer et prendre un peu le frais. J'y achevai mon bréviaire; le reste de la caravane ne tarda pas à m'y rejoindre.

Nous causons là jusqu'au dîner. Pendant le repas, un vieux militaire, habitué de la maison, chanta quelques romances, et m'invita à aller après dîner, avec l'abbé Sochnlin et deux messieurs de Beyrouth, prendre le cognac chez sa fille.

Nous y allons. J'étais très content de pouvoir passer une soirée autre que nos soirées si fastidieuses; et je trouvai, dans la famille où le bon vieillard nous conduisit, une gaîté qui me fit grand plaisir. Il chanta encore; d'autres chantèrent aussi, et tout se passa pour le mieux.

Nous rentrons à dix heures; avant de me

coucher j'écris deux lettres pour les donner à mes compagnons qui partent demain pour la France.

A onze heures je plie bagages et je me mets au lit dans l'espoir de bien dormir.

Jeudi 23 octobre.

La nuit fut très bonne. A sept heures je vais avec l'abbé Sochnlin chez les PP. Franciscains pour y dire la messe. Ces Pères demeurent près de l'hôtel, et je vise au plus près. Après la messe, je cause un peu à la sacristie avec un brave homme qui m'a servi la messe, et le F. Sacristain, qui doit prochainement partir pour Jérusalem.

Nous prenons le café ensuite et nous rentrons à l'hôtel où je demeure seul tout le reste de la matinée occupé à écrire et à dire mon bréviaire.

On rédige un certificat de reconnaissance à F. Liéven, un autre de satisfaction à Fad-Allah; ces actes nous prennent deux grandes heures; nous les signons tous, et on n'en fut quitte que pour le déjeûner.

Après déjeûner je me retire dans ma chambre et m'y repose jusqu'à quatre heures; je monte ensuite sur la terrasse pour assister au départ du paquebot le *Gange,* qui doit emmener une moitié de la caravane. Je vois sur le lieu de l'embarquement le bon F. Liéven encore sur la terre ferme. Je descends pour aller lui dire adieu ; et là je fais connaissance avec un des officiers du *Prométhée,* qui m'adresse à son frère, aumônier sur la *Zénobie,* à Smyrne, pour passer quelques moments de satisfaction.

J'étais seul sur le continent; tous ceux qui restent avec moi à l'hôtel ont été conduire nos compagnons sur le paquebot; j'attends leur retour; et, pendant ce temps, j'apprends le changement d'itinéraire dans la route des paquebots, et la possibilité de ne partir d'ici que le 29.

Cette nouvelle me désole et me fait faire mille projets. Arrivent enfin les PP. Jésuites et les MM. Lair père et fils ; nous rentrons à l'hôtel et nous montons sur la terrasse pour assister au départ du *Gange* et de ses voyageurs.

A six heures on lève l'ancre; et dix minutes après les mâts disparaissent derrière les constructions. Bon voyage, messieurs! et à nous, bon courage !...

Après dîner je restai peu à causer. Je rentre chez moi, j'écris quelques notes et vais me reposer. Il est neuf heures.

Vendredi 24 octobre.

Je me trouve complétement remis de mon indisposition des voyages. J'ai si bien dormi que les forces sont revenues; et quoique cette nuit ait été mauvaise à cause du triste lit que j'ai, et dont les bosses me rompent l'épine dorsale, je me trouve plein de forces.

Une chose m'attriste cependant : à peine levé, je cours sur la terrasse pour voir si le bâteau que j'attends et qui devait venir dès hier, est enfin arrivé. Je vois aussi avec douleur la mer inhabitée et je commence à craindre sérieusement un séjour trop prolongé dans cette ville. Cette pensée me rend triste et taciturne. Je descends chez M. Lair, à qui je communique mes idées noires. Nous nous encourageons mutuellement. L'abbé Poirier et l'abbé Sochnlin, seul reste de notre caravane. exposent leurs motifs de confiance; et, toujours peu rassuré, je les suis chez les PP. Franciscains pour y dire la messe.

Après la messe, et après leurs remerciements à Dieu, ils filent vite dans la crainte qu'on ne les invite à prendre le café. Cette pensée ne m'effrayant pas et ne me venant pas même à l'idée, je les laisse partir sans m'en apercevoir, occupé que j'étais à dire mes petites heures.

Le P. Bonnefoy ne tarda pas, en effet, à venir me chercher pour prendre le café; et, c'est là que j'appris du F. Sacristain l'arrivée de notre cher paquebot, ce qui me mit dans une joie indicible.

Après le café, j'allai achever mon bréviaire, et voulus, avant de rentrer à l'hôtel, aller à la poste voir si en France on avait songé à moi. Je me perdis en chemin; je ne trouvai pas la poste, et je rentrai à l'hôtel où je racontai mon histoire.

A neuf heures M. Lair, l'abbé Sochnlin et moi, nous sortons pour faire une petite promenade sur les bords de la mer, le long de Beyrouth. Nous allons d'abord à la poste, où nous trouvons le gendre du vieux militaire, notre commensal; nous descendons sur la plage; et, après avoir visité une nouvelle construction où doit loger toute l'agence turque, nous nous promenons sur le rivage de la mer jusqu'à dix heures et demie. Alors nous remontons dans la ville en suivant une nouvelle route construite par les galériens, et revenons par la rue de la poste, où l'abbé Sochnlin trouve une dépêche; nous rentrons à l'hôtel, et je fus bien aise de pouvoir me reposer.

Après déjeûner, nous allons, l'abbé Sochnlin et moi, à l'agence des messageries impériales pour échanger nos billets de passage. Le bureau étant fermé, nous nous dirigeons chez les PP. Jésuites, lui pour y lire les journaux, moi pour y réclamer le portrait du comte de Chambord que le P. Gagarim y avait déposé.

Le P. Monier, économe, nous reçut très gracieusement; il nous fit visiter l'imprimerie des Pères, et nous témoigna beaucoup de bon vouloir. Il voulut nous conduire dans une maison arabe pour nous faire voir l'intérieur d'une habitation de ces pays; et de là, il nous mena vers une construction russe où l'on trouve beaucoup de tombeaux. Si le Pacha eût été chez lui, il nous y eût introduits pour nous faire voir sa demeure.

Il était nuit quand nous rentrâmes à l'hôtel. Je dis mon office; et après dîner, quoique je fusse très fatigué, j'écrivis quelques notes, et allai ensuite me reposer. Il était neuf heures.

Samedi 25 octobre.

Je passai une nuit assez agitée: quoique depuis quelques jours je ne rêve plus aux courses à cheval, cette nuit cependant, je me trouvai mal à mon aise.

Un bruit plusieurs fois répété qu'on fit à ma porte, m'engagea à me lever. Je pars avec l'abbé Sochnlin dire ma messe chez les PP. Franciscains ; puis je rentre un moment à l'hôtel, et à neuf heures je vais à l'agence pour échanger mon billet des messageries impériales.

Ces mesures prises, je rentre chez moi et passe le reste de la matinée à me reposer.

Après dîner, je vais mettre en ordre mes petits effets ; M. Lair travaille ma pauvre soutane qui prend jour ; nous soldons notre dépense à l'hôtel. Le mémoire d'apothicaire qu'on nous expose est chaudement discuté; et, après une éloquente plaidoirie, nous faisons diminuer chacun 11 fr. 50 cent., ce qui valait bien la peine d'ouvrir la bouche. A 8 fr. par jour, j'en fus quitte pour la somme de 40 fr. Il faut dire en passant que si ces hôteliers se sont montrés de bonne composition pour la réduction de leur prix, ils n'avaient fait guère de frais pour nous recevoir. Les repas étaient plus que modestes ; les chambres, ou plutôt les galetas, horriblement mal tenus; ma chambre avait onze fenêtres et une porte qu'on ne pouvait fermer; on m'avait donné des draps dont mes pieds firent bon marché en les divisant de part en part ; et tout le reste était en rapport.

A trois heures et demie, après avoir dit mon

bréviaire, nous transportons nos malles sur le port; et là, avant de les mettre dans la barque, il fallut subir l'inspection de la *dogane*. Nous montrons nos billets turcs de Jérusalem : on n'en veut pas moins faire la visite; nous nous fâchons; nous parlons du Consul, de la France; l'abbé Sochnlin s'emporte, appelle voleurs les agents de la dogane, leur montre le poing et leur fait mille gentillesses de ce genre. Un P. Capucin qui se trouvait là explique les choses. On ne nous demande point d'argent, mais on veut visiter au moins une malle, pour user d'un droit qu'on ne peut contester. L'abbé Poirier fut l'élu des *doganiers* pour ouvrir sa caisse; et grand fut leur ébahissement, quand ils n'y trouvèrent que ses vêtements.

Nous sautons sur le dos d'un Turc qui nous transporte à bord du canot, où nos effets ont enfin permission d'aller se loger, et nous allons à bord de l'*Euphrate*, qui va nous conduire à Smyrne.

Nous sommes reçus comme on reçoit tout le monde, et nous nous plaçons, l'abbé Poirier, l'abbé Sochnlin et moi, dans la même cabine, où il fait une chaleur étouffante.

L'*Euphrate* est un beau paquebot, plus riche, mieux distribué, mais moins grand que le *Sinaï*.

Le maître d'hôtel vient nous annoncer que l'heure officielle à laquelle nous devons nous rendre étant sept heures, nous n'avions pas droit au dîner, qui avait lieu à cinq. Il fallut s'y résigner, mais j'avais pris mes précautions à Beyrouth.

Après mon installation, j'allai me promener sur le pont, où je rencontrai le supérieur des Lazaristes, qui vient de Tripoli avec la Mère Gélase et d'autres religieuses, des Capucins et des Franciscains pour la même destination. Comme j'étais très fatigué, j'allai me jeter sur mon lit.

Je ne pus y tenir longtemps : la chaleur était accablante. Après une heure, je remonte sur le pont, j'essaie de m'y promener et de causer; mais la fatigue l'emporte; je reviens à l'intérieur et me couche sur un banc de la salle à manger où je fais un petit somme. Je suis réveillé à neuf heures par une discussion religieuse entre Charles et un domestique du paquebot. Je vais alors trouver mon petit lit; l'air y était respirable, et j'essaie de m'endormir.

ONZIÈME SEMAINE.

Tripoli. — Lattaquié. — Alexandrette. — Mersina. — Rhodes. — Cos. — Smyrne.

Dimanche 26 octobre.

Au milieu de la nuit, je me suis éveillé par l'affreux bruit de la grue; et, quelques moments après, je sens le vaisseau remuer. Mon cœur battait : nous partions pour la France! et cette pensée me faisait grand plaisir.

TRIPOLI. — A six heures, après une traversée des plus douces, par un temps à ravir, nous nous arrêtons devant Tripoli. L'abbé Sochnlin va à terre pour dire la messe. Comme je ne me sentais pas disposé à quitter le bateau, je reste à bord et prends le café avec M. Lair et l'abbé Poirier.

A dix heures je déjeune avec un appétit soigné, et d'autant mieux que la cuisine française qu'on nous sert me dédommage de l'atroce cuisine de l'*Hôtel de France*.

Après déjeuner, j'ai une petite discussion religieuse avec un protestant employé au service du bateau. Quelqu'un vient lui parler à l'oreille et l'arrête dans ses observations; il me quitte en me disant que ces sortes de discussions étaient interdites à bord. Je le laisse pour aller causer avec les officiers qui se montrent très aimables.

Tripoli a deux parties : la première, qu'on nomme la *Marine*, est sur la mer et semble, comme toutes les villes orientales, très jolie en apparence. A l'intérieur, je suis suffisamment édifié sur ce que ce peut être. A trois quarts de lieue plus loin on voit la véritable ville de Tripoli.

Le site est charmant et semble très agréable.

Dans l'après-midi, un matelot me demande si les PP. Capucins sont partis. Ils étaient descendus, en effet, et je ne pouvais lui dire le contraire. Ce sont des......., me dit-il; ils m'avaient promis un chapelet pour la *vieille*, et ils ne me l'ont pas donné. J'ai promis à ma mère de lui obtenir un chapelet de Rome ou de Jérusalem, et me voilà attrapé. Je le consolai, et ce n'était pas chose bien difficile, car j'étais possesseur de beaucoup de chapelets venant de la Ville-Sainte.

Je fais ensuite une partie de *dominos* avec

MM. Lair; je *tapote* un peu sur le piano et passe le reste du temps à causer de droite et de gauche. L'abbé Sochnlin, qui nous arrive avec une jeune personne, nous amuse beaucoup. Les officiers dirent quelques bons mots; mais quand on sut que c'était une *payse* qu'il avait trouvée à Tripoli, on fut un peu plus indulgent. La *payse* resta une demi-heure sur le bateau et fit ses adieux au cher *pays*, avec recommandations sentimentales pour le curé et pour d'autres personnes de sa paroisse.

Après le dîner, qui eut lieu à cinq heures, je vais sur le pont, où l'humidité du soir me donne un gros mal de gorge. Je fais connaissance avec de nouveaux officiers, et passe très gaiement le temps jusqu'à huit heures et demie.

Alors on leva l'ancre. Après avoir souhaité le bonsoir à Tripoli, nous continuons notre route. J'avais bien envie de rester longtemps encore sur le pont; mais, la gorge étant prise, je jugeai plus prudent de gagner la cabine. Bientôt l'abbé Sochnlin et l'abbé Poirier vinrent m'y rejoindre; et, après quelques bons mots qu'ils firent sur mon compte, nous songeâmes tous à nous endormir.

Lundi 27 octobre.

LATTAQUIÉ. — Nous étions en panne depuis deux heures devant cette petite ville, quand, à huit heures, je montai sur le pont. Le soleil était radieux, et mes yeux, encore tout endormis, par suite d'une nuit sans sommeil, en étaient éblouis.

Une vieille tour en ruines au bord de la mer, des minarets que l'œil contemple dans une verdure d'orangers, un site charmant entouré de modestes campagnes, me donnent une riche idée de Lattaquié, que quelques auteurs prennent pour l'ancienne Laodicée.

Après les premiers moments donnés à la contemplation, aux questions, aux réflexions, je dis mon office, et ensuite me livre à diverses conversations jusqu'au déjeuner.

Le déjeuner fut très gai. Le mécanicien en second, homme très jovial et qui a parcouru toutes les parties du monde, raconta ses aventures à propos d'un mariage qui n'aboutit point; ce qui lui fournit l'occasion de lancer quelques petites pointes contre le bon vieux curé, oncle de sa fiancée.

Dans l'après-midi, je passe mon temps à

forger quelques misérables poésies avec Charles, sur un sujet trop fécond et trop champenois.

Les affaires commerciales de Lattaquié ayant été terminées de bonne heure, le capitaine avait fait lever l'ancre, et, dès les dix heures, nous faisions route pour Alexandrette.

J'admire, le long de la route, les magnifiques montagnes que nous laissons à notre droite; d'énormes oiseaux nous saluent de loin; et je ne cessai de contempler, d'admirer ces sites horriblement sauvages, que lorsque la nuit vint les couvrir de ses ombres.

A sept heures, nous étions dans le golfe, et on jetait l'ancre.

ALEXANDRETTE. — Les feux des charbonniers établis au sommet des hautes montagnes en face desquelles nous sommes, produisent un effet vraiment sauvage; la mer calme ne rompt point le triste silence de ces lieux de mort. Je ne pus rester longtemps sur le pont à cause de l'humidité prodigieuse qui me glaçait. Ma cabine ne m'offre pas grand attrait; cependant, je préfère y souffrir quelque malaise que d'attraper un nouveau rhumatisme : je descends me mettre au lit.

Mardi 28 octobre.

La nuit ne me donna point de repos; je ne pus dormir, et, à sept heures, quand je parus sur le pont pour reconnaître les lieux, je fus tout déconfit: au lieu d'une gentille ville orientale comme je me le figurais, je vis une vingtaine de misérables cabanes, plantées sur des échasses et élevées au moins à cinq mètres de terre, à cause des marais insalubres qui existent dans ces parages. La fièvre pernicieuse s'y attrape en un clin d'œil; et, malgré le désir des chasseurs, en particulier de M. Lair, les officiers du bord firent une si triste peinture des dangers qu'il y avait de gagner la terre, que nous nous rendîmes tous à ce prudent conseil, et nous passâmes la journée à bord. M. Lair se contenta de tuer les goélands qui passaient trop près du bâtiment; nous autres, nous tuâmes le temps comme nous pûmes.

Le capitaine, dans sa fureur de la chasse, était descendu à terre dès le matin et sans crainte des fièvres; il avait été assez heureux dans sa chasse.

Après déjeuner, supposant cet officier de bonne humeur, je lui demandai l'autorisation de toucher du piano dans le salon des premières classes. L'abbé Sochnlin lui demanda l'autorisation de descendre dans la bibliothèque. Il nous permit tout avec une courtoisie qui m'étonna, tant cela est rare chez cet homme dur et lunatique.

Dans l'après-midi, les débris de la caravane se mirent en mouvement, et chacun se dirigea où son goût l'appelait. Nous passâmes ainsi deux heures charmantes.

Cependant, je me trouvais un peu fatigué; les articulations étaient très sensibles, les doigts me faisaient mal, et pendant tout le reste du jour je me sentis mal à mon aise. J'étais encore un peu impressionné par la pensée que j'étais dans un lieu très malsain et dangereux; ce qui fut cause que je me trouvai malgré moi sombre et taciturne.

Je soupai néanmoins de bon appétit. A huit heures, on leva l'ancre, et ce fut avec grande satisfaction que je dis adieu à ces misérables huttes d'Alexandrette.

La mer, toujours belle et calme, nous promet une traversée magnifique. Après avoir joui un instant du bonheur de voir le bâtiment quitter la côte de Syrie pour se rapprocher de la France, je quitte le pont, où l'humidité de la veille se fait encore sentir, et viens me reposer.

Mercredi 29 octobre.

Malgré la gentillesse de la mer et le calme du bâtiment, je repose mal pendant la nuit. Cependant, je ne me sens pas de mon malaise d'hier, et, dès le jour, je me lève et monte sur le pont. Nous étions arrêtés au milieu d'une brume très épaisse, et il était impossible de marcher sans péril dans un brouillard pareil, à cause des bas-fonds de la côte.

Pendant la nuit, nous avions longé les côtes de la Caramanie, et personne ne savait d'où était venu ce brouillard insolite qui nous croise la baïonnette et nous empêche d'avancer.

Je viens annoncer cet incident à mes compagnons de chambre, et je vais causer dans la cabine des MM. Lair, qui sont encore au lit.

Après une demi-heure, je m'aperçois que la cabine est moins sombre. Le bâtiment a repris sa marche, je quitte la cabine et remonte sur le pont. Cette fois, je ne fus point déçu : le soleil avait chassé la brume, et Mersina se dressait devant nous avec toute sa splendeur. Il était huit heures.

MERSINA. — Cette ville, ou plutôt cette bicoque, de même étendue qu'Alexandrette, a des maisons mieux bâties. Des soldats de santé viennent avec leurs drapeaux, pour prendre les passagers qui descendent à terre et qui doivent faire quarantaine.

Nous ne leur donnons personne, mais nous quittons un bon capucin, curé de Mersina, qui était avec nous depuis notre départ de Beyrouth.

Mersina est aussi malsain qu'Alexandrette ; et, quoique nous fussions à une assez grande distance de la terre, il nous venait parfois de cet endroit des odeurs méphitiques qui nous firent trouver bien long le temps qu'on y demeura.

Je me trouve très fatigué : je souffre des reins, les membres me font mal, j'ai comme le vertige, et la fièvre est tout près de se déclarer. Je suis un peu tourmenté. Avant dîner, je m'administre une dose de quinine ; je mange sans appétit, et vais me coucher tout après dîner.

Le paquebot l'*Amérique,* qui vient de Marseille, par Athènes, et que nous croisons ici, nous apporte la nouvelle du renvoi du roi Othon de sa capitale. Cette histoire nous amuse et amène bien des bons mots.

A six heures on lève l'ancre et on va plus loin. La mer est magnifique et le temps radieux, mais les nuits sont un peu fraîches.

Jeudi 30 octobre.

Quoique bien souffrant, je passai une assez bonne nuit. Je me levai à huit heures, et, quand je montai sur le pont, nous traversions le golfe d'Adolie, où, d'ordinaire, on a beaucoup à souffrir du vent. Aujourd'hui, comme tous les jours précédents, calme plat, mer radieuse et temps superbe.

Je ne puis rester longtemps sur le pont, je reviens à ma cabine et me jette sur mon lit. Je me levai pour déjeuner, mais je ne pus rien prendre. Les reins me faisaient beaucoup souffrir; et je n'ai pas de doute que cette indisposition ne soit le résultat des fatigues passées.

Je gagnai de nouveau mon lit. A trois heures je fis sur le pont une apparition de quelques minutes. Je fus obligé de rentrer dans ma cabine, je dis mon bréviaire sur mon lit; et quand vient l'heure du dîner, je me sens dans l'impossibilité de me rendre à la salle à manger.

Après dîner, le mécanicien en second vint passer une heure auprès de moi, ce qui me fit grand plaisir; il me donna ensuite son portrait. Le docteur vint ensuite et ne trouva rien de grave. Il me conseilla une purgation pour le lendemain. Après me l'avoir préparée, il revient de nouveau et nous causons photographie.

Cette journée fut longue et triste pour moi : pas de récréation possible; et quand ces messieurs m'eurent quitté, je fis de mon mieux pour attrapper le sommeil.

Vendredi 31 octobre.

Je passai encore une mauvaise nuit. Dès le premier rayon du jour, selon la prescription du docteur, je me lève pour prendre le premier tome de la purgation, mais c'était mauvais à prendre. Un quart d'heure après, je pris le second tome et j'attendis l'effet.

A six heures et demie, l'opération commençant à se manifester, je me rendais à l'appel, quand, de mon sabord, j'aperçus à vingt pas du bâtiment, une terre magnifique et une ville splendide. Nous arrivions à Rhodes.

RHODES. — J'étais ravi du coup d'œil que présente cette ville, mais le guignon voulut que je ne pusse y descendre par suite de l'effet médical. Il fallut rester à bord; et quoique peu disposé à sortir à l'air, je courus quelques secondes sur le pont pour jouir de la vue de ce beau site. MM. Lair et l'abbé Sochnlin allèrent visiter la ville, qu'ils trouvèrent aussi belle que possible pour une ville orientale, et surtout plus propre que toutes les précédentes, les usages sanitaires institués par les chevaliers y existant encore.

Toute la vue de l'île est d'un effet très pittoresque. Ce ne sont que montagnes d'un effet grandiose et qui donnent à tout ce pays un véritable cachet de grandeur.

J'étais extrêmement faible. J'avais la figure dans un état pitoyable, je souffrais toujours des reins, la tête me causait d'atroces douleurs, et je n'étais toujours pas fier.

On me donna un peu de limonade pour me rafraîchir, et j'eus ordre de ne manger qu'à midi. Cela ne me privait pas beaucoup, car je n'avais pas grand appétit.

A dix heures, nous quittons Rhodes, et nous continuons notre route dans l'Archipel.

Autant que je le pouvais et que me le permettait le *sel anglais* du matin, j'allais admirer sur le pont ces magnifiques montagnes au milieu desquelles nous passions. La scène, changeant à toute minute, charmait la vue et réjouissait le cœur.

Nous passons tout près de l'emplacement de *Cnide* et du *Mausolée*.

Je salue, pour M. Beudot, la petite ville de *Cos*, où naquit Hippocrate; nous admirons mille sites enchanteurs pour la vue seulement, car tous ces lieux me semblent singulièrement déserts, et c'est avec grand regret que nous voyons la nuit nous priver d'un si beau spectacle. Tout impotent que je suis, j'ai cependant assez de courage pour trouver des agréments dans ces vues si pittoresques; malgré le vent qui vient d'essayer de nous donner le mal de mer, je me mets à table et mange un potage de bon appétit.

Après dîner, je sens mes forces revenir. La médecine fait ses derniers sanglots, et, à neuf heures, après m'être mis en règle avec le bon Dieu, je le prie de me donner une bonne nuit.

Samedi 1er novembre.

Grande fête dans toute l'Eglise, et, chez les chrétiens, douce fête de famille. J'ai peine à penser que je dois passer ce jour en païen, au milieu de la mer, et en face d'un pays si loin de la Patrie et de la Famille. Il n'est pas de bonheur complet, et aux agréments du voyage se joignent, pour le cœur de beaucoup, la peine de la séparation. Je n'en connais point de plus triste à supporter.

Le bon Dieu a bien voulu me donner une bonne nuit. Le repos que j'ai pris m'a fait grand bien; et, quand le jour parut, je me sentais déjà un grand appétit.

Tout à coup, la mer, qui jusqu'alors avait fait patte de velours, se fâche au lever du soleil; le vent lui donnant force coups de main, elle se mit tellement en colère qu'elle nous faisait danser dans la cabine.

Il fallut bien déguerpir, car non seulement l'appétit que j'avais s'en allait, mais le peu que j'avais dans l'estomac menaçait de prendre le large. Je m'habille à la hâte, et me sauve sur le pont, où le grand air me protége; je lui donnai la main comme à un bon ami; mais la mer était trop furieuse pour qu'il prît tout à sa charge. L'abbé Sochnlin, animé des mêmes émotions, éprouvait les mêmes tendresses et ressentait les mêmes angoisses.

Il était neuf heures, le déjeuner était compromis. L'odeur de la cuisine se faisait porter par le vent jusqu'à nous comme pour nous contrarier; encore quelques moments, et il faudra décidément se coucher sur le pont et faire la carpe....

Mais le ciel en fête a pitié de nous : la mer se calme à notre entrée dans le golfe de Smyrne, les flots déposent leur rage; et, déposant nous-mêmes notre mutisme, nous allons tout joyeux prendre le déjeûner qui nous attend.

Je fais honneur à la table. La conversation sur les serments prêtés par les employés du gouvernement fut très intéressante. C'est après ce déjeuner que le second nous apprend que le bateau de Constantinople ne quittte cette ville que le lendemain de notre arrivée.

L'*Alsace* tressaille de bonheur à cette nouvelle; la *Sarthe* en prend note pour y réfléchir et mûrir ses futurs projets.

Après déjeuner, longue conversation avec le second sur les mœurs *stambouloises* (de Constantinople). En montant sur le pont, nous étions en vue de Smyrne. Il était onze heures et demie.

SMYRNE. — Cette ville, qu'on appelle à juste titre la *Perle de l'Orient*, a un coup d'œil ravissant. Située sur la mer, et formant comme une lune à son premier quartier, elle s'élève graduellement sur une montagne qui l'abrite par derrière, et au sommet de laquelle se trouvent des forteresses. Le port est plein de vaisseaux marchands et de quelques frégates; leurs mâts, se mêlant avec les clochers, les dômes et les minarets de la ville, présentent un aspect dont on ne se lasse point. Que sera-ce de l'intérieur ? Je m'en doute, et je ne crains pas la déception. Mais comme nous sommes ici à l'ancre pour jusqu'à lundi, je me contenterai de descendre demain à terre et de visiter cette ville.

MM. Lair et l'abbé Sochnlin, plus ardents, s'y rendent, surtout dans le but d'avoir des nouvelles positives sur l'arrivée et les départs des paquebots de Constantinople.

Pendant l'après-midi, je m'ennuie beaucoup; la toile n'étant point tendue sur le pont, je ne cesse d'aller du pont à la cabine, de la cabine au pont; je calcule mon voyage, l'époque de mon arrivée, et j'arrive ainsi jusqu'à quatre heures.

En attendant le dîner, j'achève mon office, et c'est pendant cet intervalle que reviennent les MM. Lair et l'abbé Sochnlin.

Les nouvelles qu'ils m'apportent me sont peu agréables, le bateau pour Constantinople ne partant que mardi, et me laissant craindre huit jours de misères dans le grand bazar de l'Orient.

La *Sarthe* et l'*Alsace* en furent aussi contrariés que moi : leur bateau ne devait partir qu'au même moment que le nôtre. Ce qui leur était plus cuisant encore, c'est que, dans quelques minutes, allait partir un paquebot autrichien qui les eût menés à meilleur marché et leur eût laissé un laps de temps magnifique pour voir toutes les beautés stambouloises.

Après dîner, nous passons la soirée au salon des secondes classes avec MM. les officiers; nous jouons aux dominos, et, jusqu'à neuf heures et demie, nous passons des moments pleins de gaîté. Cette soirée fut charmante, et l'entretien sur le magnétisme fournit mille histoires qui nous amusèrent beaucoup.

DOUZIÈME SEMAINE.

Smyrne (suite). — Métélin. — Dardanelles. — Gallipoli. — Constantinople. — Dardanelles. — Le Pirée. — Athènes.

Dimanche 2 novembre.

La nuit fut très fraîche et j'eus froid. Je dormis cependant de manière à n'avoir pas trop à me plaindre, et dès le jour, je me mis sur pied pour dire mon office et me préparer à descendre à terre.

A huit heures nous prenons une caïque et nous filons vers Smyrne. Nous descendons au quartier *franc;* et cette partie de la petite perle orientale nous rappelle nos petites villes de province. Les marchands ambulants y crient leurs marchandises; on n'y rencontre que peu de costumes turcs, mais beaucoup de costumes français et grecs.

Nous allons à l'église des Lazaristes, où, après avoir exhibé nos *celebret,* qu'on nous demande, nous disons la Sainte-Messe tous trois en même temps. Je dis la mienne sur l'autel de l'Archiconfrérie de la Sainte Vierge, et j'en remerciai le bon Dieu.

Après la messe nous devions retourner déjeuner à bord; le sacristain nous invite à prendre une tasse de café : j'accepte de bon cœur, me trouvant par là dispensé d'aller au paquebot; l'abbé Sochnlin fait comme moi, l'abbé Poirier refuse, disant qu'il va déjeuner à l'*Euphrate*.

Nous le laissons à la sacristie, et nous partons sans soucis à la salle à manger.

Pendant ce temps, à ce qu'il paraît, l'abbé Poirier se démenait comme un malheureux avec les MM. Lair, qui étaient en sentinelle à nous attendre, et que nous croyions en ville faire quelques courses.

Tout à coup, il arrive à la salle à manger comme une trombe échappée des cavernes d'Eole, le front plissé et tout en rapport avec ses pensées belliqueuses. « Venez-vous? dit-il, depuis deux heures on vous attend!... etc. » — *Foyez*, dit l'*Alsace*, *nous sommes sa taple; comprenez-vous? Faut pas nous s'attendre*, *est-ce pas? nous ne pouvons pas técheuner teux fois, tites? Nous restons; je fous croyais parti; faut pas nous s'attendre, comprenez-vous?...*

Et il comprenait certes bien, car il partit tout murmurant et d'un air si orageux que le pauvre Frère en joignit les mains.

Nous avons pour commensal un prêtre à intelligence assez courte, venu de Paris la semaine dernière, et devant faire demeure en cette ville.

Après ce déjeuner, pendant lequel de *gros nuages* avaient fait craindre un *orage*, nous demandons à présenter nos hommages au supérieur de la maison. Il était alors au collége de la Propagande, tenu par les Lazaristes. Un frère nous y mène; et après un quart d'heure d'attente, nous nous présentons devant ce supérieur, qui nous reçut comme on reçoit des gens qu'on ne connaît pas. La conférence fut courte, et après quelques mots d'une conversation banale, nous tirons notre révérence au P. supérieur.

Nous marchons quelque temps dans une rue dallée et très propre, et nous nous dirigeons vers l'église des Grecs schismatiques où l'on célébrait l'office. Nous donnons quelques minutes à la curiosité, puis nous reprenons nos courses; et, après maints détours, nous arrivons sans nous en douter dans le bazar turc.

Heureux de cette aventure, nous marchons lentement en flâneurs, examinant de droite et de gauche, et cherchant ce qui peut nous être agréable.

Une foule de *ciceronis* se présentent et nous suivent malgré nous. Les indications qu'ils nous donnent sans y songer, nous mettent sur la piste de ce que nous avons à voir, et nous fournissent quelques données sur le chemin qui nous conduit à notre but.

Nous rencontrons plusieurs mosquées, des rues où l'eau sale coule comme dans le Brevon (1), des cimetières ombragés par de magnifiques cyprès; et nous nous dirigeons, après avoir parcouru le bazar, vers le *Pont-des-Caravanes*. Il nous fallut plus d'une demi-heure pour y arriver. J'étais assommé par les mille réflexions de mon associé.....

En arrivant à ce *pont*, où une seule misérable arche avec un misérable parapet font tous les frais du luxe oriental, nous donnons un coup d'œil au *Mélèze*, qui coule doucement sous cette arche, et sur les bords duquel naquit le célèbre Homère. Les chameaux, en files de vingt ou trente, se succèdent sans interruption; les Grecs et les Turcs y viennent faire leurs promenades, et tout l'intérêt qu'on rencontre à voir ce pont est procuré par les caravanes de chameaux qui viennent de l'Asie apporter ici les produits de leurs pays.

En continuant notre promenade au-delà du pont, nous arrivons au chemin de fer, et là, nous avons un coup d'œil délicieux et une vue charmante.

(1) Ruisseau de Rochefort. — (N. E.)

Il était onze heures. Nous revenons sur nos pas jusqu'au quartier juif; et là nous nous donnons la triste jouissance de trotter dans ce réduit des déicides. Les femmes y sont vêtues avec une singulière licence, et la propreté n'est pas ce qui brille le plus dans ces parages.

Ces courses nous menèrent jusqu'à midi. Nous revenons au bazar turc où nous trouvons l'abbé Poirier avec MM. Lair. Ils nous font un accueil assez froid, ce qui nous engage à les quitter et à continuer seuls nos pérégrinations. Après quelques tours, je me sentais fatigué; et, sans l'intention que nous avions d'aller voir les Derviches tourneurs, je serais rentré à bord.

Nous nous mettons alors en quête de la demeure de ces étranges personnages. Personne ne nous renseignait convenablement; les *ciceroni*, qui, le matin, nous harcelaient, avaient disparu. Depuis une heure, nous trottions à droite et à gauche pour trouver quelque chose, quand l'abbé Sochnlin entre dans un café et demande ce que nous cherchions. Un brave homme nous indique la rue, et nous dit que si nous ne trouvions pas, nous demandions ΑΤΕΧΗΣ, et qu'on nous indiquerait.

Nous arrivons enfin à l'extrémité de la ruelle juive; nous nous trouvons en face d'une maison où bon nombre de musulmans étaient assis, fumant le chibouck. « Απεχής, demande l'*Alsace*, » et sa main exprimait le geste circulaire. On nous rit au nez. Nous entrons : tous les yeux se fixent sur nous ; et, quoique je fusse dans la cour, je ne me sentais pas à mon aise au milieu de toutes ces faces musulmanes, fanatiques et quasi féroces.

Après avoir causé pendant trois quarts d'heure avec un élève de l'école militaire de Constantinople, un Turc vient nous offrir de prendre nos places pour assister à la cérémonie qui allait commencer. C'était une gracieuseté ravissante. Nous montons à la tribune ; on ne nous fit point ôter nos souliers comme à la mosquée d'Omar (ce qui m'avait tant déplu) ; et là, accroupis comme les Turcs, nous sommes tout yeux et tout oreilles, pour voir et pour entendre.

Au lieu de tomber chez les Derviches tourneurs, nous nous trouvions chez les Derviches hurleurs ; et jamais cris plus féroces et plus effrayants n'avaient frappé nos oreilles. L'abbé Sochnlin s'en trouva presque mal ; et les histoires de sabbat, qu'on prête aux sorciers, ne doivent pas avoir ce caractère de férocité, de folie, de je ne sais quoi de dégradant qui fait mal à voir et à entendre.

La cérémonie avait duré une heure. Nous

descendons alors la ville, et nous voulons gagner le port pour retourner à l'*Euphrate*.

Après plusieurs détours que notre ignorance des lieux nous fit faire, nous tombons devant la demeure d'un photographe. L'abbé Sochnlin, jaloux d'avoir une copie de sa barbe, gravit les trois étages et demande en arrivant au photographe s'il parle français. Ce Grec impoli, après un « non » froid comme janvier, lui tourne le dos. Nous faisons de même, et nous parvenons enfin à trouver la mer.

Nous gagnons notre bateau, et là, attendant le dîner, je cause avec le second de religion et de théologie.

Après dîner, je passe la soirée au salon des secondes avec les officiers, qui tous étaient en fureur contre le commandant. On fut cependant très gai ; et quand vinrent les neuf heures, chacun songea à aller se reposer. J'étais pour mon compte assez fatigué, et je gagnai de bon cœur mon petit lit de cabine.

Lundi 3 novembre.

Je dormis comme un bienheureux, et le repos que le bon Dieu me donna me fit grand bien. A huit heures, après avoir dit une partie de mon office, je descends à terre avec Charles

Lair et l'abbé Sochnlin, et nous allons chez les Lazaristes dire la messe.

Nous rentrons immédiatement après ; j'achève mon double office et nous descendons déjeuner à neuf heures et demie, comme de coutume.

Après déjeuner, MM. Lair, la *Sarthe* et l'*Alsace* descendirent à Smyrne pour y passer la journée.

Je restai seul ; les deux mécaniciens me prièrent de les accompagner à terre. Je les remerciai très cordialement, et pour ne pas m'ennuyer dans ma solitude, je descendis dans le salon des premières, je me récréai un peu sur le piano, et je passai le reste du temps jusqu'au dîner à la lecture.

Avant dîner, au moment où nos voyageurs rentraient, Charles me prévient que c'est demain la fête de son père, de sa mère et la sienne, et qu'il a apporté du champagne pour célébrer cette fête.

Après dîner, je réunis les officiers du bord, nous souhaitons la fête à nos heureux compagnon ; et, buvant ensuite le champagne en l'honneur des *Charles*, nous passons une soirée magnifique.

A neuf heures, une bouteille restait encore, on remet la fin de la fête au lendemain, et on m'établit le conservateur du liquide.

Mardi 4 novembre.

Je me levai de bonne heure, après une nuit où je reposai peu. Pendant que je dis mon office, l'abbé Sochnlin va à terre avec Charles pour y dire la messe. L'abbé Poirier, souffrant de la jambe, ne se leva que pour le moment du déjeuner.

En sortant de table, je vais avec Charles et l'abbé Sochnlin à bord du *Mérovée* pour y marquer ma place. Le lieutenant nous accueillit très gracieusement.

Nous rentrons sur l'*Euphrate,* et nous allons tous au salon des premières passer ensemble nos derniers moments à bord de ce bâtiment. L'*Alsace* joua du piano, Charles dansa, son père chanta, et tous nous passâmes des heures très gaies.

A deux heures j'apporte à M. Lair le dépôt d'une dernière bouteille qu'il m'a confiée hier soir; et, réunis en secondes, nous buvons le verre d'adieu avec les officiers du bord.

De trois à quatre heures, nous faisons la causette sur le pont avec les officiers. Le second me recommande au capitaine du *Mérovée,* qui, en ce moment, se trouve à bord de l'*Euphrate;* et après plusieurs serrements de main, et de cordials adieux faits à mes deux chers compagnons de voyage (1), je quitte avec grands regrets le si bon bateau l'*Euphrate* et je gagne, avec Charles et son père, le saute-ruisseau *Mérovée*.

J'avais trouvé sur l'*Euphrate* d'excellents compagnons de route dans les officiers du bord, et je les quittai avec peine.

A bord du *Mérovée*, tout était encombré, le pont regorgeait de turcs et de *turquesses;* les Juifs inondaient les premières et les secondes: tout y remuait, tout y grouillait, tout y puait. De méchantes couchettes dans la salle à manger me fendent le cœur à la première vue; et je ne sais s'il existe au monde un bateau où la saleté se présente avec un luxe aussi somptueux.

Enfin il faut en prendre son parti, et ce n'était pas la chose la plus difficile du monde. Je me trouve couché entre un vieux Turc et un Juif sexagénaire, et c'est à coups de bâton que je suis forcé de garantir mon lit contre la sensualité du premier.

A cinq heures, j'assistai à une nouvelle cuisine qui me fit regretter celle de l'*Euphrate*. Enfin à six heures et demie on lève l'ancre et nous quittons Smyrne. L'*Euphrate* était parti dès les cinq heures.

(1) MM. Poirier et Sochnlin.

Le temps était beau, mais le vent assez fort; néanmoins nous marchons bien. Je vais passer la soirée au salon des premières; j'y fais entrer le P. Anjovino que je viens de trouver en secondes; et à neuf heures, fatigué de je ne sais quoi, je gagne ma cambuse, et je me hisse dans ma cage. Mon nez touche le plancher, et le Juif en se remuant, fait tout mouvoir : je tremble pour ma peau et je ne puis dormir.

A onze heures, la mer devenant mauvaise, les vomissements commencent au-dessus, au-dessous et autour de moi; les efforts qu'on fait de toutes parts soulèvent le cœur. Je me lève, et je veux aller me réfugier au salon des premières; mais le vent est si grand, l'eau est jetée avec tant de violence sur le pont, que je ne puis sortir. Je viens me coucher au bas de l'escalier, n'osant me fier aux balancements de ma cage; mais l'humidité et le froid me font bientôt changer d'avis, et je retourne me coucher, tout résigné aux événements futurs.

MÉTÉLIN. — A minuit l'ancre tombe et nous nous arrêtons devant cette ville. Je me lève; et le vent étant moins fort par suite de l'arrêt du bateau, je monte sur le pont, et je contemple, à la clarté de la lune, cette ville dont l'aspect me rappelle un peu celui de

Smyrne. Les quelques lumières qui brillent encore aident à la lune et me donnent une faible idée de ce port de mer. Nous nous arrêtons pendant une demi-heure en cet endroit. Je retourne à mon pauvre gîte, et j'essaie d'attraper Morphée par la queue.

A peine le *Mérovée* s'est-il remis en route que mes juifs et mes turcs recommencent leurs gémissements. Grâces à Dieu, j'ai le cœur assez fort pour n'en être pas incommodé. Mais, hélas! j'avais une autre croix qui me torturait : mille grenadiers turcs avaient envahis *la peau de moi-même;* et certes, ils faisaient d'excellents repas gratis.

M. Lair, qui avait éprouvé les même misères que moi, me demande si je porte de la flanelle; et, sur ma réponse affirmative : « Vous devez avoir, me dit-il, des hôtes de caserne; allez dans ma cabine vous en débarrasser. » Effectivement, je fis une razzia épouvantable. Quand reverrai-je la France!... Et surtout, ô mon Dieu! quand luira pour moi ce jour qui ne connaît point de déclin! Quand me donnerez-vous la Patrie qui ne connaît pas d'ennemis!...

Je ne fis que sommeiller, fort heureux de ne rien donner aux requins; et, malgré cet état d'insomnie, je ne pus songer à rien.

Mercredi 5 novembre.

Je me levai à huit heures. Après m'être débarbouillé devant l'aréopage turc et juif qui, gravement assis, me regardait faire, je vais au salon dire mon office. Là, je trouve plusieurs Grands-Rabbins juifs qui se rendent à Constantinople avec une suite très nombreuse, pour y décider une grave question soulevée par les *progressistes*. Je fais plusieurs connaissances dont je suis enchanté ; le consul de France à Smyrne, M. de Bentivogli est avec nous ; et le peu de rapports que j'ai avec lui me suffisent pour le juger.

Après déjeuner, je retourne vers mes connaissances. Nous voyons en passant le tombeau d'*Hector* et celui d'*Achille;* nous laissons à gauche l'île de *Ténédos;* et bientôt, à notre droite, se déroulent les plaines de la *Troade*.

DARDANELLES. — A deux heures nous passons le fameux détroit des Dardanelles et nous arrivons à cette ville dont les fortifications sont vraiment formidables. De chaque côté, une rangée de canons imposent respect aux voyageurs. La ville, située à droite, est assez jolie; celle de gauche est petite et sans aspect grandiose. La mer était mauvaise et nous nous sommes arrêtés en cet endroit jusqu'à quatre heures.

Jusqu'à la nuit, nous longeons les côtes des Dardanelles à tribord et à babord; nous dansons quelque peu sur le bateau, et tout nous promet une pénible traversée pour la nuit, d'autant plus que la mer de Marmara est de sa nature très mauvaise.

GALLIPOLI. — A sept heures nous mouillons dans le port de Gallipoli. La lune, comme pour Métélin, fut la seule lumière qui nous montrât cette ville. Je ne pus en juger, et j'espère être plus heureux à mon retour.

Je vais, comme le soir précédent, tuer quelques heures en premières. Bientôt la fatigue, ou plutôt l'ennui, me fait tomber sur le divan; et j'allais dormir, quand le domestique m'avertit que je n'avais pas le droit de dormir en si beau lieu.

La mer étant très grosse, je craignais beaucoup; et c'est bien à regret que, fendant le vent et bravant les vagues qui se ruent sur le pont, je descends dans ma cage et me laisse bercer par la mer irritée.

Jeudi 6 novembre.

La nuit se passa sans accident, malgré les bercements extraordinaires que nous donna Mme la mer de Marmara. On fut plus sage que la nuit précédente, et juifs et turcs eurent la bonne pensée de garder chez eux ce que personne ne se souciait de leur voir mettre dehors.

Le jour commençait à peine quand le P. Anjovino eut à son tour mal au cœur et donna à boire aux requins.

Je me levai peu après ; et, laissant toute la saleté des maux de cœur de la nuit, je me rends au lieu ordinaire de mes causeries ; et là, après avoir dit mon office, je cause et me promène en attendant la vue de Constantinople.

Il fait un froid de loup, et il souffle un vent à tout démonter ; il n'y a pas moyen de se tenir sur l'avant, et de garder cinq minutes le nez à l'air.

Au moment de déjeuner, on commence à apercevoir à l'horizon les minarets de Constantinople et la ville de *Scutari*. Je descends prendre un tout petit déjeuner ; un quart d'heure après, je monte sur le pont et me décide à braver le vent et le froid pour contempler Stamboul.

CONSTANTINOPLE. — Le premier aspect de Constantinople, quoiqu'on ne voie que la partie qui donne sur la mer de Marmara jusqu'à la pointe du Sérail, est magnifique. Nous laissons à droite le lieu où les Apôtres tinrent le premier Concile. Après trois quarts d'heure, nous passons tout près de Sainte-Sophie, qui est à notre gauche, et nous entrons dans le Bosphore; à notre droite Scutari, dont le panorama achève le tableau ravissant et unique dans le monde. Je ne fus pas désanchanté comme on l'est tant de fois quand on se trouve dans les lieux trop vantés : je ne pouvais contenter mes yeux avides de voir et de jouir. Tout Constantinople est en amphithéâtre : ce sont des collines rapprochées entourant la mer, le Bosphore et la Corne d'or, ou le port de la ville.

Il était dix heures et demie quand on jeta l'ancre; et ce n'est qu'à onze heures et demie qu'il nous fut possible de songer au débarquement, à cause du nombre extraordinaire de passagers turcs qui partent les premiers.

Je laisse mes effets à bord du *Mérovée*, et je descends à terre avec Charles et son père, un polonais et le P. Anjovino. A la douane on visita leurs effets; et pendant qu'on arrange toutes choses, je vais au bureau des messageries avec M. Lair pour m'informer du départ des paquebots pour la France.

J'eus alors à choisir, ou d'attendre huit jours à Constantinople, ou de partir le soir sur le paquebot le *Danube*, qui levait l'ancre à sept heures. Le premier parti était dur, j'en fis facilement le sacrifice, car comme tout Constantinople est dans l'extérieur, je me décidai à reprendre, dès le soir même, le chemin du départ, trouvant plus de plaisir à regagner la France qu'à trotter pendant huit jours dans les sales rues de cette ville.

La chose ainsi décidée, je fais mes adieux à Charles et à son père, et je gagne avec le P. Anjovino le couvent Sainte-Marie, où demeurent les PP. Franciscains. Nous y arrivons à midi et demi. Les Pères dînaient. On nous servit aussi bien qu'il était possible, mais je ne pris presque rien.

Après dîner, le P. Supérieur me conduisit dans sa chambre et me fit voir le plus beau panorama que j'aie jamais vu de ma vie : devant moi, sur la colline, Scutari ; à gauche, Galata ; à droite, le Sérail ; et, au milieu de tout cela, le Bosphore. C'était un tableau saisissant, et tel qu'on doit se le figurer dans les plus belles vues idéales.

Par courtoisie, le Père m'offre à la fin un verre

d'anisette qu'il partage avec moi ; et il envoie un Frère à la découverte de la demeure de Mme Davidian, pour qui j'avais reçu une lettre de son fils à Jérusalem. Les recherches ayant été infructueuses, je laissai cette lettre au couvent, le P. Supérieur promettant de la faire parvenir à son adresse.

Je sortais de la chambre de ce bon Père et je venais de visiter l'église du couvent, quand MM. Lair vinrent me trouver. Ils avaient été fort mal reçus chez les PP. Franciscains espagnols où ils s'étaient adressés d'abord, et ils eurent grand plaisir de recevoir meilleur accueil dans le couvent où j'étais descendu. Ils venaient m'apporter une lettre pour la France.

Je priai le P. Supérieur de leur faire voir le ravissant panorama que j'avais vu ; il s'y prêta de la meilleure grâce du monde, leur fit goûter aussi de l'anisette de Constantinople. Après l'avoir remercié de son excellent accueil, je dis adieu au P. Anjovino, qui me donna quatre chapelets d'olives de Gethsémani.

Le cicérone que M. Lair avait avec lui nous mena chez les PP. Lazaristes, où nos angevins avaient quelques détails à demander.

Après mille détours dans des ruelles désertes et des carrefours dangereux, nous y arrivons enfin, et la réception qu'on nous y fit ne nous contenta qu'à moitié; la charité se chargea du reste. Le danger qu'on court en voyageant seul dans les rues me fit envisager avec bonheur mon prochain départ. M. Lair résolut de ne sortir qu'avec son revolver. Toutes les beautés de Stamboul ne sont qu'en dehors de la ville : Stamboul est un oiseau au beau plumage, mais dont il ne faut pas voir le nid.

Il était trois heures et demie quand je descendis vers la mer pour m'embarquer sur le *Danube*. J'avais quatre heures de résidence à Constantinople, et j'en avais passé trois dans l'ennui.

Charles et son père m'accompagnent jusqu'à la mer, et après nous être dit une dernière fois adieu, après nous être promis réciproquement de nous écrire, nous nous serrons encore une fois la main, et je me lance dans le caïque!!!

Les flots nous balancent d'une manière atroce: à chaque minute je crains pour ma vie, et tout brave que je paraisse, je me sentirai plus à l'aise en terre ferme.

J'aborde en passant le *Mérovée* où je prends mes sacs de nuit et dis adieu au lieutenant, dont je conserve bon souvenir; puis ballotté de nouveau sur les vagues du Bosphore en fureur, je gagne le *Danube*, enchanté de n'avoir rien eu à démêler avec la *dogane*.

Mais je comptais trop tôt. Nous touchions le paquebot, quand un de ces enragés serviteurs de la douane accroche ma barque, saute dedans et me fait signe d'ouvrir mes effets. Tout d'abord je prends cela pour une pure formalité, et, au lieu de disputer et de crier, je tire paisiblement mes clefs, et j'ouvre le sac où je croyais n'avoir que des pierres. Le malheur voulut que j'y eusse placé mes chapelets d'ambre, et c'est là-dessus que tout d'abord mon drôle, après avoir tout renversé, met la main. Une pierre qu'il ramène ensuite le déconfit un peu. Alors, fâché à mon tour, je l'envoie promener et je ferme mon sac. Il donne aussitôt l'ordre de me conduire à la douane, et quand le batelier me traduisit cela, je criai de manière à lui faire peur. Mais le coquin était impassible, et j'allais virer de bord, quand des Grecs qui étaient sur le pont du *Danube* se mirent de la partie, et faisant chorus avec moi, ils forcèrent le doganier à battre en retraite et à me laisser paisiblement aborder.

Ici encore, j'eus toutes les peines du monde; les vagues étaient si fortes que je craignais sérieusement quelque accident. On vint à mon secours; et, grâces à Dieu, je pus, à quatre heures un quart, monter sur le paquebot qui partait pour la France.

On me case dans une cabine de secondes avec deux passagers d'une langue que je ne connais pas, car ils ne disent mot; et je passe toute la soirée jusqu'à la nuit à contempler les sites que je ne pouvais me lasser de voir et d'admirer.

A dîner, le second fut très gracieux pour moi en me faisant donner une des premières places à table.

Après dîner, je courus sur le pont pour m'échauffer un peu les pieds, car il faisait très froid; ensuite je viens passer la soirée au salon des secondes, où j'écris mes notes, dis mon office, et écoute une conversation en grec et en italien de deux garibaldiens enragés, qui m'amusèrent beaucoup par leurs raisons plus absurdes les unes que les autres.

A neuf heures, je priai le bon Dieu et allai me reposer.

Vendredi 7 novembre.

Je dormis comme un bienheureux; j'avais calculé que, le matin, nous devions nous trouver à Gallipoli. Il était encore petit jour quand je fus réveillé par le bruit de l'ancre qu'on laissait tomber. La mer avait été si douce et si calme que j'étais étonné de l'avoir trouvée si mauvaise la veille, quand le temps était presque le même.

Je voulais voir Gallipoli ; mais, comme je craignais qu'on y fît un trop court séjour, je me levai, quoiqu'à regret, très à bonne heure. Je me frotte les yeux, je me réveille le plus possible ; mais quel est mon étonnement quand, arrivé sur le pont, je reconnais les Dardanelles !

DARDANELLES. — Loin d'être contrarié de cette déception, je m'en réjouis, au contraire, dans la pensée que c'était autant de pris sur l'ennemi, et que nous étions plus près de la France. Je me promène sur le pont, examinant de nouveau ces lieux que je voyais pour la seconde et dernière fois ; je me demandais comment on pouvait se résigner à habiter un semblable pays ; et j'oubliais que la patrie, quelque affreuse qu'elle soit, est toujours chère pour celui qui y est né.

A dix heures, on lève l'ancre ; il fait un froid à n'y pas tenir ; on déploie toutes les voiles ; je marche sur le pont avec précipitation pour mettre mon sang en mouvement ; et, chemin faisant, je contemple les montagnes que nous laissons de nouveau à droite et à gauche.

Je revois encore une fois les tombeaux d'Hector et d'Achille, la Troade et tous ces lieux fameux dans l'histoire ancienne. En présence de Ténédos, je vois, au pied de la plus haute montagne, à l'angle de l'île, une ville d'un joli aspect sur le bord de la mer, et où se trouve un énorme château. Je demande à un Grec le nom de cette ville : « *Tinado,* » me dit-il. J'en conclus qu'on l'appelle, comme chez nous, Ténédos.

Je continue à garder le plus complet mutisme, ne sachant à qui j'ai à faire, et désirant être recueilli.

Dans l'après-midi, j'éprouve le besoin du repos; je me jette sur mon lit et dors jusqu'à quatre heures. Mes promenades du matin m'ont tellement fatigué, que je me sens les jambes et les reins brisés; je suis obligé de rester dans ma cabine, n'ayant pas le courage d'aller braver le vent et le froid, à force de courses.

J'eus peu d'appétit à dîner. Je causai quelque peu avec les officiers, et principalement avec un lieutenant qui me donna quelques renseignements sur les prix de transport pour se rendre du Pirée à Athènes.

Enfin, après dîner, je dis mon office, j'écris mes notes de voyage, et n'ayant personne avec qui je puisse causer un peu, je plie bagages et vais tout simplement, après avoir prié Dieu, me reposer.

Samedi 8 novembre.

La nuit fut très bonne; je dormis avec un aplomb qui dut faire mal au cœur au mauvais vouloir de la mer; car, pendant bien longtemps, elle nous donna un roulis à tout démonter.

A six heures, je suis éveillé par le bruit de l'ancre. Il fait à peine jour; je me lève à la hâte; je ne prends pas même le temps de me débarbouiller, afin d'aller reconnaître les lieux, et je monte sur le pont.

LE PIRÉE. — Nous étions dans le port d'Athènes, et j'avais grosse envie d'aller voir cette ville éloignée du port d'une lieue et demie.

Un italien se met de société avec moi, et nous partons. Un batelier nous conduit à terre; et là, après avoir jeté un coup d'œil dans l'intérieur de la petite ville bâtie sur le port, après en avoir admiré les formes gracieuses, nous louons un fiacre pour huit francs, et nous partons au grand galop, afin d'être rentrés pour les neuf heures et demie, le bateau devant quitter le port à dix heures.

La route est magnifique; la campagne, très bien cultivée, est parsemée de vignes et d'oliviers. Des montagnes, assez élevées et pittoresques, forment un tableau digne du pinceau d'un artiste; et les souvenirs classiques de la Grèce font battre le cœur à la vue des champs cultivés autrefois par tant de Grecs illustres.

A moitié chemin, la route est enjolivée de cabines rafraîchissantes, où les conducteurs de voitures ne manquent jamais de s'arrêter dans l'intérêt de leurs voyageurs... ou plutôt d'autres personnes.

Après une heure et demie de course au grand galop, nous arrivons enfin à Athènes.

ATHÈNES. — Sur une magnifique place, à l'extrémité de laquelle s'élève un vieux temple dédié autrefois à Thésée, et environnée de mille débris de statues, de colonnes, de pieds, de jambes, de têtes, et de mille vieilleries de je ne sais quoi, nous descendons de voiture pour jeter un coup d'œil sur la ville, qui se déroule à nos pieds. Au moment où je me disposais à plonger mon œil curieux sur la plaine, la ville et ses alentours, un vieux grognard, la tête armée d'une cocarde républicaine, et la casquette surmontée d'une espèce de couronne brodée en argent, accourt comme la poste pour nous ouvrir la porte du temple de Thésée et nous en montrer l'intérieur.

Ce temple de Thésée, jaune comme la glèbe de nos champs, me rappelle en tout la Maison-Carrée de Nîmes. C'est un petit rectangle à portiques, à colonnes cannelées, et dont l'usage actuel est de servir de refuge à mille débris de vieilles choses qui, sans doute, étaient fort belles autrefois, mais que le temps n'a pas embellies, à en juger par l'apparence. Un Apollon à jambes cassées, un Socrate mutilé, un tombeau de Bacchus où je ne vois aucune inscription; des reliefs très curieux pour les amateurs de la nature académique, des têtes de grands hommes, des tronçons de Vénus, des beautés laides comme tous les diables, rangées sur deux lignes, comme des plantes d'asperges; enfin, dans tout ce tohu-bohu, pas l'ombre de quelque chose d'entier; le vieux gardien, ignorant de la langue française comme de bien d'autres choses, nous montre du doigt quelque vieux singe et quelque vieille guenon, sans pouvoir nous dire quel nom portaient jadis ces simulacres de corps humain.

J'en sors bientôt et fais place à un Anglais de notre bateau qui avait amené sa femme pour lui faire voir ces belles choses. Mais à peine a-t-il vu le gros de tout ce détail de débris de têtes, de jambes et de bras, qu'il s'en trouve satisfait. Je venais à peine de remonter dans notre coucou, que je le vois gagner le sien.

L'homme à la cocarde, avant de clore sa porte, vient me demander *bacchis;* je dis au cocher de fouetter les chevaux, et nous montons à l'Acropole, nous contentant de lui laisser notre souvenir.

Arrivés au pied des vieilles murailles de cette forteresse d'autrefois, nous quittons la voiture, et nous grimpons jusqu'à ce que nous trouvions une entrée. Nous la trouvons bientôt, ainsi que nos Anglais. Il nous faut ensuite passer par une certaine ouverture ornée d'une porte ; et, après l'avoir franchie, nous trouvons quatre ou cinq niches renfermant des vétérans à barbe grise, à cocarde rouge, à casquette argentée et à habit d'ordonnance, qui, heureusement, ne nous barrent pas le chemin, mais se contentent de nous suivre. Les Anglais furent suivis d'un de ces messieurs, et nous fûmes honorés de la suite d'un autre.

A peine sortis du couloir, nous nous trouvons en pleines ruines. Le *Parthénon,* dans tout son vieux lustre, se dresse devant nous avec ses restes grandioses, ses riches colonnes et ses proportions colossales. Ici je ne fus point déçu, et je trouvai une vraie grandeur dans cet édifice gisant à terre. Toutes les colonnes de son portique sont encore debout; et il y en a de si bien conservées, qu'on distingue à peine les joints des pierres qui les composent : on les prendrait pour des monolithes. La richesse des décorations se sent un peu de l'enfance de l'art; mais tout l'ensemble est frappant de grandeur et de beauté. Tout est en marbre blanc, et construit sur la roche.

Autour du Parthénon se trouvent plusieurs autres temples dont je ne pus comprendre les noms, malgré le bon vouloir du vieux grognard, qui nous les donnait dans toute la pureté de son jargon hellénique. Partout on foule des débris de statues, des bas-reliefs et mille figures antiques. Dans un des temples, encore debout, quatre énormes statues forment piliers de chaque côté de l'entrée.

Arrivé au sommet de l'Acropole, on domine Athènes et toute la campagne. Le coup d'œil est magnifique. Les constructions de la ville semblent fort belles, mais il n'y a pas de rues : ce ne sont que ruelles tortueuses, et maisons sans façades. Le palais du roi, situé à un angle de la ville, ressemble fort à un couvent : c'est un carré de maisons avec grande cour au milieu. A l'extrémité se trouve un immense jardin planté de bois : c'est le parc royal.

La plaine est très vaste, et les montagnes qui l'entourent forment un aspect très pittoresque.

Athènes est adossée à l'une de ces montagnes, et, du haut d'Acropolis, on peut tout écraser en un moment.

Pendant que l'Anglais s'occupe de donner *bacchis* à son grognard qui ne lui demande rien, nous filons, mon Italien et moi, et nous regagnons notre casse-cou et nos rosses.

Sans désir de visiter le palais du roi, nous virons de bord ; nous passons de nouveau vers le temple de Thésée, où s'élève une statue antique manquant de tête, représentant, sans doute, sans y songer, la Grèce dans son état actuel, et nous revenons à toute bride au Pirée, où nous arrivons à neuf heures.

Nous soldons notre Grec, et, sautant dans le canot qui nous avait amenés, nous retournons à bord, heureux de pouvoir y prendre un déjeuner dont j'avais grand besoin, et très heureux d'avoir fait cette course.

Après déjeuner, j'attendais avec impatience le moment du départ ; mais, malgré tout, le bateau ne lève l'ancre qu'à une heure après midi, M. l'ambassadeur n'étant pas prêt pour envoyer ses dépêches avant ce moment. En attendant, je me promenai sur le pont où je m'ennuyai à mourir. J'examinais ce Pirée que je ne devais plus revoir, et je me livrais aux impressions que me suggéraient mes vieux souvenirs classiques.

Quand on eut levé l'ancre et que le bateau eut quitté le port, je rentrai dans ma cabine et je mis en note mon excursion d'Athènes; je fis ensuite une petite sieste et passai le reste de la soirée de la manière la plus insipide du monde.

DOUZIÈME SEMAINE.

Départ d'Athènes. — Mélito. — Reggio. — Messine. — Bastia. — Marseille. — Arles. — Flavigny. — Montbard. — Châtillon.

Dimanche 9 novembre.

Pendant la nuit, je me livrai tout d'abord au bonheur du retour. Cette pensée m'agita tellement, que je ne m'endormis que vers une heure du matin. Je commençais à sommeiller, quand je fus réveillé par un bercement extraordinaire qui ne me causa nul agrément. Un roulis atroce me levait les jambes en l'air et me faisait tomber sur ma tête, tandis que par contre-coup je me trouvais parfois comme debout. Je ne me félicitais pas de cet état de choses; il fallait bien l'accepter, mais je ne pus dormir.

Je me levai, la tête lourde, à huit heures et demie. Je montai sur le pont : il faisait un vent horrible; ce vent soufflant en arrière, nous marchions toutes voiles déployées. et nous filions douze nœuds à l'heure. Je ne pus tenir sur le pont ; je retourne à mon lit ; je me lève pour déjeuner, je suis sans grand appétit : il faut ficeler tout sur la table ; le roulis est énorme ; enfin, je mange un peu et je gagne encore mon lit, ne trouvant nulle position préférable.

J'y reste jusqu'à deux heures, et je m'y ennuyai d'une manière étonnante. Je ne songeais à rien ; j'avais la tête engourdie, et je me sentais sans force. Je ne souffrais de rien, et cela me consolait.

Pendant le temps qui s'écoula de deux heures à quatre heures, je restai assis sur l'arrière du pont et je passai ces deux heures en causette avec le commissaire ; après quoi je dis mon office, et me rendis au dîner ; je mangeai très peu de chose, et fus très heureux d'aller, aussitôt après, gagner ma cambuse.

Ce dimanche de la Dédicace, ainsi passé à bord, ne s'échappera pas de sitôt de mon souvenir ; et, chaque année, je crois que j'y songerai avec grand plaisir, en souvenir de la peine que j'ai éprouvée de passer si tristement cette fête à bord, dans le golfe Adriatique.

Lundi 10 novembre.

Le vent continue à faire le tapage ; les officiers se frottent les mains de jubilation ; mais je prie tout bas le bon Dieu de calmer un peu la mer. La nuit, pour moi, fut comme la précédente, et je ne pus reposer.

A huit heures, je viens mettre le nez dehors : le brouillard nous empêche de voir la terre. Après un quart d'heure, nous en sommes si près, et la brume s'élevant un peu, je contemple à ma droite les magnifiques montagnes de la Calabre : de jolis villages très rapprochés les uns des autres embellissent ces charmants paysages. Peu après la Sicile se montre à gauche ; la brume nous empêche de bien voir le mont Etna ; mais je me trouve enchanté des sites ravissants, des nombreux villages qui, sur les rives de la Calabre et de la Sicile, réjouissent la vue et présentent des terres cultivées et fertiles.

C'est alors que j'ai une discussion religieuse avec le chef mécanicien, homme sans foi, sans principes, antireligieux, et voltairien accompli. Le commandant et plusieurs personnes nous écoutaient avec intérêt.

Nous passons devant Mélito, où le fameux

chenapan Garibaldi fit son premier débarquement.

A neuf heures, nous pouvons à notre aise admirer la jolie ville de Reggio qui se prélasse fièrement sur le visage de la mer, et qui, abritée par de belles montagnes, s'enfonce dans la plaine au milieu d'un bouquet de verdure.

A dix heures, nous touchons la citadelle de Messine, et nous entrons dans le port.

MESSINE. — Cette ville offre un magnifique coup d'œil par les montagnes boisées qui l'entourent comme un demi-cercle. La ville, par elle-même, n'a rien, d'extraordinaire : elle a peu d'aspect, parce qu'elle est toute en plaine jusqu'au pied des montagnes. La magnifique cathédrale s'élève au-dessus des édifices de la ville, et tout autour, sur les montagnes, sont construits des forts qui, au premier aspect, font voir qu'on entre dans une ville de guerre. La citadelle, où le brave Fergola s'est maintenu si longtemps, est située dans la mer et entoure le port. Elle ne semble cependant pas d'une force bien extraordinaire; mais, en ces choses, j'avoue que je n'y connais absolument rien.

Le temps, qui alors avait été au brouillard, se change en pluie, et je renonce au projet de descendre à terre.

L'abbé Sochnlin, qui depuis trois jours est arrivé à Messine et qui part ce soir sur le *Pausilippe* pour les côtes d'Italie, vient me voir à bord, où il reste quelques minutes. Pendant le peu de temps que me laisse le mauvais vouloir de la pluie, je m'ennuie dans ma cabine; et, quand on put tenir dehors, j'allai sur le pont examiner à loisir Messine et ses alentours.

Un ancien compagnon de route que j'avais laissé à Malte, sur le *Sinaï*, se trouve à bord et me surprend par l'accueil cordial qu'il me fait Je n'ai absolument aucun souvenir de lui, mais je me garde bien de le lui dire.

A trois heures, on lève l'ancre. Le vent est très violent et cette fois contraire. Nous quittons Messine et nous partons pour la France!!!.....

Je me tiens sur le pont, malgré le vent et le froid, pour admirer jusqu'au bout les rivages de la Sicile; le Stamboulé se dresse devant nous fier comme la justice; et, après avoir passé Charybde et Scylla, je descends dans la cabine du mécanicien, qui m'entraîne à une nouvelle discussion, et je cause théologie jusqu'au dîner.

Après dîner, je mets mes affaires en règle avec le bon Dieu, et, après lui avoir demandé une bonne nuit, je vais me reposer.

Mardi 11 novembre.

La mer fut de mauvaise humeur, et mon sommeil en subit les conséquences. Je suis très fatigué, je maigris à vue d'œil, et il est temps que je gagne les rives de la Patrie.

Le vent cesse un peu le matin. J'en profite pour me lever, et à huit heures, je parais radieux sur le pont. Je m'y tiens pendant quelques minutes : le froid et le roulis me renvoient dans l'intérieur, et je vais me jeter sur mon lit jusqu'au moment de déjeuner.

Je déjeune de très bon appétit; la mer devient plus sage, et je monte sur le pont où je cause jusqu'à une heure avec un américain et mon maltais. Je dis mon office, et après je vais faire la sieste.

A trois heures et demie la mer étant très gentille, je puis écrire quelques notes et dire mon bréviaire.

Je dîne le soir de très bon appétit. Le vent s'étant mis à souffler de travers, on largue les voiles, et nous paraissons filer très bien. Cependant à sept heures la mer devient plus mauvaise; elle enfle ses vagues, et nous donne un roulis violent. Comment la nuit se passera-t-elle? Dieu seul le sait. Mais je serais bien heureux de pouvoir un peu dormir. De tout mon cœur, bonsoir!

Mercredi 12 novembre.

A peine étais-je couché, que le vent se mit en fureur ; les voiles, alors étendues, étaient agitées avec une violence à tout briser. Le bruit se calma quand on eut cargué ces pauvres infortunées; et, malgré la mauvaise mer, et le roulis qu'elle donna, je pus reposer d'une manière assez satisfaisante.

A huit heures, comme de coutume, je me hasarde de mettre le nez à l'air : le temps était superbe, et le soleil, au milieu de bandelettes rouges, se levait dans toute sa gloire. A gauche, nous avions l'île de Corse; et je vis avec quelque regret que la mer ne nous ayant pas permis de nous arrêter aux Bouches de Bonifaccio, nous étions forcés de tourner l'île et de doubler le cap Corse, ce qui nous donnait un retard de douze heures environ. C'était peut-être une avance, car qui sait ce que nous aurions pu faire de chemin après avoir passé les Bouches, dans une mer en fureur?

Nous n'avons que de très faibles vagues, et nous marchons bien.

Il fait un très grand froid; les plus hautes montagnes de la Corse sont couvertes de neige, et cette vue est loin de nous échauffer.

Jusqu'au moment du déjeuner, je contemple ce côté de l'île, et je ne puis me lasser d'admirer les magnifiques vues qu'il présente : toutes les montagnes sont couvertes de verdure; les villages paraissent attachés comme des pendeloques aux flancs de ces montagnes, pour leur donner encore plus d'agréments.

Après déjeuner, le ciel se met à pleurer; néanmoins je vais m'abriter derrière le treuil; là, causant avec le commissaire, je regarde encore, je contemple toujours; et à ma gauche je lorgne l'île *Monte-Christo* et l'île *d'Elbe*.

Je gelais. Je quitte le commissaire; et tout en ne perdant pas de vue le magnifique panorama que je voyais changer à chaque instant, je me promène à grands pas sur le pont.

Après quelques minutes de courses, le lieutenant me fait signe, me conduit chez le second; après avoir dégusté un peu de sirop de cerises, j'assiste à plusieurs parties de tric-trac qu'ils font ensemble; et à midi, je regrimpe sur le pont pour voir Bastia, qui était tout près de nous.

BASTIA. — Située dans la plaine qui longe

les rives de la mer, cette ville a peu d'apparence; et, quoiqu'ayant une population de trente mille habitants, on la prendrait pour un gros village, sans les grands édifices qu'on y voit et qui dénotent une ville.

Le froid pique, le vent souffle; je cours et je cause un peu partout.

A trois heures, nous doublons le cap Corse; le phare nous salue trois fois de son drapeau, nous lui répondons de la même manière; et, lancés en pleine mer, nous marchons au milieu d'une houle atroce vers les rivages aimés de la Patrie.

Je dis alors mon office; et comme je marchais ensuite à pas de géant sur le pont, pour m'échauffer les pieds, le commandant vint entamer conversation avec moi. Nous entrons dans son bureau où il m'offre un verre de *mastic*, et nous causons Marmont, curés de Paris, curés de campagne et missionnaires.

Le dîner vint mettre fin à une conversation qui prenait des caractères intéressants.

Après dîner, je fis encore un tour sur le pont; et, à sept heures, je montai à l'assaut sur mon petit lit.

Jeudi 13 novembre.

Le roulis de la mer me priva de repos. Le peu de sommeil que je pus attraper fut entremêlé de bateaux chavirés et de mille gentillesses de cette nature.

Ennuyé d'être ainsi bercé, je me lève à trois heures et demie ; j'écris ma journée d'hier et une lettre à mes Parents (1) ; après être monté faire une ronde sur le pont, je reviens me jeter

(1) A bord du *Danube*, en vue de Marseille, le 13 novembre 1862.

BIEN CHERS PARENTS,

Dans deux heures je vais débarquer à Marseille, et je prendrai le premier train omnibus qui doit partir dans la direction de la Bourgogne.

A moins d'accident grave dans les mécaniques, j'arriverai à Châtillon dans la journée du samedi 15. Si Mme Bazile est chez elle et si elle me fait conduire à Rochefort, j'irai vous voir le lendemain après Vêpres. Si au contraire j'arrive de bonne heure à Châtillon, et que nulle proposition ne me soit faite, j'arriverai à Vanvey par le courrier du samedi soir.

Il pourrait se faire que des circonstances que je ne puis prévoir, ne me permissent d'arriver à Châtillon qu'à neuf heures du soir; dans ce cas, ou bien je coucherais à Châtillon pour partir le lendemain à cinq heures du matin, ou bien je gagnerais Rochefort dès le soir même.

Dans tous les cas, il faut qu'il y ait quelqu'un à Rochefort samedi, et je tiens à dire la messe le lendemain. J'écris à l'abbé Robert pour lui annoncer mon arrivée. . . et ses vacances.

sur mon lit; mais il n'y avait pas possibilité de dormir : je touchais au sol de la Patrie, j'allais revoir la France, mes Parents, mes Amis et ma chère petite Paroisse. Je me disais : Il y a dix-huit cents ans, une faible embarcation quittait les rivages inhospitaliers de la Palestine, et était poussée par les vents sur les côtes de la Provence; cette barque portait les amis du Sauveur : Lazare, le ressuscité de Béthanie, et ses sœurs Marthe et Marie-Magdeleine (celle dont le nom a été adopté par ma famille); ces illus-

Il fait un froid de loup à Constantinople, la mer devient chaque jour de plus en plus mauvaise; c'est ce qui fait que je suis plus tôt de retour que je ne pouvais l'espérer.

J'ai besoin de prendre aussi un peu d'embonpoint; je reviens sec comme un pénitent de la Thébaïde, et très content de pouvoir me reposer un peu.

Vous recevrez cette lettre, je pense, samedi matin. Si j'étais obligé de partir de Châtillon à pied samedi soir, vous recevriez mes effets le lendemain matin par le courrier.

Je me réjouis beaucoup pour vous revoir. Présentez mes respects et mes sentiments affectueux à monsieur le curé de Vanvey.

Agréez, chers Parents, l'expression de mes sentiments respectueux et de ma grande affection.

Votre enfant tout dévoué,

G. MAGDELAINE, prêtre.

P.-S. — Jusqu'à présent ma bouteille de Chypre est en bonne santé; pourvu qu'elle n'échoue pas au port : elle est réservée, vous le savez, pour la fête du retour.

tres hôtes de Jésus de Nazareth venaient implanter la foi dans les Gaules et y donner l'exemple de la pénitence... Je viens aussi de la Palestine : j'ai prié et pleuré sur le Tombeau de mon divin Maître. J'ai touché la pierre de l'Onction ; dans le lieu même du Crucifiement, j'ai eu le bonheur de tenir dans mes mains mon Sauveur vivant et glorieux; il est descendu dans mon cœur! Ce n'est plus moi qui vis, c'est Jésus qui vit en moi. Maintenant, ô mon Dieu ! frappez, coupez, retranchez, votre serviteur est prêt; j'ai vu, j'ai senti tout ce que mon œil voulait voir, tout ce que mon cœur désirait sentir. Avec le bienheureux vieillard Siméon, je vous dirai : Faites du pauvre Magdelaine tout ce que votre justice demande, pourvu que je vous aime.... Que je vous aime.... Que je vous aime toujours !.... Et vous, ma bonne et tendre Mère, ô Marie! guidez mes pas, entendez les gémissements d'un pauvre exilé : je soupire, je pleure, je gémis; jetez un regard de miséricorde sur l'enfant de votre clémence.

Ainsi soit-il!...

Ces petites notes (c'est ainsi que notre modeste ami appelait ses impressions de voyage), ont été écrites jour par jour; c'était dans le wagon, sur les bateaux, au milieu des vagues irritées, à cheval, sous la tente, que notre infatigable pèlerin écrivait, tantôt à la plume, tantôt au crayon, ce qu'il avait vu et éprouvé en visitant les Saints-Lieux. Elles sont sans ratures et sans surcharges.

Je n'ai voulu ni changer ni modifier; les petites imperfections qui pourront s'y trouver témoignent de mon profond respect pour l'œuvre de mon ami. La plus sévère critique sera obligée de reconnaître qu'il a fallu une activité rare, une grande facilité et une belle intelligence pour écrire, sans y penser, pour ainsi dire, tout un volume si riche en bonnes pensées et en précieux détails.

Pour la satisfaction de ses parents, de ses amis et de ses lecteurs, je vais écrire le journal des quatorze derniers jours de notre regretté pèlerin :

Aussitôt après son débarquement, l'abbé Magdelaine va à l'hôtel de Rome où il trouve une lettre de sa sœur, qui avait été à Flavigny voir son frère et faire une retraite; c'est de Flavigny qu'elle écrit pour faire ses excuses à son bon frère des petites peines qu'elle a pu lui causer et pour lui communiquer ses bonnes résolutions ; l'excellent frère lui répond :

Marseille, 13 novembre 1862.

BIEN CHÈRE LOUISE,

Tu ne t'es pas trompée en me disant que ta lettre me ferait grand plaisir. J'espère que tu as mis à profit ces trois mois de vacances pour devenir excellente servante de curé.

Prépare-toi donc à reprendre le tablier de cuisine et les instruments domestiques. Tout ira pour le mieux, je l'espère, et avec mes souvenirs de voyage, nous passerons un hiver très agréable. Ce qui est passé est passé ; il y a longtemps que j'ai jeté tout cela à la mer, et je m'étonne que tu n'aies pas fait de même.

Bon courage et persévérance !

A samedi ! Je t'embrasse de tout cœur et te remercie d'avoir songé à moi.

Ton frère tout dévoué,

G. MAGDELAINE, *prêtre.*

L'abbé Magdelaine s'était engagé à visiter M. Chaume à son retour de Jérusalem ; pour s'excuser il adresse cette lettre :

Marseille, 13 novembre 1862.

MONSIEUR LE COMMANDANT,

J'arrive à Marseille, et malgré le grand désir que j'avais d'aller vous revoir et de visiter avec vous votre charmante campagne, je me sens poussé par une fatigue extraordinaire à gagner au plutôt mes pénates.

Je reviens le cœur plein des plus doux souvenirs, mais le corps brisé, et j'ai grand besoin de repos.

Veuillez donc, je vous supplie, pardonner au désir si naturel qui me pousse vers la *Patrie* : je n'ai point dit adieu pour toujours à la Provence, et quand mon frère m'y attirera, croyez bien que j'en profiterai pour aller vous revoir.

Je crois que vous m'avez promis votre photogaphie, ainsi que celle de Mme Chaume. Je tiens beaucoup à ces deux portraits, et je vous prie de vouloir bien me les envoyer dès que vous les aurez à votre disposition.

Présentez, je vous prie, mes hommages respectueux à Mme Chaume.

Agréez, monsieur le Commandant, l'assurance de mes sentiments respectueux et affectueux.

G. MAGDELAINE, *prêtre.*

Une quatrième lettre a été adressée à M. l'abbé Robert, chargé de faire les offices à Rochefort pendant l'absence du titulaire ; cette lettre a été égarée, et le destinataire n'a pas pensé que c'était une perle pour les amis du défunt.

Après avoir fait une petite visite à son ami M. Lucien Fournier et repris les effets qu'il lui avait confiés avant son embarquement, il se prépare à partir à midi pour Arles où il s'arrête dans le but de remettre au bon Michel les quinze francs qu'il lui avait donnés pour un de ses neveux de Toulon.

Il passe la soirée à Arles et à minuit il prend le train omnibus pour Darcey où il arrive à huit heures du soir, le vendredi quatorze novembre.

Le temps était froid et pluvieux, la nuit obscure; il dépose ses effets à la gare et veut gagner le noviciat des Dominicains de Flavigny; il y avait pour plus d'une heure de marche. Le chef de gare fit tous ses efforts pour empêcher le bon abbé de faire ce voyage qu'il regardait comme dangereux. Il disait dernièrement à quelqu'un : « Si je ne lui avais pas donné un parapluie et une lanterne, ce pauvre enfant se serait égaré à travers champs et aurait péri. » (C'est un juste hommage que je rends à cet homme de bien.)

Aussi le pauvre abbé arriva-t-il à Flavigny couvert de boue, inondé de pluie et de sueur et dévoré par la fièvre; il m'a donné ces tristes détails. Il était plus de neuf heures quand il arriva au couvent pour voir son frère; il sonna, frappa longtemps sans que personne vînt lui ouvrir; après plus de vingt-cinq minutes d'attente, il alla frapper à la porte d'une auberge sans aucun succès; et après avoir fait pendant une demi-heure des recherches infructueuses dans les rues obscures et tortueuses de la ville, il revint à la porte du couvent où il frappa de nouveau et avec plus d'instance. Une heure entière s'était écoulée quand la porte s'ouvrit au pauvre pèlerin épuisé de fatigue. Un bon frère le reçut de son mieux, mais il ne voulut rien accepter; et, sans avoir pu voir son frère, il alla prendre possession d'une petite cellule de dominicain.

Samedi 15 novembre.

La nuit fut mauvaise. Levé à sept heures, il dit son office, et à huit heures il put voir son frère. Les PP. lui firent accepter un petit déjeuner. Dans la crainte de manquer le chemin de fer, il partit de Flavigny avec précipitation pour Darcey, où il arriva très fatigué.

A Montbard, il vit l'abbé Sacqué son ami, avec qui il passa quelques heures en attendant le départ de la voiture de Châtillon. Il avait retenu une place d'intérieur ou de coupé, il occupait déjà cette place quand arriva une personne qui, prétendant avoir assuré sa place la première, força l'abbé Magdelaine à descendre. Le bon abbé ne fit aucune résistance et monta à l'impériale, où il eut froid pendant tout le trajet, qui fut de quatre heures au moins.

On arriva à Châtillon qu'il était plus de huit heures du soir. Notre énergique pèlerin voulait partir de suite et faire quinze kilomètres à travers la forêt pour arriver chez lui à deux heures du matin, comme il l'avait écrit à ses parents; mais, M. Camus-Lapérouse, qui avait voyagé avec lui et qui l'avait remarqué pour ses manières si douces et son abandon si profondément religieux, lui offrit l'hospitalité.

Ces offres étaient si instantes et si délicates, que l'abbé se rendit à cette invitation; il passa la soirée avec cette belle et religieuse famille Lapérouse, une des plus honorables de la ville. Le souvenir du pieux pèlerin est précieusement conservé par les pères, les mères et les enfants, qui aiment à se rappeler tous les détails si intéressants de cette délicieuse soirée, qui s'est prolongée fort tard. L'abbé Mancy, vicaire à Châtillon et condisciple de M. Magdelaine, avait éte invité à cette réunion. Il me disait dernièrement que son ami lui avait assuré qu'il n'avait plus rien à désirer sur la terre et qu'il pouvait dire au bon Dieu du fond de son cœur son *Nunc dimittis*.

QUATORZIÈME SEMAINE.

Châtillon (suite). — Rochefort. — Vanvey.

Dimanche 16 novembre.

La nuit n'a pas été bonne ; on a pu reconnaître que le si intéressant voyageur avait éprouvé une indisposition ; mais il ne s'était plaint de rien, tant il craignait de déranger quelqu'un pour sa personne ; et puis, les souffrances lui étaient familières.

M. Camus, afin de mieux retenir l'abbé Magdelaine, lui avait promis une voiture pour le conduire chez lui aussi matin qu'il le voudrait. Il sortit à quatre heures et demie. Le froid était vif et piquant ; arrivé au milieu de la forêt, l'abbé voulut descendre de voiture pour marcher : le froid le saisissait ; il renvoya le domestique et continua son chemin à pied. A neuf heures, il était à la cure de Rochefort. Il se jeta sur son lit quelques instants avant la messe qu'il devait dire à dix heures. Il était si heureux de se retrouver au milieu des siens ! Ce jour qu'il avait tant désiré était arrivé ! Il y avait bonheur de se revoir et pour les paroissiens et pour le pasteur. Sa parole, toujours si bonne, si abondante, si harmonieuse, fut ravissante de foi, de piété, d'affection et de dévouement; c'étaient les derniers échos des sublimes accents qui avaient touché son cœur au Calvaire et à la Crèche de Bethléem ; c'était le disciple de la Croix qui parlait de Jésus crucifié! Tout à coup, les forces lui manquant, il descendit de la chaire pour n'y plus remonter. Les pleurs et les sanglots de tous les assistants lui dirent assez combien il avait traité dignement les intérêts de son Dieu.

Dans la soirée, il reprit un peu de force, se sentit disposé à dîner assez bien, ce qui lui donna bon espoir pour la nuit et la journée du lendemain; aussi, il dit à sa sœur qu'il se repentait d'avoir fait dire à ses parents qu'il n'irait les voir que dans deux ou trois jours.

Lundi 17 novembre.

Il passe une bonne nuit, se lève assez matin, et dit la messe à neuf heures. Après avoir déjeuné au château, il part à midi pour Vanvey, où il arrive à trois heures. Nous l'avons trouvé assez bien ; rien ne dénotait une fin si prochaine.

Il a dîné avec un appétit qui réjouissait ses parents. La soirée a été consacrée à déballer et à visiter tous les objets qu'il rapportait de son voyage. Avec quel empressement et quelle joie il nous a tout montré, tout expliqué! Il m'a remis les objets qu'il me destinait : un roseau du Jourdain, un tasse-papier du lac de Tibériade, les charmantes vues de Jérusalem (gravures anglaises), un chapelet en olives de Gethsémani, avec l'authentique; une belle croix en olivier avec des reliques incrustées; il a voulu encore me rendre participant à toutes les reliques qui lui avaient été données au Carmel. Pendant plus de quatre heures, j'ai pu recueillir une infinité de renseignements qui me sont toujours présents à l'esprit. On s'est séparé qu'il était plus de dix heures.

Mardi 18 novembre.

Après une nuit un peu agitée, il s'est levé assez matin, et a dit la Sainte-Messe pour la dernière fois à Vanvey, sur l'autel où il avait célébré sa première messe quatre ans auparavant. Tout annonçait qu'avec le repos indispensable à la suite de longs voyages, nous conserverions notre cher et intéressant pèlerin.

J'assistai à son déjeuner, et je fus heureux de voir qu'il avait conservé, avec ses goûts si simples, son appétit d'autrefois; je le félicitais d'avoir si bien supporté toutes les fatigues d'un voyage aussi long et aussi pénible. Je voulais le retenir, mais ce ne fut pas possible : il avait annoncé son cathéchisme. Il partit avec sa sœur, qui avait des provisions de diverses natures; il voulut se charger d'une grande partie des souvenirs de son voyage en Terre-Sainte, je suis bien persuadé qu'il avait plus de quinze kilogrammes en chapelets, pierres, bâtons, roseaux, etc.

A moitié chemin, la fièvre le prit; il ne pouvait plus parler ni marcher, il fallut se reposer; il fit effort pour continuer la route, mais bientôt il fut encore obligé de prendre du repos; puis, luttant de nouveau contre la faiblesse, il arriva au trois quarts du chemin, et, là, succombant pour la troisième fois, il se reposa pendant une heure sur une roche qui borde le chemin. Sa sœur partit en avant pour préparer du feu. Trois fois elle est revenue au-dessus de la montagne pour voir si son bon frère arrivait; à la troisième fois seulement, elle le vit s'acheminant péniblement vers sa demeure, et ce ne fut qu'après cinq heures de marche, de repos et d'efforts qu'il put achever cette course qu'il faisait ordinairement en deux heures. Oh! mon Dieu, quelle douloureuse journée!...

Il adressa quelques mots de piété à ses petits enfants, réunis à la cure, et passa le reste de la soirée tristement appuyé sur sa table, à demi endormi ou plutôt accablé par la fièvre et la douleur qu'il ressentait aux reins. Fort tard, il se décida à se coucher. C'était le premier accès sérieux de la fièvre qui l'a enlevé à notre affection.

Mercredi 19 novembre.

La seconde partie de la nuit avait été très bonne; le matin l'abbé Magdelaine se trouvait avec un mieux ravissant : il dit à sa sœur qu'il était tout à fait remis, qu'il se sentait aussi bien que jamais. Ce mercredi 19 était la fête de Mlle Bazile; le château était en réjouissance : dans les familles chrétiennes, une fête doit commencer à l'église ; la messe était pour solliciter la protection de la patronne sainte Élisabeth ; le soir, il y avait réunion au château. Le curé était toujours de ces assemblées où le bon Dieu avait la première part : il se trouvait à son aise quand son divin Maître était avec lui.

Pendant le jour, il mit en règle toutes ses affaires, écrivit plusieurs lettres, entre autres celle à Monseigneur de Dijon pour lui annoncer sa prochaine visite (cette lettre est en tête de ce volume); il transcrivit toutes les messes qu'il avait dites pendant son voyage; elles sont pour lui, ses parents et ses amis...

Les *trente-neuf* messes qu'il a dites sont toutes dans les intentions précitées. Il me semble que ce soit le testament de sa foi, de sa tendresse filiale et de son amicale affection.

Dans le cours de la journée, il reçut la visite de son confrère de Mauvilly, M. l'abbé Pétot, qui le vit quelque temps, recueillit d'intéressants récits sur le voyage de son ami. M. le curé de Mauvilly remarqua que de temps en temps l'abbé Magdelaine restait comme en extase, puis poussait un soupir et disait : « Ah! me voilà remis; » alors il continuait à parler avec un feu et un entrain qui n'étaient pas ordinaires.

Il a prolongé sa soirée au château jusqu'après dix heures, parlant, racontant, expliquant son voyage avec un intérêt qui tenait les esprits en suspens.

On se sépara dans l'espoir que ces récits se continueraient pendant les jours suivants; mais, hélas! Dieu, qui nous avait accordé de revoir et d'entendre cet intéressant abbé, le voulait pour lui!

Jeudi 20 novembre.

A deux heures du matin, le second accès de fièvre pernicieuse se déclara. La journée entière a été des plus mauvaises; il y a eu des instants de délire. Dans les quelques moments lucides, il veut couper la fièvre, mais malheureusement il croit avoir laissé à Vanvey la boîte qui contenait le sulfate de quinine qu'il avait rapporté de son voyage, et cependant il l'avait avec lui.

Toutes les personnes qui l'environnaient et qui lui portaient un si grand intérêt, n'eurent pas la pensée d'appeler un médecin. Dans la soirée, la fièvre se calma.

Vendredi 21 novembre.

La nuit, qui n'avait pas été mauvaise, avait permis au pauvre malade de se lever à l'heure ordinaire, et après avoir dit son office, il se sentit la force d'aller dire la Sainte-Messe : c'était la fête de la Présentation de la Sainte Vierge. Sa première messe avait été une messe de la Sainte Vierge pour clore le Mois de Marie, le 31 mai 1858; sa dernière messe a été une messe de la Sainte Vierge, le 21 novembre 1862 : il aimait tant à noter ces heureuses coïncidences! Il a prié et invoqué Marie le premier et le dernier jour de sa vie sacerdotale, ses premiers et derniers pas à l'autel ont été pour honorer Marie, cette bonne Mère qu'il a tant aimée.

Il ressentit un froid glacial et des frissons si grands qu'il craignait, m'a-t-il dit, ne pouvoir achever sa messe ; il se mit au lit, jusqu'à midi. A une heure après midi, M. Barrachin vint proposer à l'abbé, qui paraissait assez bien, de faire de la photographie. Après deux heures passées en plein air, par un temps très froid, il rentra fatigué, épuisé ; il prit un peu de vin avec quelques biscuits : il y avait quarante-huit heures qu'il n'avait pris aucune nourriture. M. Barrachin était revenu passer la soirée avec le bon abbé ; il le trouva couché avec un violent accès de fièvre ; l'état du malade lui parut si grave qu'il ne le quitta presque plus de toute la nuit.

Samedi 22 novembre.

A chaque heure de la matinée, M. Barrachin était au chevet du malade, suivant attentivement les phases de la fièvre, et, en ami dévoué, il retarda l'heure de son départ pour Châtillon afin de pouvoir nous amener le malade aussitôt que son état le permettrait. « Vous n'avez ici, lui dit-il, que votre petite sœur, qui ne peut suffire aux soins que réclame votre état ; vous n'avez pas de médecin, il faut aller à Vanvey, vous aurez le médecin à côté de vous, vous aurez les soins de vos parents. Aurez-vous une chambre éloignée de tout bruit? car il vous faut du calme et du repos. » Sur sa réponse qu'il avait toujours une chambre à la cure, M. Barrachin fait mettre ses chevaux à la voiture; le malade quitte son lit, met ses habits de fête et s'en vient plein de joie et de satisfaction, bien persuadé qu'il serait bien reçu par son ami ; il portait avec lui son bréviaire, son *Novum* avec l'*Imitation* et les trois carnets contenant ses notes de voyage (1). Il nous apportait son corps, son cœur et son âme : il avait toujours dit qu'il voulait reposer à Vanvey et partager ma tombe. Dieu, qui avait compté ses jours, semblait combler ses vœux.

(1) Le trépas a glacé la main qui en traçait les dernières lignes. En rentrant en France, il nous apportait son manuscrit comme un don qu'il voulait nous offrir après l'avoir revu, et c'est un legs qu'il nous a fait. Ce travail si opiniâtre de trois mois, il n'en a pas joui un seul jour. C'est assurément que Dieu voulait qu'il eût le mérite de l'œuvre, non pour en recevoir le salaire dans ce monde. Le ciel l'a soustrait à la reconnaissance de ses amis, et s'est chargé de la dette de la terre. — (N. E.)

A trois heures et demie, on vient m'annoncer que M. Barrachin et la sœur de l'abbé Magdelaine m'attendent à la cure; cette nouvelle fut pour moi comme un coup de foudre. J'étais prêt à entrer chez moi quand le petit messager me dit : « M. Gustave est ici. » Alors mon anxiété redouble!!! J'arrive à cet ami qui venait chez moi chercher la guérison... Il me paraît assez bien; il me dit en quelques mots ce qu'il a éprouvé depuis son retour, la faiblesse qu'il ressent, le besoin où il est de prendre quelque chose; il voudrait du vin, et je n'ose lui en donner; il me montre la boîte qui renfermait encore sept paquets de quinine, en me demandant s'il doit en prendre. Dans mon ignorance, je propose d'attendre l'arrivée du médecin. On s'empresse de préparer un petit bouillon : je n'ai pas osé lui donner un peu de bon vin, qu'il désirait si ardemment, et qui lui aurait fait du bien, d'après ce qui m'a été assuré trop tard! Nous avons un peu causé; il m'a demandé à dire son office, ce qui a duré une demi-heure, et n'a voulu se coucher qu'après neuf heures : il redoutait le lit à cause du mal de reins qu'il éprouvait. Nous nous sommes quittés avec les souhaits de la plus sincère amitié. Je ne devais plus le revoir que sur son lit de mort!...

QUINZIÈME SEMAINE.

Vanvey.

Dimanche 23 novembre.

Mauvaise nuit. Grande altération, point de sommeil. On administre un purgatif qui produit son effet. A midi, après ma messe, je revois le malade, la fièvre avait augmenté. J'éprouve de sérieuses inquiétudes; c'est alors que j'écris à M. Barrachin, le priant d'envoyer le docteur Bourrée pour s'entendre avec le docteur Beudot; j'étais persuadé que ce n'était pas trop du conseil de deux médecins qui avaient ma confiance et celle du malade. Dans la soirée, le pouls devient plus fréquent; il donnait de quatre-vingt-dix à cent pulsations à la minute.

Lundi 24 novembre.

Le malade a un peu dormi pendant la nuit. La fièvre continue. A sept heures le malade demande après moi, on lui dit que je repose. (Je m'étais trouvé indisposé pendant la nuit.) A neuf heures, il demande de nouveau le motif de mon absence, on est obligé de lui dire que je suis souffrant. « Ah! maintenant, dit-il, je m'explique comment M. le curé n'est pas encore venu me voir; ce bon M. le curé est plus malade que moi. »

Je me suis empressé d'aller le voir; il m'a semblé que ma présence lui avait fait du bien. A une heure après midi, les deux médecins se sont trouvés vers le malade. Leur grande confiance était fondée sur la bonne constitution et surtout sur l'énergie morale du malade. Dans la soirée, la fièvre avait augmenté. Je demande à ce pauvre patient s'il souffre. Il me dit seulement que les articulations lui font mal; mais pas une plainte, pas une résistance; tout ce qu'on lui donne, il l'accepte.

Mardi 25 novembre.

Même état. La fièvre, à ce que je crois, augmente. La figure se tuméfie, l'ouïe devient dure, l'œil se vitréfie, et cependant une lueur d'espérance m'apparaît. La veille, il fallait le soutenir pour le lever et le coucher; aujourd'hui, il s'est levé et couché seul. A deux heures, M. Barrachin est venu voir l'abbé Magdelaine: il lui apportait les épreuves des vues qu'ils avaient prises ensemble le vendredi. Au départ de cet ami fidèle et dévoué, le malade fait effort pour saluer, et articule difficilement ces paroles de remerciement : « Combien vous êtes bon, Monsieur, de venir de si loin visiter un pauvre malade ! » Je vis si bien que cette belle âme n'était plus servie par ses organes, que je ne pus retenir mes larmes !...

A quatre heures, M. le curé de Maisey était auprès du malade, qui lui dit : « Vous me trouvez, M. le curé, dans un état qui n'est pas brillant. »

A cinq heures, le mal empire. Respiration profonde, fréquente et pénible; nous avions perdu tout espoir; il fallut s'occuper des derniers soins à donner à cette âme si pieuse et si résignée. Ma position était pénible et douloureuse, au point de vue humain : il fallait lui parler de Dieu et de son éternité ! Au point de vue de la foi et de la responsabilité, ma mission était facile et légère. Depuis sa dernière confession, où il avait éprouvé tant de joie et de bonheur, il avait souffert, beaucoup souffert pour être de plus en plus agréable à Dieu ; cependant il voulut encore recevoir l'absolution de celui qui avait été son directeur depuis son enfance...

Lorsqu'il pouvait encore m'entendre, me comprendre et me suivre, je lui administrai l'extrême-onction et appliquai l'indulgence plénière.

Il a reçu entre ses bras, pressé sur ses lèvres et sur son cœur la croix qu'il apportait de Jérusalem pour Monseigneur de Dijon ; j'ai voulu encore lui donner à baiser mon crucifix béni par Pie IX le 12 juin 1862.

J'écoutais, je suivais les progrès de cette pénible agonie. J'étais accablé, déchiré, lorsque, tout à coup, le malade recueille ses forces et prononce clairement ces paroles : *Vado ad patrem*, je vais à mon père.

Jusqu'ici je n'avais pas osé prononcer les dernières paroles de la recommandation de l'âme : « Sors, âme chrétienne, de ce monde ! »

Il est toujours pénible à un homme de dire à une âme de s'en aller, de quitter ce monde, sa famille, son père, sa mère, son frère, sa sœur, ses amis ; combien plus dure encore est cette parole dans la bouche d'un ami à son ami ! Comment oser dire à un tel ami de s'en aller, pour ne plus le revoir ! Je ne pouvais avoir cette force et je me demandais si le prêtre pourrait commander à la douleur de l'ami.

L'agonie continuait ; la respiration devient de plus en plus pénible, courte, inachevée. Dieu vient à mon secours et je me sens la force de dire lentement et gravement : *Proficiscere, anima christiana, de hoc mundo.*

A huit heures moins un quart, la respiration cesse et on entend un petit gémissement : l'âme de notre cher pèlerin prenait le chemin de la céleste Jérusalem ! . . . .

. . . .

M. l'abbé Michaud, curé-doyen du canton et archiprêtre de l'arrondissement de Châtillon, a présidé les obsèques et le service anniversaire; M. l'abbé Leroux, curé-doyen du canton d'Aignay, a présidé le service des six semaines. Les vingt-deux prêtres des cantons d'Aignay, de Châtillon et de Recey, accourus pour assister aux obsèques et aux services du pauvre curé de Rochefort, ainsi que les trois cents et quelques fidèles de tout rang, de tout âge et de tout sexe, qui s'y pressaient, témoignent de l'estime que ses vertus inspiraient. La manifestation de la douleur publique dépassa toute attente, il y a justice et gratitude à le reconnaître et à le publier. Honneur à Vanvey, qui a donné de saints prêtres au diocèse de Dijon ! Honneur à la paroisse qui sait reconnaître les vertus de ses enfants! Vanvey, le jour de la mort de l'abbé Magdelaine et le lendemain, était dans la consternation; tous les travaux ont été suspendus pendant ces deux jours. Cette mort a fait en nous et dans sa famille une blessure qui ne doit plus se fermer.

Cher ami! pardonnez à mon affliction, à ma douleur l'indiscrétion que je commets en publiant tout ce que je sais, tout ce que j'ai vu : la mort, dit-on, donne au souvenir et à l'amitié toute liberté. Agréez les quelques réflexions que j'ai ajoutées à vos *notes et impressions de voyage*, où votre esprit, votre cœur et votre foi se sont si bien révélés.

O mon ami! le plus cher objet de mon affection ici-bas! personne au monde ne comblera le vide que vous me laissez; et cependant tout n'est pas fini. Vous avez voulu rester tout entier au milieu de nous; vous êtes revenu de deux mille lieues pour nous confier la garde de votre tombeau; nous l'environnerons de nos respects, nous l'honorerons de nos prières. Il nous reste la conviction que votre âme, en rentrant dans le sein du Père éternel, s'est rapprochée de nous. Le Père en qui vous reposez est le lien et le lien des esprits. Que peut la mort à la foi du disciple de Jésus-Christ ressuscité?

Vous avez entendu ces divines paroles : « Venez à moi, vous qui êtes dans la peine, et je vous consolerai. » Et celles-ci : « Je suis la voie, la vérité et la vie. » Aussi votre devise : « *Souffrir, être méprisé et mourir pour Jésus*, » est changée en celle-ci : « *Jouissance, honneur et gloire avec Jésus*. » Puissent, un jour, et celui qui trace ces lignes et ceux qui les liront avoir le même partage! *Amen*! *Amen*!! *Amen*!!!

FIN

J'avais promis des extraits de plusieurs lettres qui sont certainement bien remarquables, mais l'espace me manque. Il m'a semblé que je devais aux amis de l'abbé Magdelaine la communication de quelques essais poétiques. J'extrais de son recueil de poésies sacrées trois morceaux qui feront connaître tout ce qu'il y avait de foi, de piété et d'intelligence dans cette belle âme.

ADIEUX A VANVEY.

Adieu, riants coteaux, doux rivages de l'Ource,
Où, pour chanter Jésus, j'aimais porter mes pas;
Vous ne me verrez plus dans ma joyeuse course
Célébrer le saint Nom que je chantais tout bas.

Vous ne me verrez plus pensif et solitaire
Promener lentement mes amères douleurs;
Vous ne me verrez plus, le front dans la poussière,
Déplorer mon péché par un torrent de pleurs;

Vous ne me verrez plus, assis sous le feuillage,
Doucement méditer l'amour du Roi des Cieux,
Admirer ses bontés, contempler son ouvrage,
Et tendrement vers lui faire monter mes vœux.

Vous ne me verrez plus loin d'un monde infidèle
Pleurer ces cœurs ingrats qui n'aiment point Jésus,
Et dans les vœux ardents que me dictait mon zèle,
Doux coteaux que j'aimais, vous ne me verrez plus!...

Vous ne m'entendrez plus redisant aux montagnes
Le bonheur que j'avais de célébrer Jésus...
Adieu, charmants ruisseaux, ravissantes campagnes,
Vous ne me verrez plus!... Vous ne me verrez plus!...

25 septembre 1857.

SOUPIRS DE L'EXILÉ.

Jérusalem, ô céleste Patrie,
Dans tes sacrés parvis quand verrai-je mon Roi!
De tes beautés ma pauvre âme est ravie,
Et pour moi c'est mourir que vivre loin de toi.
A ton aspect l'Exilé de la terre
Sent tressaillir son cœur de tendresse et d'amour...
Il te contemple... Il soupire... il espère;
Douce Jérusalem, oh! te verrai-je un jour?

Jérusalem, ô trône de victoire,
Demeure fortunée où règne mon Jésus,
Quand donc... quand donc, au foyer de ta gloire,
Mon âme jouira du bonheur des élus?
Alors l'enfer, sa rage et sa furie
Ne pourront désormais troubler mon cœur heureux;
Alors mon cœur dans le cœur de Marie
Tressaillera d'amour auprès du Roi des cieux.

Jérusalem, ô toi que mon cœur aime,
Quand me donneras-tu l'objet de mon amour?
Tu sais, je l'aime... oh! bien plus que moi-même;
Je le chante la nuit, je le chante le jour,
Toujours, toujours sur mon cœur il repose,
A son penser mon âme aime se réjouir,
Et quand l'aurore a brillé fraîche éclose,
Je sens mon cœur heureux déjà s'épanouir.

O cité sainte, ineffables délices,
Du cœur toujours fidèle au tendre Roi des Cieux,
Enivre-moi des suaves prémices
Que tu donnes au cœur avide d'être heureux.
Jérusalem, Jérusalem, ô Temple!
Où dans sa majesté règne le Dieu Sauveur,
Entr'ouvre-toi, laisse que je contemple
Sur son trône d'amour le Maître de mon cœur!

Ne retiens plus prisonnier sur la terre
L'Exilé qui soupire et brûle d'être à toi,
Oh! car c'est toi qui possèdes mon Père,
Jésus, mon bien-aimé, mon Sauveur et mon Roi!
Douce Sion, ô demeure bénie,
A mon cœur désolé t'ouvriras-tu jamais?
Oh! viendra-t-il ce jour où vers Marie
Je pourrai de Jésus contempler les attraits!

Oh! quand pour moi viendra l'heure dernière,
Quand le Ciel, à mes yeux, ouvrira ses splendeurs,
Quand brillera l'éternelle lumière,
Grand Dieu! quelles seront mes suaves ardeurs!
Alors mon âme enflammée, attendrie,
Pour posséder Jésus volera vers les Cieux;
Et saluant cette aimable Patrie,
Mon cœur s'élancera triomphant, radieux!

Jérusalem, ô Cité que j'adore!
C'est l'Enfant de Jésus qui s'avance.., ouvre-toi!...
Jérusalem! oh! m'écrirai-je encore...
Dieu le veut!... Dieu le veut!... mon cœur frappe... ouvre-moi!...
Et dans les bras du plus tendre des Pères,
Quel ravissant bonheur, quel jour délicieux!...
Et sur le sein de la Reine des mères...
Qui peut comprendre enfin ce que c'est d'être aux cieux!

LA MORT DU PRÊTRE.

Oh! qu'il est beau le Prêtre à son heure dernière,
Que j'aime contempler son cœur brûlant d'amour,
Entendre ses soupirs, sa fervente prière,
Et voir cet ange enfin au soir de son beau jour.
C'est alors que les pleurs inondent ma paupière,
C'est alors que, brisé d'une amère douleur,
Mon cœur voit s'envoler le Prêtre de la terre
Pour posséder au ciel son Jésus, son Sauveur.

Sion a retenti du cri de la victoire;
A la voix de Jésus les Anges radieux,
Déployant devant eux l'étendard de la gloire,
S'élancent triomphants vers les portes des cieux.
C'est Jésus!.... Ouvrez-vous, ô portes éternelles!....
C'est Jésus!.... il s'élance auprès de son enfant!....
Et vous, Esprits si purs, par vos hymnes si belles
Répandez votre amour vers le Prêtre mourant.

Il va mourir, le Prêtre... Il va quitter la terre...
Oh! ne pleurez donc pas, pauvres petits enfants :
Toujours, toujours au Ciel il sera votre Père,
Toujours il entendra vos vœux et vos accents.
Tombez à ses genoux, qu'il vous bénisse encore;
Aimez toujours Jésus, soyez toujours pieux,
Jurez tous d'adorer le Seigneur qu'il adore...
Le Prêtre est satisfait... Il va mourir heureux!

Il va mourir!.... Au Ciel sa tremblante paupière
S'élève pour chercher son aimable Sauveur;
Dans ses livides mains il serre son Rosaire,
Et la Croix de Jésus repose sur son cœur.
De sa voix presque éteinte il invoque sa Mère,
A cette aimable Reine il adresse ses vœux,
Et le cri de son âme, à cette heure dernière,
Est le Nom de Jésus, le Nom du Roi des cieux.

Il va mourir!.... Son cœur, à ce moment suprême,
Son cœur est embrasé d'espérance et d'amour;
Oh! qu'il vienne, dit-il, Celui que mon cœur aime,
Qu'il vienne enfin chercher son Enfant en ce jour!
Qu'il vienne, je l'attends..... Je l'attends..... je soupire.....
Je brûle du désir d'être à lui pour toujours;
Je l'ai toujours aimé, je veux toujours lui dire :
A vous seul, ô Jésus, ma vie et mes amours.

Il va mourir!.... Déjà sa fervente prière
S'est envolée au Ciel jusqu'auprès du Sauveur;
Jésus se montre alors à cette âme si chère,
Et le Ciel apparaît dans toute sa splendeur.....
Viens, mon fils, viens à moi, lui dit alors Marie,
Viens près de ton Jésus; vers lui prends ton essor;
Le Ciel s'ouvre... et soudain fuyant dans la Patrie
Le Prêtre en souriant est entré dans le Port!....

Il est mort... Sur son front luit la sainte Espérance,
Le calme et le bonheur règnent dans tous ses traits;
Il semble dire : Au Ciel j'ai mis ma confiance,
Au Ciel est mon Empire et je l'ai pour jamais!....
De ses lèvres encor s'échappe un doux sourire,
Comme un Ange il est beau dans l'horreur de la mort;
Et si mon cœur brisé se lamente et soupire,
Oh!..:. c'est de ne pouvoir partager son transport.

Il est mort!.... Que vers lui s'élèvent nos prières,
Il aimera pour nous les offrir à Jésus;
Toujours il aimera soulager nos misères,
Ses bontés et ses soins ne nous quitteront plus.
Oh! oui, priez pour nous, saint Enfant de Marie,
Celui que votre amour a conduit dans nos cœurs;
Contre tous les dangers protégez notre vie,
Et, pour nous, de Jésus obtenez les faveurs.

ERRATA.

Pages.	Lignes.	
37	27	Leur rendre, lisez : *lui rendre.*
77	23	Retranchez : *et.*
95	15	Revois, lisez : *revoie.*
178	18	Retranchez : *et puis.*
184	11	Lieux, lisez : *lieues.*
249	20	Gihou, lisez : *Gihon.*
287	21	Heureux contraste, lisez : *l'heureuse ressemblance.*
334	4	Il se rend, retranchez : *il.*
337	18	Tous le monde, lisez : *tout le monde.*
342	9	Je vais, lisez : *j'allai.*
493	1	Douzième semaine, lisez : *treizième semaine.*

IN DEI NOMINE. AMEN.

Omnibus et singulis presentes litteras inspecturis, lecturis, vel legi audituris, fidem notumque facimus, nos Terræ Sanctæ Custos, *M. l'abbé MAGDELAINE, prêtre du diocèse de Dijon*, Jerusalem feliciter pervenisse die 13 mensis septembris anni 1862; inde subsequentibus diebus præcipua sanctuaria, in quibus Mundi Salvator dilectum populum suum, imo et totius humani generis perditam congeriem ab inferi servitute misericorditer liberavit, utpote : Calvarium, ubi Cruci affixus, devicta morte, Cœli januas nobis aperuit; SS. Sepulcrum, ubi sacrosanctum ejus corpus reconditum, triduo ante suam gloriosissimam Resurrectionem, quievit; ac tandem ea omnia sacra Palestinæ loca gressibus Domini, ac beatissimæ ejus matri Mariæ consecrata, a religiosis nostris, et peregrinis visitari solita, visitasse et magna cum devotione in eis Missam audivisse, ac celebrasse; et die 4ª ejusdem mensis habitum Tertii Ordinis S. P. N. Francisci, in ecclesia sanctissimi Salvatoris induisse.

In quorum fidem has scripturas, officii nostri sigillo munitas, per secretarium expedire mandavimus.

Datis apud S. Civitatem Jerusalem ex venerabili nostro Conventu SS. Salvatoris, die 6ª mensis octobris anno Domini 1862.

De mand. Pat. suæ Reverendissimæ,

FR. BONAVENTURA A CLARAVALLE,
Terræ Sanctæ secret.

AU NOM DE DIEU. AINSI-SOIT-IL.

NOUS, GARDIEN DE LA TERRE-SAINTE,

A tous les fidèles et à chacun en particulier qui ces présentes verront, liront ou entendront lire, nous attestons et déclarons que M. l'abbé Magdelaine, prêtre du diocèse de Dijon, est heureusement arrivé à Jérusalem le 13 septembre de l'année 1862; qu'il visita les jours suivants les principaux lieux où le Sauveur du monde affranchit miséricordieusement de l'éternelle réprobation et de la servitude de l'enfer son peuple chéri et toute la masse du genre humain; de même le Calvaire où, attaché sur la Croix, il vainquit la mort et nous ouvrit les portes du ciel; et aussi le Saint-Sépulcre, où son corps sacré reposa pendant trois jours avant sa glorieuse Résurrection; qu'il visita enfin tous les saints lieux de la Palestine consacrés par les pas de Notre-Seigneur et de sa bienheureuse Mère, lieux qu'ont coutume de visiter nos religieux et les pèlerins catholiques; qu'avec la plus grande dévotion il a entendu et célébré la sainte messe; et qu'enfin, le 4 du mois d'octobre, il a reçu l'habit du Tiers-Ordre de notre père saint François, dans l'église du Saint-Sauveur.

En foi de quoi nous avons mandé de lui délivrer ces présentes, munies de notre grand sceau.

Données dans la sainte ville de Jérusalem, de notre couvent vénérable du Saint-Sauveur, le 6 octobre 1862.

Par mandement du révérendissime Père,

FR. BONAVENTURE DE CLAIRVAUX,

secrétaire de Terre-Sainte.

(Place du Sceau.)

TABLE

FIN DE LA TABLE.

DIJON, IMPRIMERIE J.-E. RABUTOT.

www.ingramcontent.com/pod-product-compliance
Ingram Content Group UK Ltd.
Pitfield, Milton Keynes, MK11 3LW, UK
UKHW021901260726
13966UKWH00006B/126

9 782011 7506